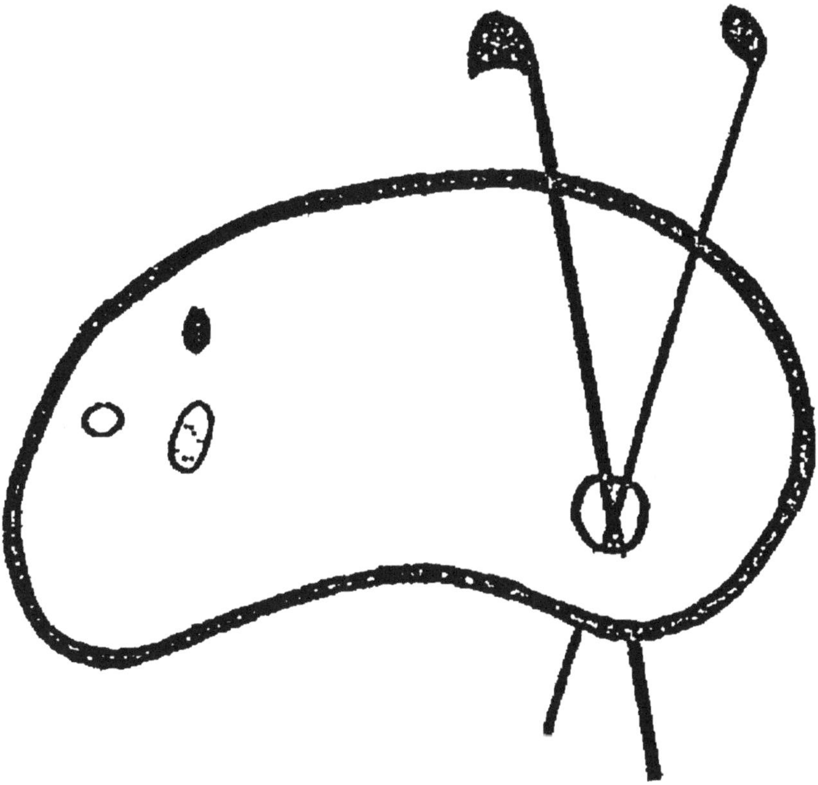

COUVERTURE SUPERIEURE ET INFERIEURE
EN COULEUR

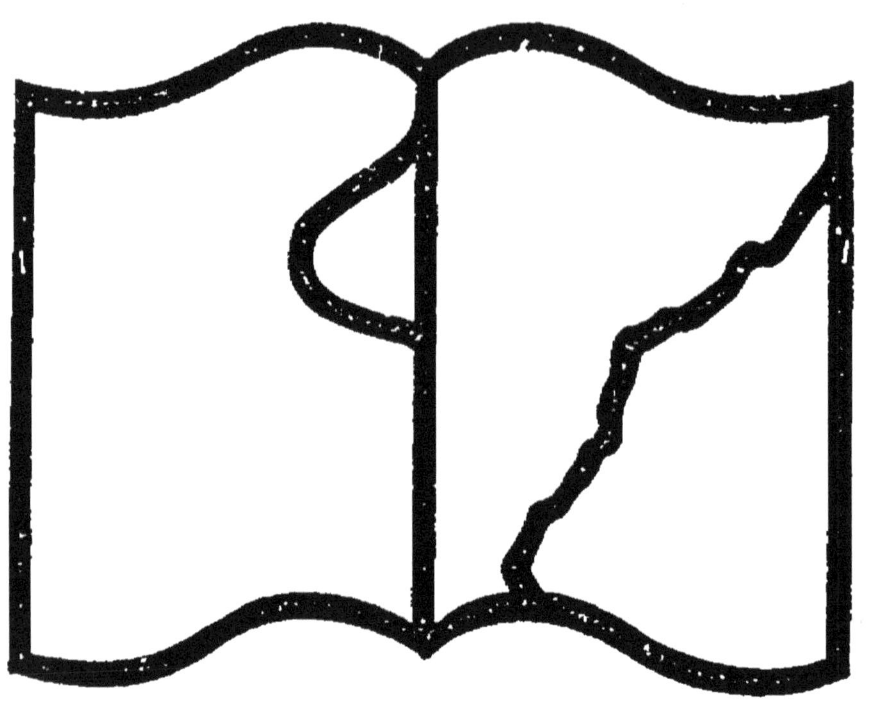

Texte détérioré — reliure défectueuse

NF Z 43-120-11

LE

SCEPTICISME SCIENTIFIQUE

DE NOTRE TEMPS,

PAR

M. É.-J. PÉRÈS,

membre de l'Académie du Gard

Rerum cognoscere causas

NIMES

TYPOGRAPHIE CLAVEL-BALLIVET & Cᵉ

12 — RUE PRADIER — 12

1878

Nîmes — Imprimerie CLAVEL-BALLIVET & Cⁱᵉ, rue Pradier, 12.

LE
SCEPTICISME SCIENTIFIQUE
DE NOTRE TEMPS,

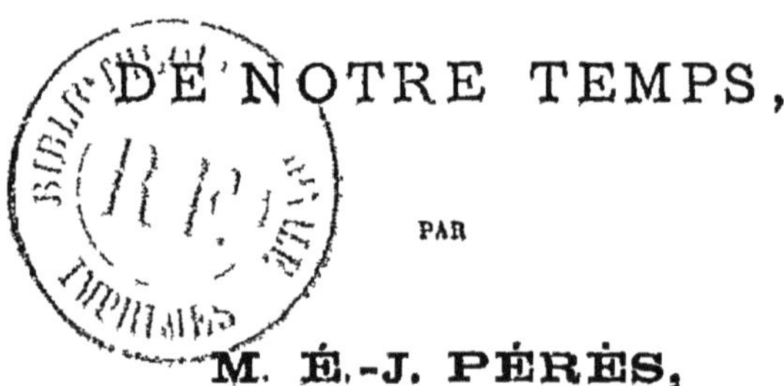

PAR

M. É.-J. PÉRÈS,

membre de l'Académie du Gard

Rerum cognoscere causas !

NIMES

TYPOGRAPHIE CLAVEL-BALLIVET

12 — RUE PRADIER — 12

1877

Extrait des Mémoires de l'Académie du Gard, année 1876)

DÉDICACE

DE CE DISCOURS

SUR LE SCEPTICISME PHILOSOPHIQUE

Cette question du scepticisme, dont j'ai ouvert le débat, d'abord devant l'Académie de Nîmes, ressortit à toutes les académies du monde Et, dans l'intention de l'auteur, ce discours a une destination bien plus large . disproportionnée peut-être avec le mérite de l'œuvre, mais nullement avec son but.

C'est un but humanitaire, caractérisé par un vif désir de coopérer à l'accomplissement des progrès de la civilisation par l'amélioration des mœurs et le développement de l'humaine connaissance, ou plutôt de l'entendement, qui en est la lumière ; c'est par les mœurs, éclairees d'un sens commun, vrai, généralement répandu, qu'on parviendra à fusionner les diversités du genre humain, a en transformer l'ensemble et y donner la forme d'une immense unité ; à faire de ces parties disjointes un corps homogène, la société du genre humain. Telle est sa destination. Il est facile de concevoir sa réalisation, en considérant que l'humanité se compose toute d'individualites diverses de qualité, et unies par un rapport de nature tel qu'elles sont sollicitées à s'entre-soutenir, à se procurer un sens commun pour les éclairer dans la pratique de leurs relations entre elles et avec le monde physique.

Il est déja fort étendu, ce lien intellectuel des membres

de l'humanité, dans les diverses régions de ce monde, grâces aux efforts que les esprits les plus distingués font, depuis des siècles, pour procurer à leurs congénères un sens commun ; pour les dresser à la concorde et en faire une grande famille ; il est fort étendu, ce lien intellectuel, mais il est encore extensible, et il n'a pas acquis tout le développement désirable.

L'auteur de ce discours devait bien les prémices de son travail à cette Académie du Gard, à laquelle il s'honore d'appartenir depuis longtemps. Contemporaine de l'Académie française, elle est fondée en une cité descendant de l'antique Nemausus des Romains. Et, entourée des débris de l'ancienne civilisation romaine, à l'aide desquels elle s'applique à faire l'histoire de ce passé bien lointain, notre Académie du Gard s'intéresse, plus qu'aucun autre corps savant, à la solution d'une question qui doit influer aussi puissamment sur l'avenir de la civilisation.

Effectivement, quand le scepticisme dépasse les bornes d'une sage circonspection, nécessaire pour assurer de bons résultats aux recherches de la science ; qu'il s'attaque aux notions de cette éternelle quadrilogie, de l'existence de Dieu, de l'âme, de la constitution divine de l'humaine société et de la foi chrétienne, de même origine que la société ; quand le doute s'attaque, s'acharne à opérer la ruine de la religion sous toutes les formes possibles, ce sentiment qui, ranimé par la foi en la divinité du Christ, est destiné à faire naître, à vivifier, à répandre les vertus et les qualités sociales, par lesquelles la civilisation est appelée à se perpétuer, à recouvrir de ses produits notre globe tout entier ; alors le doute, transformé en scepticisme, devient, pour la moralité publique, un chancre qu'il faut, à tout prix, extirper, pour rendre au corps social la santé et la vie

Aussi, osé-je dédier ce discours à toutes les académies de notre France et à celles de l'étranger, à quiconque aspire à concourir aux progrès de la civilisation, pour les conjurer de concerter nos efforts vers un tel but, sans autre préoccupation que celle de l'atteindre promptement.

Je leur demande à tous, au sceptique lui-même, de

discuter cette question pour la résoudre nettement, d'une manière positive, par l'examen des faits. Dans ce but, il la faut discuter d'abord au point de vue de l'humaine connaissance. Il faut fixer la nature et la portée de ce phénomène intellectuel. Sans doute, le sceptique, aujourd'hui, ne pousse pas la prétention au point de vouloir rendre incertaine toute réalité, celle même de l'existence de soi. Cette pretention, par elle-même, impliquerait la négation de l'existence, en chacun de nous, de la faculté de connaître, de discerner soi et autrui, toutes les choses sur lesquelles repose la realité de la vie. Bien malheureux serait celui qui affecterait, bien malheureux serait celui qui professerait une telle opinion. A une intelligence ainsi viciée par l'erreur, à une volonté aussi déréglée, le prochain ne devrait que de la pitié.

Mais il s'agit, dans l'etat actuel de la question, de poser au doute sa limite naturelle, et, pour la lui poser, le meilleur des moyens a employer, est à mon avis, de vérifier quelle est la nature, par suite la portée de l'humaine connaissance Dans ce but, il faut traiter cet objet, de nature métaphysique, analytiquement, suivant la méthode péripatéticienne qui a valu, de nos jours, a la philosophie de nos sciences physiques, de si beaux succes. Il faut traiter, dis-je, l'humaine connaissance par analyse, à la maniere dont le chimiste traite les mixtes de la nature, sur échantillons, en les dissolvant pour en discerner les éléments Le produit intellectuel est aussi composé d'éléments, et le facteur se fait voir par l'exercice de fonctions bien discernables. Les échantillons de ces produits métaphysiques abondent aujourd'hui et les facteurs sont connus

J'ai entrepris ce travail analytique, faute, par A. Comte, qui l'aurait pu faire, d'y avoir pense, et sur le refus de l'entreprendre, déclare par l'un de ses plus célebres successeurs. Déja, j'avais traité de l'humaine connaissance en écrivant la *Noologie* ou *philosophie de l'entendement humain*, puis, suivant la meme méthode, de l'un des autres objets de notre quadrilogie, qu'attaque aussi le scepticisme, et qu'il abandonne à l'idéalisme en revoquant en doute ses formes, son existence elle-même ; je veux parler de l'humaine société. J'ai écrit, a ce sujet, la *Cœnologie,* en la qualifiant de philosophie de l'humaine société

Le présent discours est tout composé avec les notions dont j'avais recueilli les éléments pour écrire la *Noologie* et la *Cœnologie* ; également dans le but d'opposer les données de l'observation et de l'expérience à ce débordement de fausses doctrines, dont on ne peut qu'être profondément affligé, quand elles s'adressent a la vie intellectuelle et à la vie sociale de la personnalité, et qu'elles tendent a rendre désormais impossibles les progrès de la civilisation

Sans vouloir affecter la prétention, trop orgueilleuse, a mon avis, qu'affichait un philosophe français en prenant pour épigraphe cette expression de sa volonté de consacrer sa vie a la recherche de la vérité, j'avoue que, dès ma première jeunesse, pressé par mon ardent désir de connaître la destination de la personnalité dans son actualité sociale et dans son avenir au-dela des temps ; m'étant initié a la philosophie péripatéticienne, si perfectionnée dans ces derniers temps, j'ai voulu faire cette etude de la personnalité suivant la méthode de cette école, et non par les procédés de l'école littéraire, celle de Fichte nommément et des philosophes idéalistes de l'époque. J'ai entrepris cette etude dans le but, en général, de rechercher quelle est la raison d'être de ces choses, et, au lieu de dire avec Rousseau : *Vitam impendere vero*, j'ai dit : *Rerum cognoscere causas !*

Mieux vaut, ce semble, s'adresser aux choses pour les connaître que de se livrer a l'entraînement de discours insidieux ; rien n'est plus dangereux, en matière philosophique, que l'usage des tropes de la rhétorique

Telle est ma devise ; tel est l'objet de mon ambition. A ce but, sans cesse présent à mes yeux, j'ai borné mes aspirations. On peut en croire un octogenaire qui est resté toute sa vie étranger aux débats des partis, en quelque matière que ce soit, religieuse ou politique. Mon jugement n'a pu être influencé par aucun des intérêts temporels mêlés a ces querelles. Si je me suis trompé, qu'on redresse mes jugements, qu'on modifie mes appréciations, mais par la même voie que j'ai pratiquée pour les former, en présentant a notre juge commun, le public, de nouveaux faits plus décisifs. Je saurai gré à mes critiques de leurs censures; j'en profiterais pour améliorer les résultats scientifiques des recherches auxquelles j'ai consacré tous les moments disponibles de mon existence Mais je les adjure, et j'adjure tous les lecteurs de ce discours, de s'unir à moi dans le but commun d'assurer la civilisation du genre humain par la persuasion qu'entraine, tôt ou tard, chez la personnalité, la connaissance de la raison d'être des choses. Ainsi s'est formée la mienne. Je crois fermement que l'œuvre de civilisation depend de l'emploi de ces trois moyens : l'instruction, l'éducation et la foi. Grande est l'œuvre, car il s'agit de tirer l'individualité de l'isolement, ou elle vit d'une manière misérable, pour la faire passer a la vie de communication, avec ses semblables, de leurs services aussi nombreux que variés

J'ai déclaré déja cette pensée en une lettre adressée nominativement a un philosophe ami du progrès social, avec qui je suis en communion d'idées, quant au but, mais en discord quant à l'un des moyens, la foi, la qualité de la religion. Il la croit multiple et façonnable, comme le commun des idealistes le pensent, tandis qu'elle est unique et ne saurait être autre qu'elle est; immuable comme le monde moral qu'elle est appelée à vivifier, par l'auteur commun, l'Eternel, le Tout-Puissant, Dieu, quel que soit le nom que l'Humanite, ignorante de sa nature, lui fasse porter Mais Il se fait suffisamment connaître, d'ailleurs, comme se manifestent les objets de la création, par ses qualités et les opérations de celles-ci sur le monde.

Mais ma lettre a M Fauvetty a eté effectivement écrite pour le public, a qui je l'ai adressée par la voie typographique (1)

Nous sommes devenus aujourd'hui assez riches en resultats de l'observation et de l'expérience, en matiere noo-

***

(1) Br. in-12. Paris, chez Guillaumin, et chez Durand-Pedone, rue Cujas.

logique, pour nous faire une notion exacte de l'entendement, humain et décider de sa puissance ; une notion aussi vraie et peut-être plus large que ne l'est celle de la gravitation sidérale ; avec quelque exactitude que celle-ci ait été composée par l'immortel Newton, puis perfectionnée par ses successeurs ; par une raison bien simple, celle que l'objet de l'une est dans les lointains de l'univers, tandis que l'autre est en nous et agit sous nos yeux.

L'humaine connaissance est un produit. Il procede d'une activité généralement départie a tous les membres de l'humanité, mais diversement a chacun d'eux. Généralement le regne tout entier et les trois autres sont soumis au régime de diversité. Mais chacun d'eux exerce, il est tenu d'exercer la faculté de penser sous la direction de la même loi. Il ne tiendrait donc qu'au genre humain lui-même de formuler cette loi, l'observer, la pratiquer pour s'entendre.

Comme l'a dit l'auteur de *l'Esprit des lois*, au début de son celebre ouvrage, toutes les créatures répandues dans cet immense univers ont leurs lois. Montesquieu aurait pu ajouter qu'on voit ces creatures pratiquer les lois auxquelles elles sont astreintes, pour le déploiement de leur activité, d'une maniere bien inégale. On pourrait dire que leur pratique est disproportionnée avec le degré de connaissance dont elles peuvent jouir, en raison directe de l'instinct dont elles sont pourvues, et, dans l'humanité, en raison inverse, bien souvent, de la connaissance des choses dont elles disposent. *Video meliora proboque*, a dit un poète latin, *deteriora sequor* : je vois le mieux, l'approuve et fais le pire.

Bien longtemps avant Montesquieu, le prince des philosophes avait fait cette remarque ; et, de plus, il avait donne la raison de ces différences, de ces inégalités, au moyen du flair philosophique, qu'il possédait au plus haut degré et dont il a donné tant de preuves. Aristote exprimait sa pensée sur ce sujet par un seul mot, que sa langue, la plus analytique de toutes celles qui ont été et qui sont parlees en notre Occident, lui permettait de composer. Cette onomatopée, non pas de l'espèce de celles signalées dans les rhétoriques, mais de celles du genre en usage

dans le langage de la philosophie analytique, cette onomatopée consistant en la création du mot *entéléchie*, était
nécessaire et autorisée par l'observation des faits de la
nature, nécessaire pour en représenter un rapport des plus
importants.

Ce rapport embrasse, avec les créatures de l'humanité, toutes celles des autres regnes, même l'inorganique,
qui se montrent aussi constituées par un principe dont
l'existence est vérifiable par les moyens en usage dans
l'humaine connaissance, avoués par la loi qui la régit.

Oui, pour si peu que l'on veuille y regarder, on reconnaîtra que toutes les créatures, hormis les substances mixtes, formées, par la coalition des simples ; toutes sont constituées, dirigees par un esprit de *finalité*,
qui les fait être telles qu'elles sont ; qui les met individuellement en rapport avec d'autres, qui fait, de ces
groupes, des congénères. Cet esprit de finalité est tel
qu'aucun des congenères n'y résiste, pas même ceux
qui sont qualifiés de raisonnables, ceux du genre humain
Autrement ils seraient exclus des cadres de la science
et figureraient, au dehors, parmi les excentricités, dont
les exemples sont recueillis par la tératologie Effective·
ment le fruitier produit des fruits constamment de la
même espece ; le chêne, ses glands de même forme que
ses congéneres ; les éléments chimiques, plus particu-
lierement, cette immense population atomique dont l'univers physique est rempli, produisent des mixtes tous lies
entre eux par des rapports spécifiques de formes et de
qualités.

Le grand philosophe a donc eu raison de dire, et il eût
dit avec plus d'assurance, aujourd'hui que les faits se sont
sont accumulés pour certifier son assertion, que la créature
de constitution obéit a l'impulsion qui lui est imprimee,
dans sa voie, par son entéléchie constituante

Cette notion est fondée sur des rapports tels que, par
leur persistance au travers des siecles, ils accusent l'existence réelle d'un principe substantiel, imputrescible, emané
de la même source d'ou découlent tous les phénomenes
de causalite, l'univers lui-meme. Cette source, je la nom-

mais tantôt, c'est l'Eternel.

En ce sens, on conçoit que l'entendement ait aussi sa loi; qu'il soit soumis a un régime imposé à la personnalité par son principe de vie, et en rapport avec celui des autres créatures, par une enteléchie de la même espece que celles dont jouissent les congéneres.

Ainsi a été manifestée et bien reconnue l'origine de l'humaine connaissance Cet immense développement de la pensée a pour point de départ l'infiniment petit de la sensation Sa cause a eté révélée par la faculté, dont l'entéléchie a fait preuve, d'avoir conscience de ce qui se passe hors d'elle et même dans les dépendances de son organisme, et, au dehors, entre les créatures de l'extérieur, par l'intermédiaire des organes de la sensibilité La cause s'est révélée par les épreuves auxquelles a été soumis cet ordre de phénomenes de la causalité, les mêmes que celles pratiquées en matière physique pour distinguer la cause véritable parmi le tourbillon des pures circonstances. Ce n'est aucune des parties de l'organisme de la sensibilité, ni l'ensemble, qui puissent être réputés la cause de la pensée telle que l'analyse nous l'a fait connaître : ce ne sont là que des auxiliaires de l'opérateur, qui est l'âme.

La conscience est le point de départ de la connaissance chez le sujet pensant

Voila le fait originel. En cette matière, c'est une donnée analogue à tous les faits de la nature qui, par leur généralité, deviennent les types des rapports sur lesquels sont assises les notions dont l'entendement est avide, représentatives des scènes de l'univers, en la conscience.

La notion ainsi constituée est, pour le sujet pensant, ce qu'est le point lumineux dans le tableau fantasmagorique qui, en faisant rayonner la lumiere sur tous les traits de l'objet représenté, les rend perceptibles au spectateur.

Mais je me reprocherais de recourir aux figures de la rhétorique, que je réprouve, pour signifier, à l'attention de mes lecteurs, un fait tres-important, et dont ils se peuvent rendre compte par une observation directe faite en eux-mêmes, dans leur propre conscience. Quand je prononce le mot de représentation, je le prends au sens propre et direct de *reproduction de l'effet de présence.* Tel est le fait qu'il s'agit d'observer.

C'est à sa puissance de représentation que l'entéléchie doit la pensée dont elle fait jouir la personnalité. Et je vais dire de quelle condition dépend la représentation Condillac l'a fait connaître, mais sous un nom qui en amoindrit l'importance. Ce n'est pas liaison des idées qu'il fallait dire, mais conception, solidarisation des éléments de la pensée. Telle est la raison de la représentation qu'éprouve, en soi, le sujet pensant, quand il se retrouve en la présence d'un objet connu ou d'un congénère.

C'est a sa puissance de représentation que l'entéléchie doit la faculté de reconnaître les objets de la nature, de reconnaître sa personnalité, à la faveur des rapports qui règnent dans toute l'étendue de la création Je vais m'expliquer.

Le flair philosophique, dont Aristote était pourvu, ne l'avait pas non plus trompé sur ce point. Quand le grand philosophe prononçait son célebre apophthegme , affirmant qu'il n'y avait rien, dans l'entendement, rien qui n'eût passé par les sens, il eût, de notre temps, modifie son langage sans en restreindre le sens, en l'étendant au contraire Il eut déclaré, comme je l'ai dit en traitant la noologie, que l'entendement était passé par la même voie, pour aller se former en l'intérieur du sujet pensant, dans sa conscience. Il s'y forme, en effet, par conception. Là où apparait la sensation, se compose la notion. Et l'œuvre de conceptualisation provient de la même main que la sensation; de l'entéléchie, qui a intérèt a informer sa personnalite des choses nécessaires a l'accomplissement de sa finalité.

L'entendement se fait ; il se fait par conception : il se forme en notions, sous l'action de l'âme, pour faire jouir la personnalite de la faculté de penser, c'est-à-dire de se représenter, dans l'actualité, ce que sa conscience a conçu dans le passé; de propager cette connaissance jusque dans le plus lointain avenir Et cet avenir sera celui de l'humanité, par communication entre congéneres, au moyen des

artifices du langage On voit, là, naître le monde moral,
sous l'action et la direction d'un Dieu, qui a disposé les
choses pour rendre la connaissance possible a l'humanité
et commune a tous ses membres et les lier , les enlacer du
lien de la vie sociale

L'entendement est un produit C'est un organisme metaphysique comparable, par son origine et par sa qualité, a
l'organisme physiologique

L'organe de l'humaine connaissance, je dois le répéter
en raison de l'importance du fait que je veux constater,
provient de la formation, en la conscience subjective, de
notions tout composées de sensations, ainsi solidarisees
pour s'interposer aux objets et au sujet, afin de lui faire
reconnaître, dans l'actualité, ceux conçus dans le passé ;
relation rendue possible en raison des rapports de nature
et de qualité régnant en dedans et en dehors du sujet
pensant

Tel est l'entendement et tel le font être ces notions objectives, qui permettent a la personnalite de régler sa conduite,
envers les objets representés, d'une maniere sure, conforme
à leurs qualités

Passons actuellement à cette considération, aussi essentielle a noter que les précédentes, et sur laquelle il est
convenable de peser. Cette harmonie entre le sujet et son
exterieur, qui rend la connaissance possible, tient à deux
conditions, l'une interne, l'autre externe Elles sont en
rapport par la fixite et par la durée, qualités qui leur sont
communes. On a qualifié celle externe par un terme peu
significatif de la raison d'être de l'objet, mais généralement
accepté, celui de loi de la nature Mais, a la faveur des
lumieres que la philosophie peripatéticienne a repandues
dans le monde, on peut remonter jusqu'a la cause, qui est
la constitution de l'univers par des entelechies Mais revenons à notre objet.

Le phénomène métaphysique de conception a pour conséquence celui de representation , grâce à l'organisation des
sensations en notions. Chacun de nous, je le répète , en a
le discernement en soi, a tous les moments de son existence, a chaque acte de perception qui s'opere en sa

conscience · lorsqu'il voit l'objet et qu'il s'en représente les qualités par la vue ou par le sens de l'ouïe, de l'olfaction, du toucher, même sans sentir ces qualités.

Pour signaler la raison de la conception, j'ai cru devoir remplacer l'expression proposée par Condillac par le terme de *concept* Le sens en est généralement connu. Mais, au lieu de le prendre au concret, je le prends au sens abstrait, pour signifier la cause elle-même du phénomène de conception

La généralité, la constance de cet ordre de phénomènes métaphysiques, et, mieux encore, celui de représentation, du même ordre, qui en est la conséquence ou l'effet, impriment au concept un caractère de causalité qui l'élève a la hauteur de loi de la nature.

Le concept est effectivement la loi de l'entendement.

De l'opération du concept sur les sensations résulte la conception, la formation de toute notion objective, représentant l'un des innombrables rapports qui surgissent dans la nature.

De la mise en jeu de la notion, sous l'excitation de la sensibilité subjective produite par la présence de l'objet, résulte l'acte de représentation.

En généralisant la forme de l'excitation, qui peut provenir du signe de la qualité objective comme de l'objet ou de toute autre cause, vous avez un troisième ordre de phénomènes intellectuels : la réflexion. Ce phénomène-ci avec les précédents, la sensation et la conception, représentent les traits généraux de l'organisme de la pensée, en un mot, l'entendement

La réflexion est généralement connue sous le nom de perception, qui en est l'effet

La perception est l'acte pratique de la représentation.

Ainsi le concept est bien la raison d'être de l'humaine connaissance.

Le concept la produit en imprimant sa puissance réflexe aux sensations ; en les solidarisant pour en faire des notions et organiser la représentation objective en la conscience du sujet.

Remontant plus haut encore, on reconnaît que la cause

originelle de l'humaine connaissance est en l'entéléchie ;
en la capacité, qu'il faut bien lui reconnaître, de sentir, de
discerner ses sensations et de les colliger pour se procurer
des représentations, et, par leur moyen, pratiquer la
réflexion, penser en un mot

En chaque perception, la personnalité attentive se sentira éclairée, dans l'actualité, de cette lumière que verse,
en sa conscience, la réflexion de la sensation actuelle vers
le passé de la conception ; d'ou suit une réaction immédiate
du passé sur le présent, quelques-uns de ces effets que je
signalais tantôt : la perception de la saveur de l'objet par
la vue ; de sa forme, par l'odorat dans la plus profonde
obscurité, car, grâce a la puissance réflexe du concept
répandue sur les éléments de la représentation, l'aveugle
voit, le sourd entend. L'art inventé par l'abbe de Lépée et
Sicard, ces bienfaiteurs de l'humanité, est fondé sur cette
donnée de la théorie noologique. La pratique de cet art est
fondée sur la constance de la loi du concept qui régit
l'entendement.

J'aimerais mieux dire, parce que c'est l'expression nette
du fait, que le concept est une des qualités de l'humaine
entéléchie, celle qui nous fait le mieux connaître la nature
de celle-ci, qui nous en atteste la durée. Mais pas de querelles sur les mots : le fait.

J'en dirai autant, tantôt, des entéléchies, sur lesquelles
repose l'existence des créatures de constitution.

Grâce a l'exercice de sa puissance de conception et de
réflexion, l'humaine entéléchie parvient, comme on voit,
au discernement des choses ; mais elle acquiert encore un
autre sens, bien supérieur : celui du discernement de l'action interne, qui procede immédiatement d'elle, et de l'action externe, qui procède de l'objet soumis a sa perception.

Voici comment le sujet pensant parvient à acquérir ce
discernement, conséquemment, à connaître sa personnalité,
à la discerner de celle d'autrui et à voir clair dans ce
fouillis de sensations qui assaillent sa conscience par
l'effet des excitations physiologiques du dedans et du
dehors de son organisme. C'est toujours a sa conscience
que le sujet doit la connaissance dont il dispose a l'âge

adulte, quel qu'en soit l'objet, comme on pourra en juger par un fait généralement connu   ,

Quel que soit l'objet de la pensée, physique ou métaphysique, la perception n'en est pas opérée tout entiere sous l'excitation du sens ou des sens correspondants aux qualités de l'objet Le plus souvent, l'excitation objective est partielle, tandis que la représentation de l'objet est totale. Entre la perception actuelle et la conception antécédente de l'objet ou du congénere, il y a une lacune a combler Elle ne se comble pas si rapidement, quoique l'acte égale la rapidité de l'éclair, pour que tout le monde ne puisse se procurer le spectacle de ce phénomene de réflexion La personnalité en jouit depuis l'heure de son avenement au monde. En cet acte de conscience est l'origine du discernement dont elle a fait usage depuis lors, et qu'elle n'a cessé de pratiquer en toutes choses. La conscience de l'acte de réflexion, dont je parle, est la raison qui fait penser de soi a la personnalité. L'effet a lieu sur la plus simple impression, subie par son organisme aux plus extrèmes limites de la périphérie. Ce n'est pas pourtant l'organe qui sent. Cet auxiliaire de la sensibilité est préposé pour accueillir l'excitation, et la transmettre, par son affiliation avec d'autres dépendances d'un même appareil, par le concours même de divers appareils. Ainsi l'excitation parvient à la conscience du sujet qui la convertit en sensation. Merveille ! assurément, car ce phénomène que je représente si longuement se vérifie avec la rapidité de l'éclair,

Quand le sujet a la conscience de cette action, quand il donne l'être à la sensation correspondante, ressentant qu'elle est de lui ; comme il pense de soi a la moindre égratignure qu'un piqueron fait subir à l'épiderme de son enveloppe cutanée, c'est bien parce que l'action réflexe se fait sentir en contraste avec l'action objective ; de ce contraste résulte la conception distincte des deux causes : l'une subjective, l'autre objective, qui agissent en la perception.

Cet effet de sensibilité est si fréquent, que moyennant la moindre attention, chacun de nous peut s'en procurer la conscience. Si l'accoutumance ne nous avait fait perdre le souvenir de son origine et de sa pratique , il ne serait pas nécessaire d'insister ainsi pour faire vérifier le fait. Mais son importance est telle, pour la connaissance de la nature de l'entendement et de la première origine de l'humaine connaissance, que je veux en citer un exemple à mes lecteurs, pour compléter leur conviction C'est celui de la perception complète dans une profonde obscurité, d'un objet, d'une personne, s'operant sous la plus simple excitation d'une odeur, d'un accent de sa voix Vous sentez affluer une foule de sensations qui viennent compléter la perception, surgissant au dedans de soi en vertu d'une force toute différente, contraire à celle agissant de l'extérieur.

C'est ainsi que Rousseau pensait à la pervenche et se rappelait les délices de la journee qu'il avait goutées en quittant l'habitation humide et froide de la ville pour aller occuper les Charmettes ; et se rappelait l'objet et le cadre dans lequel cet amateur des champs l'avait rencontrée, une première fois, à quarante ans d'intervalle. L'action réflexe, en ce cas, a les proportions d'un phénomene mnémonique ; mais la mémoire est une des diversités de la réflexion. J'ai préféré cet exemple-ci à tout autre, parce qu'il m'offrait l'avantage d'un grossissement objectif du phénomene de l'action réflexe, tel qu'il se produit dans le mouvement général de la pensée.

Ce mouvement tout entier est partagé entre l'action directe et l'action réflexe, sous l'empire du concept qui a relié entre eux, dans l'actualité, les actes de la conscience, et permis ainsi à la personnalité de disposer, dans l'avenir, de ces mouvements l'un par l'autre. Ainsi se produisent les représentations. En les produisant, chacun pense de soi et d'autrui distinctement. C'est ainsi que la personnalité s'est fait le discernement objectif qu'elle possede.

L'importance de ce fait, en noologie, m'a engagé à le citer d'une manière patente, propre à frapper l'attention, et m'autorise à faire usage d'un néologisme, aussi emprunté à notre bonne mère, la langue grecque, organe fidele et precis de la pensée, afin de pouvoir parler pertinemment, sans circonlocution, de ce fait, partout où sa citation serait nécessaire pour jeter du jour sur les complications de la pensée. A celui de ces effets produits en la conscience par l'excitation directe de l'objet agissant sur l'organe correspondant, j'ai donné le nom d'esthétique, qui fait allusion à la sensation résultant de l'action objective. A l'autre, résultant de l'action interne, due à l'entéléchie, celui d'euristique, en ce que l'effet de sensibilité antécédent, évanoui, en quelque sorte perdu, est retrouvé.

Fénelon, dans son *Traité sur l'existence de Dieu*, avait fait remarquer cette réapparition, en la conscience, d'une partie importante de la perception, en l'absence de l'objet qui avait fourni les éléments de la conception, ou qui n'en reproduisait qu'une partie dans l'actualité. Il se posait une question de lieu, a ce sujet : il se demandait ou est-ce que cet élément euristique s'était refugié dans l'entre-temps et d'où il rejaillissait. C'est plutôt un phénomene de causalité à expliquer. On trouvera les analogues en tous les produits de l'activité personnelle, en les actes internes et externes de la personnalité. C'est la que se manifeste cette nature métaphysique, a l'existence de laquelle nous ont empêché de croire les exagérations idéalistes du dogmatisme du moyen âge : elle se fait voir a tout œil attentif. Ce sont des créations dont l'entéléchie tire la matière de sa substance, car c'est en elle que se passent ces phénomènes de causalité.

La personnalité pense et produit sa pensée, la manifeste par ses actes, la jette aux vents par la parole, comme le chef d'orchestre reproduit à l'ouïe de son assistance, avec le concours de ses coopérateurs, la conception musicale du maestro restée silencieuse sur le papier. Si l'effet produit par l'action vitale de la personnalité s'évanouit au moment de son apparition au monde, la cause persiste. C'est l'entéléchie que nous voyons se manifester par ses produits, par l'euristique surtout, qui en constate la durée. Nous jugeons d'elle et de l'existence de la nature métaphysique comme de toutes les créatures de constitution, de l'invisible comme du visible. La vue n'est pas le véritable juge de la réalité des choses.

On se fait grandement illusion sur ce qu'on appelle la

matière Ce terme est profondément idealiste, en ce qu'il nous ferait prendre pour cause un objet, une créature de coalition qui n'est qu'un effet, un simple phénomène prive de cette consistance qui appartient a la seule réalité ; je m'expliquerai mieux plus loin Fi de ces métalepses de la rhétorique ! Elle ne peuvent convenir à la philosophie.

Munis de ces organes de représentation des phénomènes de la pensée, nous pourrons nous dire ce qu'elle est, très-simplement et avec vérité Le phénomene intellectuel jaillit de la conscience de la personnalite, ou il s'est formé sous l'action du concept, par le concours de l'effet esthétique et de l'euristique. La, il répand en la personnalité le discernement de soi et des choses, il lui procure la pratique de la représentation et l'éclaire des lumieres propres a la diriger en ce monde.

L'entéléchie est l'opératrice de ces phénomènes, de tous, sans acception d'origine externe ou interne, de la sensation et de ceux qui succèdent à ce phénomene fondamental de la pensée . conception, réflexion, discernement des choses, représentation enfin, faculté qui, parvenue au plus haut degré de précision et d'ampleur, constitue, chez la personnalité, l'humaine connaissance.

En la conscience se passent tous les phénomenes métaphysiques de la pensée, qui sont portés au compte de l'entendement dans les traités de la science noologique. C'est un mot utile au discernement de ces divers phénomenes, mais qui ne doit pas nous donner a croire à l'existence d'un organe particulier en la personnalité. J'en dirai autant de la raison. Impossible à quiconque étudie analytiquement la pensée, d'accepter ces métalepses grossieres de l'idéalisme, et d'attribuer à aucune autre cause que l'âme ces brillants phénomenes de la pensée ; a aucun des agents de la sensibilité, externes ou internes ; à aucune de ces créatures inorganiques qui, sous forme de liquides, de solides, de fluides, de gaz, de principes immédiats, sont appelées par l'action vitale pour composer l'organisme où qui le hantent. Ce sont des phénomenes produits de l'activité subjective ou de celle répandue au-dehors chez les créatures de constitution par leurs

entéléchies Aucun de ces agents n'est doué de sensibilité ,
et bien moins de cette activité intellectuelle que nous
observons chez la personnalité Ce sont des auxiliaires ,
des agents de communication, pour l'enteléchie avec son
extérieur.

La sensibilité est une qualité spécifique de l'humaine
entéléchie C'est en sa conscience que se forme le trésor
de la connaissance, grace a l'activité de cet être dont je
viens d'esquisser les fonctions Cette qualité est spécifique
en ce qu'elle établit un rapport principal entre toutes les
créatures du regne C'est pourquoi je me suis cru autorisé
a qualifier le produit, commun a toutes, d'humaine connaissance

Encore une fois, il ne faut pas se faire illusion sur la
qualité des sensations et accepter, a ce sujet, les opinions
de Condillac. Elles ne sont ni transformables, ni identiques chez tous les sujets. Chacun d'eux a sa maniere de
sentir, mais a tous la forme de la pensee est commune.
S'ils s'accordent assez généralement dans l'appréciation
qu'ils font des objets, quand ils observent les pratiques auxquelles l'entendement est soumis, c'est par l'effet d'une
cause supérieure et en subissant la discipline du devoir.
Soumis aux pratiques de la matérialité, sujets et objets sont
constitués pour exercer entre eux une mutuelle action et
jouir réciproquement de leurs qualités respectives. L'univers, et principalement le monde moral, sont organisés
sur une base bien simple, comme nous le verrons plus loin,
sur la base d'une diversité universelle et d'un principe
d'activité, divers aussi, mais régi par un esprit de finalité
irrésistible en chaque individualité, qui les force a conver-
ger vers l'unité de l'ensemble.

O Providence !

Mais l'entéléchie ne change pas. Elle maintient et manifeste son unité, par suite, la réalité de son existence,
par tous les produits de sa vitalité, frappés du cachet de
sa finalité personnelle ; ce qui lui vaut sa participation à
l'humaine connaissance, en dépit de l'action du tourbillon qui, d'apres Cuvier et Flourens, fait subir a l'organisme des rénovations périodiques et totales.

Quand elle a acquis le discernement de l'effet esthétique et de l'euristique, le discernement d'autrui et de
soi, elle passe a l'acquisition d'un autre que voici, au
moyen duquel elle distingue les choses fugitives, incon-
sistantes, de celles persistantes, douces d'une constitution
spécifique, qui les met en communauté de qualité avec
d'autres, qui les fait etre des congénères. Grande est
l'importance de ce discernement, car il procure a la personnalité la connaissance des rapports dont elle est avide,
a juste titre, sur la base desquels elle construit les notions, instruments de la pensée

Ce nouveau trait de finalité concourt puissamment, avec
les autres, a faire connaitre l'existence et les qualités de
l'entéléchie

A ce sujet, se sont introduits, en la science noologique, les termes de *phenomene* et de *noumene* Ce dernier
est insidieux et ne dit pas ce qu'il aurait eu a dire De-
mandons-en le sens a l'observation, a l'analyse de la
pensée.

Avec le discernement de l'action esthetique et de l'euristique, le sujet peut distinguer le passé du présent · le passé,
dans lequel s est forme l'element de la représentation qui
vient de s'operer en sa conscience, sous la pression de
l'esthetique, sans doute, mais indépendamment de l'excitation objective dont la qualité n'agit pas sur l'organisme en ce moment, et le présent, dans lequel s'opere
l'effet esthetique.

Si le sujet etait capable de mesurer l'intervalle qui sépare les deux moments, celui de l'euristique et celui de
l'esthetique, si, au moyen de pareilles mesures, les comparant entre elles, il pouvait evaluer les distances qui
s'interposent généralement aux perceptions des rapports
de qualité, auxquels il s'intéresse, le sujet pourrait estimer la durée des objets et de lui-même dans leurs opérations phénoménales respectives ; il serait capable de discerner l'effet passager, purement phénomenal, de l'objet
persistant, durable.

Ces appreciations, qui sont propres et même nécessaires au discernement de la qualité des éléments de la

pensée, ont une grande importance, et méritent d'être représentées par des termes autres que celui de phénomene et de noumene Les deux feraient croire que le jugement porté sur l'objet est purement subjectif, motivé par un effet esthétique ou euristique a la fois, tandis qu'il est ou doit être un résultat de l'observation et de l'expérience C'est a purifier le sens de ces mots et a en rectifier l'application qu'est appele a concourir ce discernement dont je parle, le *criterium* du temps, nouvelle notion dont le sens est a determiner pour être rangee parmi les objets de l'humaine connaissance Qu'est-ce que le temps ? Mon but est de le déterminer analytiquement, en traitant l objet comme j'ai traite ceux de notre quadrilogie.

Le temps n'a, par lui-meme, qu'une existence métaphysique, comme tous les eléments de la pensée Mais sa notion represente un objet tres-reel, le mouvement qui regne dans l'univers par l'effet de l'activite des créatures, et, principalement, celles de constitution Ce mouvement comprend l'ensemble de la causalité Toutes les creatures sont soumises a cette action et y prennent part, en raison des actes que chacune d'elles est appelée a y exercer et a y subir de la part des autres, par leur constitution et leurs qualités respectives

La personnalité, plus qu'aucun autre ordre de la création, est interessée a acquérir le discernement de ces phénomenes de causalite, pour y puiser les moyens propres à lui permettre d'accomplir sa finalité. De la l'invention de ces instruments, de ces produits artificiels si ingénieux, destinés a rendre sensibles les mouvements du temps, a en marquer l'ordre et la durée. C'est une vraie metonymie, une substitution du signe a la chose signifiee, une représentation, par la chose perceptible, de la chose imperceptible, mais interessante pour la finalité de l'entéléchie.

C'est un autre exemple de la soumission de la matérialite du physique a la nature métaphysique.

Cet imperceptible n'est pas sans réalite, comme l'ont cru quelques philosophes, et, bien moins, la substance métaphysique au service de laquelle est soumis, encore ici, le physique.

Est-il nécessaire de dire en quoi consiste cette réalité du temps?

Ainsi s'est répandu l'usage du cadran solaire pour rendre discernables les mouvements de l'astre du jour, et, par eux, ceux de la causalité; du chronomètre pour rendre cette observation, si importante, des mouvements solaires indépendante des accidents auxquels est soumise la lumière sidérale; de l'almanach pour mesurer les grands intervalles du temps, les grandes durées. Ainsi s'est établi et répandu un langage spécial a cet objet de la pensee.

La mesure de l'espace et de l'étendue, le langage en usage dans cette matière, celui de la quantité, si nécessaire aux deux et à celle du temps; ces artifices ont la même raison d'être; tous sont aussi de nature métaphysique comme la pensée, parce qu'ils sont les moyens de servir la fonction de représentation qu'exerce l'entéléchie.

Le temps a en lui-meme deux qualités qu'il tient de sa double origine, l'une au discernement de l'euristique et de l'esthetique, et l'autre aux artifices pratiqués pour amplifier, faciliter le discernement introduit par l'autre en la conscience; le premier est métaphysique, l'autre physique. Mais, remarquons-le bien, sans la connaissance du temps métaphysique, la connaissance et l'usage du temps physique seraient impossibles.

Ces exemples du développement de l'humaine connaissance méritent d'être remarqués, en co qu'ils peuvent servir de types à tous les autres et à la détermination de la nature du phénomene dans sa plus grande généralité. C'est la sensibilité de l'être pensant qui, mise en jeu par les excitations organiques et autres excitations artificielles, telles que celles d'ou résulte la connaissance du temps physique, de l'étendue et du nombre; cette sensibilité acquiert par la vertu du concept la faculté de se représenter le passé dans l'actualité, de reconnaitre les rapports dont la nature est parsemée et d'y domicilier sa pensée; de permettre au sujet de ne s'y jamais trouver étranger au

milieu des diversités phénomenales dont elle est remplie.
Un tel phénomène n'est praticable que pour un nouméne.
C'est l'ame, dont la réalité devient ainsi évidente de fait, et
me prête un exemple du sens qu'il faut attribuer à ce mot.

L'humaine connaissance à laquelle la personnalité a été
appelée par son créateur et dont j'ai voulu présenter les
progrès dans le discours suivant, existe en germe, dans
sa conscience, en principe, dans son entelechie ; son développement provient de l'activité de celle-ci s'exerçant aux
fonctions de la vie métaphysique et à celles de la vie physiologique. Elle produit celle ci comme l'autre, en dévelop-
loppant l'organisme qu'elle s'est donné à son début.

Il me semble avoir déja suffisamment manifesté la realité de l'ame en analysant ainsi ses qualités et ses produits,
mais j'y ajouterai pourtant l'exposition d'un autre *criterium* dont elle dispose, pour discerner ce qui est réel de ce
qui n'a que l'apparence de la réalite dans sa manière de
sentir et de connaître les choses. Ce discernement semble
instinctif, mais il est réellement acquis a l'âme. L'observation en est facile, et le néologisme que je proposerai
pour servir de représentation au fait suffirait presque
pour justifier mon assertion. — L'exposition du mécanisme
intellectuel sera ainsi complete.

Généralement, la cause s'estime par ses effets, et j'ai
déja fait remarquer que les créatures dont le monde est
rempli sont destinées a s'entre-soutenir, disposees pour
agir l'une sur l'autre et subir mutuellement l'influence de
leurs qualites respectives. A cette fin, une diversité infinie
a été répandue sur elles par le créateur qui, pour l'exe-
cution de son plan, les a soumises à une finalite individuelle nécessitant, pour chacune, le recours à autrui. En
ces actions et réactions, dans les effets utiles qui en résultent, consiste la réalité.

C'est sur cette observation, sur sa généralité, que sont
fondées une multitude de pratiques, celle de la pierre de
touche, usitée pour distinguer le fin du métal grossier ;
celle du toucher pour distinguer le corps de son ombre ;
ou l'éclat de la lumière, ou le plein du vide au milieu de
l'obscurité. C'est afin de distinguer cette généralité des

pratiques usitees par la personnalite pour mettre à l'epreuve la réalite des choses et soustraire sa pensée aux illusions en recourant a l'épreuve de la mutualité d'actions exercees et d'effets subis ; c'est pour cela que j'ai voulu signifier par des mots propres l'effet alléloleptique, ou de mutualite, en l'opposant a l'effet énileptique ou direct, ce procédé d'observation indirecte si précieux pour l'extension de l'humaine connaissance. Les deux sont dans la nature, mais le premier implique des épreuves que le second ne comporte pas

L'effet énileptique n'a pour gage de la realite de l'objet, que les impressions faites sur la conscience par les organes de la sensibilité, dont l'inconsistance est generalement reconnue, celui de la tactilité lui-meme ; qui, tous, mentent a la conscience et lui laissent confondre les sensations de l'état de veille avec celles du rêve, la sensation pure avec l'hallucination

L'effet alléloleptique appartient aux pratiques de la mutualité, celle des actions et réactions exercees par les choses, lesquelles se contrôlent l'une par l'autre. C'est le vrai criterium de la realité

C'est pour avoir ignoré le fait de ce discernement, répandu et pratiqué de tous temps par l'humanité, que le scepticisme ayait composé, assurément de bonne foi, les arguments les plus spécieux en faveur du doute, et que le public ignorant s'en était laisse troubler dans sa foi naturelle pour la réalité des choses Faisons a l'erreur sa part de possibilité, mais revendiquons energiquement celle de la réalité

La réalite est dans les choses.

La personnalité a été pourvue, par la Providence, des moyens de se la représenter, pour, apres l'avoir soumise à l'épreuve, l'enregistrer au profit de la connaissance indirecte et au service de l'humanite. Elle en fait souvent un usage peu intelligent, sans y songer même A ce sujet, je me bornerai a citer les nomenclatures de la science, toutes ecrites en style alléloleptique.

Moyennant l'usage du criterium alléloleptique et de celui du temps, la personnalite peut se permettre d'user en pleine securite de l'humaine connaissance , acquise qu'elle soit par autrui ou par soi.

Ainsi cette connaissance se divise en connaissance directe et en connaissance indirecte.

Telle est la raison du sens commun dont jouit l'humanite, et de la foi, dont elle fait souvent un usage peu intelligent, sans songer même a en soumettre les éléments au criterium de la realite C'est une souveraine temérite de vouloir penser sans observei les regles de la pensée Nous sommes pourtant temoins aujourd'hui, en ce siecle de lumiere, d'une autre excentricité de l'idéalisme. On comprend que je veux parler de cette nouveaute qui court le monde sous le nom de libre pensee C'est un motif de plus de mettre l'attention publique en la présence des choses elles-memes, sans en excepter l'entendement et les fonctions qu'il exerce : ce sont des fonctions à surveiller soigneusement.

C'est a procurer a ces organes de l'humanité toute l'extension et la justesse dont ils sont susceptibles que doivent conspirer les hommes de bonne volonte, jaloux du progres de la civilisation , les philosophes avides de connaître la raison d'etre des choses, les véritables philetiens.

Il y en a partout , et principalement parmi les fonctionnaires de l'instruction publique, laique ou ecclesiastique Au lieu de se suspecter, de se dénigrer ou de se laisser dénigrer par l'ignorance, qu'ils s'unissent dans cet unique but d'éclairer le sens commun, de l'etendre et sui tout de le moraliser.

Qui ne voit que la civilisation actuelle peche par le défaut de moralité!

Les éléments de la moralité et ceux de la connaissance ne peuvent donner lieu à aucune équivoque, a aucuns débats, a aucune dissidence parmi les membres de l'enseignement, quelle que soit la robe qu'ils portent Leur unite est signalée par celle du but, qui consiste a enseigner à tous les membres de la société a vivre de la vie sociale, de la vie de l'individualité servie par le concours des facultés de la totalité.

La voilà, l'humaine connaissance, traitee par l'analyse

philosophique comme le sont les éléments de l'atomicité par les philétiens de la science chimique ; vérifiée de telle sorte qu'elle peut servir de vérification aux notions de notre quadrilogie, et être elle-même représentée par un rapport dont la notion soit digne de figurer dans les nomenclatures de la science Tel a été mon but, que je ne cesse de poursuivre Je serais heureux de voir d'autres philosophes, philétiens comme moi, m'aider à l'atteindre et me faire jouir, en ce monde, du spectacle de la rénovation de l'humanité par le christianisme   Ce serait le règne de Dieu ici-bas, et le bonheur de mes congénères, dont j'aimerais a jouir avec eux, avant de les quitter.

L'humaine connaissance consiste en la puissance, dont jouit quiconque en acquiert la pratique, de se représenter, dans un des moments de l'actualité, l'objet conçu dans un des moments du passé ; de le reconnaître au moyen de la notion, ainsi acquise, vérifiée par l'épreuve alléloleptique et celle du temps,

L'humaine connaissance consiste toute en des representations dont l'entéléchie prète la substance a sa personnalité

La représentation est la substance même de l'entéléchie mise en action, redevenant consciente apres l'avoir été, sous l'excitation des eléments de la conception ou de celles subies par l'organisme de sa sensibilité , directement ou par réflexion

A ces conditions, la conscience subjective, dont l'existence est évidente et incessamment vérifiée par les criteriums de la réalité, devient une puissance cognitive dont les opérations nous permettent d'estimer tres-haut, à sa valeur, la nature de l'entéléchie Je ne parle pas de l'essence de cet être, mais de sa nature, qui se manifeste a l'humaine connaissance par les rapports qui existent dans l'exercice de son activité et celui des autres entéléchies, de celles des congénères surtout.

La nature de celles-ci n'a jamais varié depuis l'origine du monde Sa réalité est eprouvee dans sa plus grande extension par le criterium de la durée

Cette réalité est celle de la nature métaphysique.

Mais le monde, dans son ensemble, le monde moral surtout, considérés a ce point de vue, nous permettent de connaître la nature de Dieu, ainsi, par ses œuvres, dont la réalité est rendue incontestable. Mais nous passerons tantôt a cette considération et plus loin encore à celle de rapports plus féconds en connaissances. Ainsi tout s'explique dans la nature à la condition de prendre la pensée pour ce qu'elle est, de la faire servir à l'usage de la représentation des rapports existant dans la nature, fonction à laquelle l'entéléchie est préposée, et de ne pas la dénaturer en la réduisant a n'être qu'une opération physiologique, une sécrétion du cerveau.

Comme le disait aujourd'hui Leibnitz, c'est dans l'infininiment petit de la monade, ouverte a toutes les impressions venues de son extérieur, en relation avec l'immensité de la création par ses propres organes et ceux que l'art lui procure, c'est là que s'operent les produits de l'humaine connaissance qui, fécondée par le génie, n'a d'autres limites que celles de l'univers.

La pensée est un calcul, disait Hobbes.

C'est un travail, dirai-je, assimilable a celui d'un compositeur de musique tenant sous ses mains les touches d'un puissant instrument et en tirant la representation de l'harmonie de l'univers

Le rapport, au simple point de vue physique, est frappant avec le phénomene métaphysique, apres les révélations que nous a faites récemment l'honorable docteur Luys, dans un travail sur le cerveau, complémentaire de celui de Flourens sur le systeme nerveux.

L'élément physique joue un rôle dans le phénomène métaphysique de la pensée, personne n'en doute. Mais, dirai-je à l'honorable docteur, il faut faire la part des deux éléments du phénomene de la pensée, et ne pas l'attribuer tout entier a l'agent physiologique qui, a lui seul, en est incapable. J'ai fait la même remarque en lisant le traité de physiologie de M. Béclard, professeur, en cette matiere, a l'école de medecine de Paris. Je l'ai aussi consulte pour me mettre au courant de l'état actuel de la science Moins que le docteur Luys, l'honorable professeur confond l'action physique avec l'action métaphysique Mais entraines l'un et l'autre par l'habitude des pratiques physiologiques dont ils ont fait l'objet presque exclusif des études de leur vie, ils méconnaissent ce noumène par qui vit cet organisme merveilleux dont ils ont fait une étude profonde · ils confondent l'auxiliaire avec l'operateur de la fonction

Je les rappellerai volontiers aux pratiques de la loi de la pensée. Comme dans le calcul auquel le philosophe anglais l'assimilait, et partout dans les opérations de l'humaine connaissance, le problème a résoudre doit être représenté, dans la formule noologique, par la totalité des données nécessaires a la solution ; sans cette condition, la conséquence sera fausse.

Nul algébriste ne commettrait une pareille faute. Elle est encore moins excusable en une matière aussi délicate que la metaphysique En ce cas-ci, c'est une dénegation d'un ordre de données certifié par l'observation, garantie elle-meme par le criterium de l'entendement Ce n'est pas le cerveau qui pense, quoique le phénomene de la pensée se passe dans le cerveau Ce n'est pas l'organisme physiologique qui vit de ces trois vies si distinctes, la végétative, l'animale, l'intellectuelle, c'est l'âme, l'entéléchie, qui le fait vivre et ramene les trois vies a l'unite sous l'impulsion de sa finalité Ce n'est pas la matiere qui, comme un véritable protée, engendrerait ces diversités en se transformant Il n'y a pas de matiere en ce monde; il n'y a que des phénomenes de materialite engendrés par l'activite enteléchique, il faut voir la cause de cette aberration dans cette confusion d'un simple rapport phénoménal en une réalité nouménale, a laquelle un grave professeur s'est laissé entrainer par ses pratiques de la science physiologique. Cette conception de la matiere, devant laquelle s'agenouille l'idéaliste de la materialité, n'est qu'un effet résultant de l'exercice de l'activite des creatures de constitution, de la plus simple de toutes même, l'individualité atomique, qui, avec le concours de celles du regne, ont donné naissance au phénomene de la materialité et le maintiennent par le deploiement de leurs forces.

En parlant ainsi, l'honorable professeur transforme un

phénomene en noumene, sans y être autorisé par le criterium de la réalité.

Ces abus, contre lesquels je m'éleve ainsi, proviennent,
je le répete, d'une pratique qui ne convient pas a la science,
la spécialité des fonctions, si elle n'est corrigée par une
vue d'ensemble qu'impose la philosophie a quiconque est
curieux de connaitre la raison d'être des choses

Laissons a l'industrie la pratique, a elle propre, de la
division du travail ; utile, nécessaire a cette branche de
l'humaine activite pour améliorer et accroitre l'abondance
de sa production. Cette pratique serait funeste a l'autre
branche, celle de la culture de la nature métaphysique.

Visiblement, il y a, dans la création, du métaphysique a
côté du physique. Si l'on y regarde de pres, on reconnaitra
que cette nature n'est que l'envers de l'autre chez toutes
les creatures de constitution. C'est du métaphysique que
procede l'unité d'objet C'est sur cette substance que sont
fondés les rapports qualifiés de lois de la nature par le
langage littéraire. Aristote lui a donne son nom propre,
l'entéléchie. Retenons-le et en faisons usage par préférence a des métaphores indignes de figurer dans le langage philosophique. Ce n'est pas un mot vide de sens, car
la realité nous en est attestée par le criterium de la duree
et des effets alléloleptiques de l'objet. Nous sommes hors des
limbes du moyen-age, ou l'idéalisme prenait une si large
part a l'élaboration de la science et en faisait, a son gre,
le langage Nous sommes entres dans la voie du positivisme, qui use exclusivement de faits curieusement recueillis
et vérifiés pour établir ses théories scientifiques. Il n'est
plus permis d'en négliger aucun de ceux que le philosophe
philétien a constatés dans l'étude des deux natures physique et métaphysique

Je le dis tout haut et tres-haut : il y a une âme en
chacun de nous ; un Dieu dans les profondeurs de la
creation, dont il tient toutes les dépendances dans ses
puissantes mains, un monde moral qu'il a destiné a devenir l'humaine societe, composee d'hommes vivant sous
toutes les latitudes, precisement pour en faire servir les
diversités a l'organisation de l'ensemble ; une société a

laquelle il destinait, en le créant, ce monde physique, pour servir d'habitation à l'autre et de temple pour y adorer le bienfaiteur de l'humanité; une religion destinée a devenir universelle, le Christianisme, qu'il a fondée pour produire et répandre dans le corps social l'avenge de la charité.

Ces quatre realités émergent de la même source : Dieu !

Voyez et croyez ! C'est l'évidence dont le foyer est en l'humaine connaissance, de qui nous venons de vérifier la valeur et la portée.

L'existence de Dieu, créateur, organisateur, conservateur de l'univers, de cette machine immense, est attestée par ses œuvres et vérifiée par cette durée qui s'étend depuis l'avénement de la civilisation israélite jusqu'a nos jours.

Par l'œuvre, jugez de l'ouvrier, elle consiste en une foule de dynamismes disjoints, animés individuellement par une finalité distincte, mis en relation par leurs diversités et leurs finalités elles-mêmes.

Que penser de cette harmonie et de sa cause, si l'on ne l'attribue a l'Eternel, au Tout-Puissant ?

Cet effet a une cause, car rien n'existe sans cause dans l'univers. La seule assignable a une telle immensité, c'est Dieu !

Soyons sérieux. Cessons de recourir a ces folles hypotheses d'un chaos qui s'organise par lui-meme, d'un éternel devenir, d'une transformation universelle et constamment suivie de ce qui est en ce qui va ou doit être, que personne n'a vue, tandis que des philosophes positivistes, tels que Cuvier et Flourens, vous attestent que les especes animales et vegetales sont immuables.

Cessez de vouloir etre incrédules.

Chaque ordre de créatures a sa loi, la pensée elle même, une loi qui les astreint a la pratique du devoir ou à celles de l'instinct. L'activite generale est réglée Dans l'ensemble, c'est la causalité.

Pas de libre-pensée ! Autre chimere a rayer du cadre des opinions de l'humaine société.

La cause suprème révele son existence et sa nature metaphysique par ses actions, comme le font les creatures de constitution. Mais ici le caractère de la causalité n'est plus le même. Plus de productions phénoménales, de pures modifications opérées sur une matière plastique préexistante. C'est la production même de la matière ; c'est l'émission de créatures, telles que nous les voyons, en état de produire ou de concourir à la production de cette harmonie dont nous sommes témoins, et de la perpétuer par la procréation.

Le caractère de cette causalité est tel qu'on est autorisé a affirmer que, si elle cessait d'agir, l'univers s'évanouirait ; il n'en resterait ni la trace, ni l'emplacement.

Le seul procédé digne de l'Eternel, comme disait le peuple juif, en parlant du Grand-Être, le seul dont il pût faire usage pour se faire connaître de ses créatures intelligentes, dans tous les temps, était bien la création et la persistance, la conservation de l'œuvre.

La création se fait voir partout. Les traces en ont été recueillies par la géologie, l'une des sciences les plus positives que nous possédions.

Le fait de la conservation appartient a l'évidence physique.

Il y a une autre evidence de l'existence de Dieu, d'ordre moral, dont je parlerai tantôt, celle résultant de l'etude du monde social et du christianisme.

J'entends, par monde social, l'humanité elle-même, parce qu'elle est destinée a se constituer en société. La société du genre humain, dont Cicéron a pronostiqué l'existence sous ce nom, *societas generis humani*. Elle doit être qualifiée de monde moral en ce qu'elle ne saurait se constituer autrement que par l'acquisition, par la pratique de mœurs sociales, régies par des lois, sous l'inspiration de sentiments propres au jeu de cet organisme. Elle est grande, la difficulté d'une telle acquisition. Elle est si grande que le Verbe créateur lui-même n'a pas dédaigné de l'affronter, par sa divine personne, en devenant Rédempteur, restaurateur du monde moral, désorganisé par l'ignorance et le dérèglement du libre arbitre de la personnalité.

Je l'ai déja dit, mais je crois devoir répéter ici en quelques mots, ce que j'ai dit dans le discours suivant, de l'humaine société, pour faire sentir ce qu'a de grand l'entreprise du Verbe et signaler la nature divine de l'opérateur,

L'organisme de l'humaine société est basé sur l'insuffisance respective de ses membres pour l'accomplissement de leur finalité individuelle.

Telle elle est d'un congénère à l'autre, comme de chacun d'eux relativement à la nature, au milieu de laquelle ils sont tous appelés a vivre,

La raison en est dans la diversité qui règne partout dans les deux mondes, principalement dans celui de l'humanité.

De l'insuffisance de l'individualité procède, pour chacune d'elles, la nécessité de recourir aux services des facultes d'autrui.

Il n'y a pas lieu de rechercher au loin et de produire, par les ambages d'un discours, la raison de l'harmonie qui regne ou devrait régner universellement dans le monde moral, elle est la, dans la constitution des parties du vaste ensemble. On les verrait s'attirer et former un corps homogène durable, si les membres possédaient les qualités morales que cet état comporte. On en jugera par cette esquisse-ci.

Le regime de mutualité que Dieu a imposé aux hommes leur est tellement nécessaire que la personnalité ne saurait, je ne dirai pas accomplir sa tâche en ce monde, mais ne pourrait exister ni développer son être sans le concours d'autrui

Force lui est donc de demander a son prochain, a titre de complément, le concours de ses facultes et de lui offrir les siennes, au même titre de coopération, également nécessaire à celui qui reçoit cette offre

De la cette pratique de l'echange, dont la fondation se perd dans la nuit des temps

Mais cette pratique n'est pas aussi facile qu'elle est nécessaire.

De la le troc qui réduit à l'unité la diversite des qualités objectives que nécessite l'échange, et le rend accessible à un plus grand nombre de parties.

Mais ce n'est pas encore assez. En généralisant, étendant le moyen de rémunération qu'implique le contrat de troc, il est possible d'étendre aussi la pratique de mutualité des services; de la rendre accessible, du moins, à quiconque peut faire abstraction, dans l'actualité, et remettre à un avenir plus ou moins lointain la rémunération à laquelle il a droit.

En ces termes de la question, on voit apparaître l'institution du numéraire, et le troc, l'échange même, céder la place à la vente dans les relations sociales.

Dans cette voie, il n'y a pas que la propriété des choses qui soit propre à servir de matière aux communications : toute qualité utile trouve accès au marché, à une foule de titres, et la variété des transactions en fait se multiplier le nombre.

Sous l'influence de cet expédient, les services se diversifient en même temps que les besoins, et l'on voit naître, avec le partage de l'activité sociale en production et consommation de services, ces spécialités qui ne laissent aucun besoin de la personnalité sans satisfaction.

L'organisation industrielle s'ensuit et entraîne le partage de la population en deux classes, d'abord les producteurs et les consommateurs, ensuite en une foule de groupes, chacun desquels se distingue des autres par un rapport de qualités à lui propre, et par un nombre d'individualités qui doit rester proportionné à celui des consommateurs de cette même qualité de services produits.

Ce sont ces diversités de la population qu'on s'est hasardé à considérer comme des classes ou des couches sociales, expressions également et doublement fausses, en ce que de telles divisions n'existent pas dans les deux premières, où les mêmes individualités appartiennent aux deux; et que, dans les autres, où sont distribuées les spécialités industrielles, la fixité n'est pas constante; et ces groupes ne sont distingués les uns des autres que par leurs fonctions, nullement par leurs droits, qui sont les mêmes pour tous Ils peuvent, et naturellement ils doivent être divers par leurs habitudes, leurs goûts, leurs besoins, en vertu de la loi de diversité qui régit le monde, et même pour les degrés de culture intellectuelle; mais sur ce dernier point, il ne tient qu'à la nationalité de généraliser l'enseignement de la vie sociale, en dirigeant l'un des services publics, celui de l'instruction, de manière à purger la science des billevesées de l'idéalisme qui, en cette partie, porte le nom pompeux de socialisme. Mais on verra toujours l'erreur s'empresser d'occuper les places laissées libres par la science, dans le sens commun de l'humanité

Sous l'éclat de la science régnerait l'égalité dans la diversité, je ne dirai pas des conditions, car elles sont diverses pour tous les membres de la société, mais dans les fonctions et les situations, car ce sont tous les serviteurs des serviteurs de Dieu.

Le langage social pèche par un défaut de précision et de vérité, comme toutes les langues scientifiques ou prétendues telles, dont la formation a été abandonnée à l'idéalisme

Les conséquences en sont funestes. Abandonnons définitivement de telles pratiques et revenons à celle qui, seule, convient à l'entendement disposé, par son principe de vie, à être le trucheman de la nature, à ne parler que la langue de cette bonne mère, s'adressant à la vue, à l'intelligence des créatures qu'elle produit

Je ne pousserai pas plus loin l'analyse de cette causalité à laquelle est due l'organisation sociale. Je me bornerai à dire qu'en considérant les traits généraux du régime de mutualité des services, on y reconnaît des formes propres, bien dessinées, tellement subordonnées l'une à l'autre, qu'en traitant cette matière j'ai reconnu, dans l'ensemble, un rapport très-prononcé avec cette espèce d'argumentation qui est connue en logique sous le nom de sorite. Comme les parties de cet organe de l'entendement concourent à la preuve, de même les pratiques du régime social concourent à l'effet, à la satisfaction donnée à chacun des membres de la société par le concours des facultés de tous, sans acception de personnes, impersonnellement.

J'ai été heureux de rencontrer, en notre langue, un terme qui me permit de qualifier ce régime par une onomatopée française, en l'appelant service impersonnel.

Dans cette connaissance, rien n'est arbitraire. L'idéaliste du socialisme n'a rien a y voir, rien a y toucher. Tous les détails sont régis par une causalité aussi impérieuse que celle sur laquelle le chimiste se fonde pour assurer ses pratiques. Cette science de l'humaine société est la plus nécessaire à l'instruction publique C'est pourtant la plus négligée chez nous Et grace a cette ignorance, c'est la science qui a été le plus ravagée, le plus dénaturée par l'idéalisme J'ai essaye de réparer le préjudice social causé par l'ignorance de l'objet en écrivant mon *Traité de cœnologie* , et en offrant à la Société des économistes de notre France une esquisse totale du sorite social J'y reviens aujourd'hui, ou le mal moral a acquis un plus haut degré de force et menace l'ordre social d'un entier renversement Puissé-je en arrêter les progres ! C'est la condition de moralité que je veux surtout faire remarquer en relevant le caractère divin du christianisme. Cette institution, comme l'autre, est couverte de la mousse des âges ; il faut l'en degager

La pratique du sorite social implique, chez la créature sociale, le concours de trois de ses facultés : l'intelligence, la volonté et la force morale : celle-ci est la plus importante, en ce que, dans la mutualité de services, deux finalités personnelles sont en conflit Aussi Rousseau disait-il que la personnalité devait constamment se garder de mettre en opposition son intérêt avec son devoir Il y a plus que cela ; car, dans la vie sociale, s'il n'y a pas conflit ou opposition, la production est partout cotoyée par la consommation, ce qui exige, chez la personnalité, une attention particuliere à la moralité de ses actes

Un autre moraliste, dont je vais parler, a tenu un langage bien plus élevé, qui manifeste son origine céleste et, en lui aussi, la connaissance profonde de l'ordre social, a la fondation duquel il avait concouru, a l'origine des choses, en sa qualité de Verbe créateur

Les deux fonctions, pour l'exercice desquelles la population se partage en deux classes, celle de la production et celle de la consommation, en appellent nécessairement toutes les individualités a figurer successivement, alternativement, dans l'exercice de l'une et de l'autre A l'état de perfection du jeu de l'organisme social, chacun des membres, agissant sous la direction du devoir et s'en acquittant consciencieusement, le but est complétement atteint ; chacun des collaborateurs est servi avec toute l'abondance et la variété qu'il peut attendre de la multiplicité d'actions qui est engagée au service impersonnel.

Il y a longtemps que l'humanité goûterait les fruits de cette magnifique organisation, si elle avait suivi et suivait encore les errements d'un tel régime, au lieu de ces pratiques antisociales auxquelles elle se laisse toujours entraîner.

Cet état de perfection dépend du devouement universel des individualités, chacune a ses fonctions, sans aucune autre préoccupation que celle de l'ordre. Sa propre satisfaction s'ensuivrait

Tel est le devoir dans sa généralité et suivant la plus grande simplicité des termes a employer pour le représenter. C'est le regard a autrui.

La notion du devoir se fait concevoir par la personnalité dans ses pratiques avec les hommes et les choses, par ce trait si saillant, qu'il est un moyen rationnel d'ouvrir et d'entretenir des relations avec ces créatures dont les qualités sont connues et nécessaires ou utiles à la personnalité. Elles sont déterminables, ces qualités, et le devoir l'est, par suite, par l'usage des pratiques de l'humaine connaissance.

Telle est la conclusion a laquelle j'ai été conduit par la théorie noologique. Le devoir est un moyen d'action, nullement une charge.

L'importance du devoir est grande.

Tellement elle l'est, que Dieu a fait une dernière apparition au monde, une apparition personnelle, pour lui apprendre à mettre en pratique ce moyen souverain de succès. Lui seul pouvait lui donner cette leçon par son Verbe.

Cette personne divine était seule capable d'enseigner la vie sociale au monde, en la pratiquant a ses yeux sous la forme humaine.

Les elements de notre quadrilogie s'enchainent entre eux par un lien de causalité pareil à celui qui relie et réduit a l'unite les membres du sorite social C'est Dieu qui se fait voir aux hommes en leur laissant apercevoir son unite.

En faisant a la Rédemption une autre application du criterium alléloleptique, nous reconnaissons, en ce grand fait, l'espiit saint de conservation du divin createur corrigeant les aberrations du monde moral, en complétant la moralisation.

Je n'entends atténuer, en aucune maniere, le sens theologique du terme de Rédemption. Je reconnais mon incompétence en cette matiere et ne veux pas commettre un abus de pouvoir ou de fonction que j'ai reproché et reproche à d'autres A chacun la sienne, sans empietement sur celle d'autrui C'est l'esprit du service impersonnel. Mais je crois pouvoir et devoir même parler de l'auguste sujet en langage philosophique, dans le but de le faire généralement concevoir, d'en faire pénétrer la conception dans le sens commun de l'humanite.

Aux yeux de la philanthropie, la Rédemption est un moyen de civilisation dont l'humanité doit généralement faire usage, un moyen devenu nécessaire pour lui permettre de ne plus broncher dans la voie de la responsabilité où elle s'est engagée dès les premiers temps, en préférant le mobile du libre arbitre, dans le discernement du bien et du mal, à la sainteté native dont le createur l'avait douée C'est pourquoi le Bon Père n'a pas hésité a lui prêter son appui moral, à lui enseigner à discipliner le mobile par lui préféré en le soumettant au régime du devoir. Il a fait plus : il a poussé la bonté au point de lui promettre son assistance jusqu'à la consommation des siècles.

Tel est le régime sous lequel l'humanité a été appelée a vivre, il y aura tantôt dix-neuf siècles. Un tel ordre ne passe pas. Bien loin de dire, comme on l'ose encore, que le christianisme a fait son temps, on doit être convaincu, d'apres cet examen analytique de l'objet, qu'il n'a pas encore commencé de le faire

Le sens que la philosophie philétienne attribue au terme de rédemption n'est pas exclusif des promesses dont l'œuvre a été accompagnee par son divin auteur. La philosophie s'accorde sur ce point avec la religion, quoiqu'elle parle un autre langage, celui imposé a la conscience de la personnalité par la representation des données de l'observation et de l'expérience.

En parlant ainsi, je n'argumente pas, je juge de la cause par l'appréciation de ses effets, et du moyen de civilisation par la détermination de sa qualite

Ainsi, Dieu se fait voir au monde comme le monde apparait aux yeux de ses habitants, sous l'eclat du soleil, parce que ce n'est ni l'œil qui voit, ni l'oreille qui entend, mais l'âme qui reconnait l'objet dont elle a conçu l'existence en soumettant la notion de cet objet aux épreuves du critérium de la réalité.

Ainsi apparaît la grande figure de Dieu sous les traits principaux de la Trinité

Par ses opérations morales et physiques, vous jugez de l'auteur comme vous avez jugé de l'humaine entéléchie, par les produits de son activité en matière métaphysique et en matiere physique ; comme de l'humaine societé par sa destination ; comme du christianisme par la sienne ; comme de tout ce qui existe, par la voie de la représentation en la conscience subjective, après en avoir soumis les notions à la pierre de touche de la réalité.

Etrange puissance intellectuelle ! Ses produits accumulés d'âge en âge, recueillis à tous les moments de l'actualité par les membres de l'humanité qui les traversent, transmis entre eux et à leur postérité par la même pratique, qui est l'âme de l'institution sociale, la mutualité des services, ces accumulations de lumières permettent à tous les congéneres de rendre leur connaissance commune à tous et adéquate à l'immensité des objets dont le macrocosme est rempli, adéquate aux particularites comme à l'ensemble. Substance plus etrange encore en qui se passent ces représentations. On n'y pourrait croire si l'on n'était témoin de ce grand, de ce beau phénomène

Pour y croire, il faut y regarder, et, comme le fait l'astronome, vérifier l'instrument dont il fait usage dans ses observations. C'est ce que l'idéalisme n'a jamais voulu et s'obstine encore à ne pas vouloir faire. Véritablement, il est plus commode, pour soi, d'imaginer que de prendre la peine d'observer.

Cet avénement de l'humaine connaissance se passe en une monade qui, toute petite qu'elle soit, est capable d'imprimer le cachet de son unité à toutes les notions accueillies par sa conscience, d'en éterniser le souvenir ; de les livrer à la réflexion et se procurer ainsi la faculté de penser, de connaître soi et autrui. L'absurdité de l'existence de la matiere, comme principe, ne pouvait être mieux manifestée

Cet être, ainsi devenu intelligent, est, aux pieds de Dieu, l'auteur, l'unique auteur de cette harmonie du microcosme avec le macrocosme, et, frappée d'un tel éclat de lumière qui illumine ce merveilleux ensemble, la personnalité de la monade s'agenouille devant la Trinité, silencieusement, et l'adore.

Rien d'incertain, rien de vague dans ces conceptions de notre quadrilogie. Il me semble avoir justifié aux yeux du sceptique le plus rigoureux, par l'analyse des faits qui se passent sous la lumière du jour, la thèse que je soutiens, et surabondamment verifie le moyen de conviction, l'humaine connaissance.

Acceptons cette évidence, bannissons les doutes ; unissons nos efforts pour faire jouir l'humanité des bienfaits dont son créateur l'a comblée ; ne soyons pas ingrats envers le Pere céleste, et nous jouirons, en ce monde et en l'autre, des biens qu'il nous a départis. Ils sont immenses. D'abord, en ce monde, faisons-en l'énumération :

C'est la vérité, que comporte necessairement la pratique sévère des lois de la pensée ;

C'est la jouissance, par l'individualité, des biens du service impersonnel ; par chacun, du service de tous ;

C'est le respect de la personnalité, pour soi et pour celle d'autrui, sentiment qui ne permettrait à aucune de rien demander à l'autre hors des limites de la loi d'équivalence, ni de troubler le prochain dans l'exercice de son activité, ou de ce qui en est provenu, les biens de celui-ci;

C'est l'institution de la liberté et de la propriété opérées spontanément ;

C'est le respect des nationalités, l'une pour l'autre, dans la jouissance de leur liberté et de leurs biens.

Elles seraient naturelles et générales, ces institutions qui, dans l'état actuel d'ignorance ou se trouvent les populations de la nature de l'humaine société, semblent des révélations, à la honte du genre humain ; qui soulèvent des contradictions et exigent effectivement l'intervention de la force pour être maintenues. Oui, en vérité, on eprouve soi-même quelque honte d'avoir a dire que, sans le respect pour l'activité d'autrui et de ses produits, et sans le sentiment de la dignité personnelle, conçu par tous, il est impossible de rien espérer d'une créature qui est dirigée par une finalité personnelle, a laquelle elle doit même obeissance ; tandis qu'on peut espérer de pleins produits de l'activité de chacune d'elles, sous l'inspiration de son libre arbitre discipliné par le devoir. Ce serait de l'évidence pour tous les membres de l'humanité, si la science sociale était généralement répandue, et la religion du Christ comprise et acceptée aussi universellement.

Il n'y a pas de bévue plus grossière, de toutes celles commises par l'idéalisme, et elles sont nombreuses, plus grossière que cette prétention, accompagnée de la croyance en sa possibilité, de reformer la société en substituant, au mobile naturel, justifié par la raison d'être des choses, la pratique des rétributions distribuées à chaque collaborateur du service impersonnel, à chacun suivant son mérite. C'est se jouer des mots comme le jongleur des instruments avec lesquels il badine. En vérité, l'objet est trop sérieux, il a trop d'importance, pour être traité avec cette désinvolture.

Quelle sera l'autorité qui se chargera de vider ces questions d'équivalence à tous les moments où elles surgissent? Ce ne pourrait être que celle d'un maître sur son esclave ou d'un tyran sur ses victimes.

L'expérience de la première pratique est faite depuis longtemps et universellement repoussée aujourd'hui.

Celle de la seconde ne cesse de se faire, et les résultats, tous revoltants, sont des ruines tres-visibles dont notre Orient est couvert, et la misère qui ronge des populations plus rapprochées de nous, ou les immondices de l'immoralité.

Trève à toutes ces impertinences idéalistes ! Le temps en est passé.

Laissons aux choses suivre leur cours naturel sous les inspirations de l'instruction, de l'éducation et de la foi.

Le cours naturel des choses, ainsi dirigé par ces trois puissances morales, nous vaudrait encore pour fruits spontanés : le respect et la stabilité des institutions politiques dans la nationalité. Elles devraient être ainsi accueillies par la population, parce qu'elles auraient pour résultat que tous les services publics, étant constitués pour protéger, s'il le fallait, et encore pour faciliter a chaque individualité l'exercice de ses facultés, toutes seraient fiuctueuses au profit du producteur et de la société. Je ne parle pas de la protection, à laquelle cette personnalité aurait droit, de sa vie et de ses biens, car ils seraient sous la sauvegarde de la moralité publique.

L'humaine société a ses formes, comme tous les agents de la causalité ont chacun les leurs. Pénétré de cette conviction, je l'exposais, en 1867, à la société des Economistes de France, a qui je m'honore d'appartenir. Je leur disais, en leur présentant le croquis qui précède du sorite social :

« C'est chose admirable que cette pondération des deux forces contraires de la *concurrence*, produisant d'une part cet effet d'assurer aux producteurs une rémunération de leurs services telle que les consommateurs et eux-mêmes, tout le monde, puisse goûter les fruits d'un service aussi varié et aussi parfait que le puisse permettre la plus grande diversité possible des facultés chez les producteurs, et, d'autre part, la répartition de la charge au plus grand nombre possible de consommateurs.

» Admirable résultat, en effet, obtenu, par le concours

des volontés contraires , de la compression de l'égoïsme et de la culture , par autrui, des intérêts de tous les membres de la société, avec un succès supérieur à celui qu'obtiendrait la personnalité elle-même par son action propre ».

Il n'est nullement nécessaire d'inventer le mot barbare d'altruisme pour le rendre remarquable. L'effet ressort de la considération de la cause.

Plus admirables sont encore ces jeux du nombre établissant les proportionnalités , par lesquelles subsiste et prospère le mouvement de la vie sociale, pourvu qu'il soit laissé à sa libre allure et que l'idéalisme n'y mette pas les mains.

On déplore de voir dénaturer, par ce mauvais esprit politique, l'un des services généraux de la société, auquel il fait acquérir une importance que ce service n'a pas, et lui donner l'allure d'une sangsue à l'égard de l'autre. C'est le socialisme qui, sans que personne s'en doute, établit une telle disproportion entre le service hiérarchique et le service libre, que l'un écrase l'autre de ses charges imposées à la population. Se faisant confondre avec l'Etat, dont il n'est qu'un serviteur, il tend à envahir les fonctions de l'autre et à les rendre hiérarchiques Celui-ci n'a pas de nom, et son importance est immense, car il comprend toutes les branches du service impersonnel, à l'exception de celles qui seraient naturellement dévolues à l'autre, en ce que l'activité privée serait impuissante à les exercer.

Les deux départements sont bien distincts Encore ici , comme partout, c'est par leurs qualités qu'il faut distinguer les choses C'est à quoi l'on pense le moins.

Au sujet de l'Etat, je disais encore à mes honorables collegues · « L'Etat est un serviteur des intérêts généraux au profit des intérêts particuliers et individuels ».

Cependant, on tend à en faire un tyran et une sangsue.

On tyrannise sa constitution, sa forme naturelle, en lui refusant celle du service, pour lequel il est fait, des intérêts généraux ; en lui marchandant les formes propres, nécessaires à la représentation, à laquelle il est destiné, de l'intérêt de conservation, d'acquisition et de l'unité nationale, communs à tous les membres du corps social.

Les publicistes les plus distingués se sont pourtant expliqués catégoriquement sur la nécessité des trois pouvoirs se contrôlant dans l'exercice de leurs fonctions respectives.

Autre conséquence, qu'il faut déplorer, de l'ignorance trop généralement répandue de la science sociale.

Une telle rénovation morale serait la substitution complète du droit a la force.

En d'autres termes, ce serait l'installation universelle spontanée du droit par la pratique du devoir.

Universelle, dis-je, en ce que les nationalités se traiteraient a l'unisson des personnalités.

Sous le régime d'un tel droit,

1° C'est la paix universelle, ce bien si désirable, si utile, si nécessaire a l'humanité, que son Législateur ne cessait de souhaiter a tous ses membres. Assurément, il ne se trompait pas sur la valeur du moyen, qu'il leur a proposé, de se le procurer, l'amour mutuel, la charité ;

2° C'est le bien public, le bien social, élevé au plus haut degré de considération par l'individualité, éclairée sur les conditions d'un ordre moral d'où dépend le bien-être de chaque personnalité,

3° C'est l'abandon, à toujours, de la vie d'isolement, avec toutes ses misères pour la vie d'ensemble, alimentée, enrichie par tous les biens, par les productions du service impersonnel, s'amplifiant, se diversifiant proportionnellement aux besoins et aux diversités de la consommation.

Avec la Personnalité, cette prodigieuse créature telle que l'analyse nous la fait connaître, telle que le divin Législateur l'a amendée et s'est efforcé de la faire devenir en la tirant de l'état d'abjection où elle était tombée ; avec une telle créature, il ne faudrait que des vertus pour opérer et maintenir à toujours cette conversion de la force en droit universel ; du droit, j'aime à le répéter, engendré par la pratique du devoir. Il ne peut pas y en avoir d'autre.

Biffons encore du langage idéaliste que pratique la science politique, cette expression *des droits de l'homme*, foncièrement fausse en ce qu'elle est employée isolément de celle du devoir. Il n'y a pour aucun de nous, il ne saurait y avoir de droit sans devoir. Entre deux créatures telles que celles de la monade humaine, identiques par leur finalité, toute communication serait impossible, aussi impossible qu'entre les atomes de la matérialité de même électricité ; elles se repousseraient éternellement, si les deux ne disposaient également de qualités dont l'autre aurait besoin, et qu'elles seraient décidées à s'offrir mutuellement en coopération. Il n'y a pas de personnalité qui, dans ces conditions, ne doive être disposée a servir autrui pour en être servi. C'est ce mobile de l'amour mutuel, de la charité, que le Christ est venu insinuer au monde Évidemment, entre deux principes dirigés par une même finalité inexorable, capable de les faire passer à l'état d'égoisme, il n'y a que le désir d'obtenir le service l'un de l'autre qui les puisse déterminer à se tendre les mains ; ou bien cet esprit de charité qui, a lui seul, produit ces innombrables relations désintéressées, que j'ai classées en cœnologie parmi les diversités du service impersonnel ; sources d'une multitude de biens inestimables pour la partie qui en est gratifiée et sans valeur pour le producteur.

Pour animer le monde des vertus sociales, l'enrichir de la puissance nécessaire a leur plein exercice, il n'y a que la foi, ce sentiment que s'est attiré, qu'a si bien mérité le divin Législateur.

C'est la foi en la divine Trinité, en l'assistance qu'Elle nous a promise

Le but de la Religion est de la propager.

C'est la Religion telle que le Christ l'a léguée a l'humamanité, et dont les apôtres ont formulé les principes dans leur symbole.

Mais il ne faut pas faire de la Religion ni de ses pratiques un pur mécanisme, et, ce qui serait encore plus odieux, en user comme d'un moyen, le plus efficace pour une espece particulière d'ambition ; pour l'usage d'une des variétés de l'égoisme. On se méprendrait sur l'efficacité.

Son dogme n'est pas non plus une matière scientifique destinée aux disputes élevées entre d'orgueilleuses individualités, qui y cherchent des satisfactions personnelles d'amour-propre.

Ce n'est pas non plus un brandon de discorde à jeter, a agiter au milieu d'une tourbe oiseuse de croyants et de mécréants.

La philosophie, curieuse de la raison d'être des choses, la recherchant sans cesse et désireuse de s'en servir rationnellement, cette passion que je qualifie de philétie, ne saurait consentir sans protestation a laisser ainsi traiter le christianisme.

J'en ai assez dit pour que je puisse me permettre de m'expliquer en quelques mots à son sujet Je ne suis pas l'un de ses organes, et je laisse à ses ministres avoués le soin d'en enseigner les dogmes. Je me borne à en estimer la qualité, par suite, sa nature et son usage.

C'est un bien social, une institution divine dont nous avons à rendre grâce à l'Eternel, le Dieu tout-puissant, à la fois unique et Trinité adorable ; pour ses bienfaits d'ailleurs qu'il a répandus si abondamment sur le monde moral, constamment, malgré les malversations de ses créatures.

Son dernier bienfait est, pour l'humanité, un moyen certain de conserver et de mériter tous les autres, ici-bas et dans le monde de l'éternité

Pour user de ce moyen, une condition principale est nécessaire, c'est la pratique du devoir dans toutes ses diversités, dans le sens le plus absolu.

Celles de la Religion sont des accessoires, qui, sans doute, ont bien leur valeur, mais dont il ne faut pas faire un objet principal.

Ne dénaturons pas les fonctions. Exerçons-les pour ce qu'elles sont, abstraction faite de tout intérêt particulier, individuel, de personnalité.

Et vous, peuples assemblés de tous les points de la surface terrestre, appelés à vous réunir, à vous faire représenter par vos délégués, à vous former en congrès dans le temple de la civilisation, que notre pays a élevé sur l'un des points culminants de sa capitale ; pour entrer en conférence relativement aux produits de notre activité respective, physique ou métaphysique ; portez encore plus loin votre attention. Etendez-la jusqu'a la considération des conditions fondamentales des produits généraux de la civilisation, d'ou dépendent les résultats humanitaires auxquels nous aspirons tous

C'est dans ce but que je vous fais entendre la parole de la philosophie Apres avoir pris naissance dans notre lointain Orient, elle s'est étendue partout dans cet Occident, aussi lointain pour certains d'entre vous, toujours disposée au service de l'humanite

Elle vous parle le langage des choses, et, en les traitant ainsi, elle s'accorde avec la parole du Legislateur de l'humanite Ce n'est pas au service d'une simple population, quel que soit le mérite que lui vaille son antiquité, c'est au service de tous les peuples que le Christ a fondé sa Religion dans la Judée. Avant de quitter la terre, il l'a fait precher au monde. Des hommes dévoués a la sainte cause de la civilisation n'ont jamais cesse et ne cessent pas, ils persisteront toujours à en répandre le moyen ; c'est la charite chrétienne qui les anime.

Si vous ne pouviez pas tous accepter la foi chrétienne, tout homme de cœur le regretterait, parce que c'est un bien commun a l'humanité ; acceptez-en, du moins, les vérités qu'elle proclame et que sa Religion tend a propager. C'est une voie constamment ouverte a la civilisation Dans toute sa simplicite, le christianisme est l'amour mutuel, le dévouement des collaborateurs de l'œuvre sociale a leurs devoirs respectifs. Pour le croyant, c'est aussi la force morale, c'est l'assurance du plus lointain avenir, de la jouissance de la vie éternelle, moyennant l'imitation du Christ.

Promettez-vous et nous promettons tous de renoncer à des prétentions contraires à l'esprit de l'humaine société ; de bannir d'entre nous les discordes et de laisser pacifier les différends qui se pourraient elever de nationalité à nationalité, d'après les principes du droit humanitaire, par une Cour suprème composée des membres les plus capables d'apprécier le droit et de l'appliquer, sans esprit de personnalité politique, sous le seul mobile du dévouement au devoir.

Ainsi procédant, vous viviez et prospérerez : autrement vous périrez ou vivrez misérablement.

Les décrets de Dieu sur le monde moral sont visibles, praticables, mais inéluctables

Il a fait de l'homme une creature sociable, et, en la créant telle, en lui prescrivant de multiplier pour recouvrir la surface du globe ou nous vivons, en créant le monde physique tel que nous le voyons, il a prescrit a cette créature, disposee a devenir intelligente, la forme même de la societe

Cette société est l'organisation d'une communication universelle de services, ou chaque collaborateur doit tout faire pour autrui, lui consacrer l'exercice de ses facultes, pour obtenir d'autrui le fruit des siennes, moyennant l'équivalence

Cette société est fondée sur l'affection mutuelle de chacun pour son prochain, pour son collaborateur a l'œuvre commune de la subsistance de l'individualité par le concours de la totalite, de la pluralité du moins, celle des membres en relation.

Dieu l'a tellement voulu, ce regime du dévouement universel à la fin sociale, qu'il est intervenu, par son Verbe, dans ce monde moral, pour le ramener au sentiment suprème de la moralisation, qui est la charité, l'amour du prochain.

Ainsi apparaissent, aux yeux de l'humanité, Dieu, la société du genre humain, le christianisme, comme un majestueux ensemble de vérités d'ou dépend le sort du monde moral. La réalité est manifestée par l'humaine connaissance, manifestant directement celle de l'âme, de qui elle découle, la réalite d'une substance impérissable dont l'existence s'etend, au travers des temps, jusqu'à l'éternité.

Ces vérités, que j'énonce d'une maniere qui pourra paraître un peu tranchante, sont manifestées, dans le discours qui suit, tout par la discussion de faits bien vérifiés et systématisés, d'après les rapports existant entre eux, en pratiquant la loi de l'entendement humain, qui le fait être le trucheman de la nature Je ne fais pas d'hypothèses

Telle est l'excuse que je présente à mes lecteurs, pour

le ton dogmatique de ce préambule de mon discours et
pour sa longueur, qui pourra paraître demesurée avec
l'étendue de l'œuvre . l'un devait être pour l'autre ce
qu'est l'ouverture pour une œuvre musicale, dont l'auteur
souhaite présenter d'avance tous les motifs, avec précision, à ses auditeurs

LE SCEPTICISME SCIENTIFIQUE

DE NOTRE TEMPS.

LE SCEPTICISME SCIENTIFIQUE

DE NOTRE TEMPS.

A Messieurs les Membres de l'Académie du Gard.

J'essayais naguère de faire partager, par mes honorables confrères en cette Académie, ma conviction de l'inanité de la doctrine socialiste, et je leur signalais la cause de cette aberration de nos novateurs politiques. Aujourd'hui je souhaiterais les convaincre que la même cause a fait se produire ce scepticisme philosophique de nos jours, qui révoque en doute les grandes vérités auxquelles l'humanité s'intéresse : doute de l'existence de l'âme et d'aucun être substantiel dans l'univers ; doute de l'existence d'un Dieu, créateur et conservateur de ce vaste ensemble, rédempteur de l'humanité ; doute de l'origine et de la sainteté du devoir. Tous ces doutes proviennent de l'opinion répandue dans le monde lettré, que la connaissance des causes premières était inaccessible pour l'esprit humain.

Suivant cette opinion, cette grande faculté de notre nature qui nous ouvre les yeux à la lumière devrait être scrupuleusement éloignée, sous peine d'erreur, de la recherche du *pourquoi*, et bornée à s'informer simplement de la manière dont les choses se produisent et subsistent. A en croire nos sceptiques, l'esprit humain ne vaudrait que pour la connaissance du *comment*, nullement pour celle du *pourquoi*. Telle est, si je ne me trompe, la formule de la limite qu'il plaît au scepticisme de poser à l'extension de l'humaine connaissance. Ainsi toute métaphysique serait vaine, et une ontologie indigne de l'attention d'un penseur tel qu'A. Comte ou un disciple de son école.

Nous savons actuellement quelles sont les conséquences de ce scepticisme, et quels ravages ont faits, dans la moralité publique, le matérialisme et l'athéisme, qui en sont les corollaires ; quel trouble a jeté dans l'ordre social, sous le nom de socialisme, une ignorance, ainsi faussement légitimée, de la raison d'être positive de l'humaine société.

A ces résultats déplorables, lamentables, il n'y a, comme je viens de le dire, qu'une cause, le défaut de méthode dans les procédés de la science. Les conséquences d'une telle négligence n'avaient pas été prévues et ne pouvaient guère l'être. Les disciples de l'auteur du scepticisme disent, comme s'ils voulaient les désavouer : « Nous ne sommes ni déistes ni athées ». Ils se défendent même de l'accusation de matérialisme. Pour eux, « l'entéléchie, en l'homme et chez les autres espèces organiques inférieures, est une hypothèse, une abstraction, une conception subjective, qui n'a aucune existence réelle, objective, du moins dans l'état actuel de la science ». Pour eux, « Dieu est aussi une hypothèse ».

Pour se prononcer ainsi sur un aussi grave sujet, en contradiction avec le sens commun de l'humanité, il faudrait logiquement, ce semble, avoir préalablement résolu la question, depuis si longtemps agitée, de la nature et de la portée de l'humaine connaissance : il faudrait l'avoir traitée méthodiquement, comme l'ont été celles ressortissant aux sciences physiques et toutes les questions qui, d'abord obscures, incertaines, douteuses, ont été tranchées avec évidence, après avoir été aussi longtemps débattues, par la voie d'une discussion méthodique des faits afférents à ces objets scientifiques.

Il n'y a pas deux espèces de méthode au monde : il n'y en a qu'une, parce que la méthode n'est rien autre que la pratique du moyen propre à faire un bon usage d'un organe unique de connaissance, l'entendement humain. Aristote l'avait flairée, cette méthode unique, et instinctivement pratiquée. Les philosophes de son école l'ont employée pour doter l'humanité des connaissances physiques dont elle jouit actuellement, et, enfin, l'illustre Ampère en a tracé la formule.

C'est cette méthode qu'il faut employer à l'étude de l'entendement humain pour en connaître la puissance, pour savoir quelle est la nature de ses produits, et en induire la solution du différend existant entre le sceptique, qui doute de la possi-

bilité de la connaissance des objets en question,
et le rationaliste, qui l'affirme.

Ni A. Comte ni aucun de ses disciples n'a fait
cette entreprise, de l'application de la méthode
péripatéticienne à l'étude des sciences morales, et
particulièrement à celle de l'entendement. Vous
lisez, dans un recueil d'opuscules philosophiques,
que le plus éminent des disciples de. ce philosophe a publié naguère, vous rencontrez cette
affirmation, que la recherche de la nature de l'humaine connaissance est peu sûre, sinon impossible (1).

M. Littré ne se serait pas prononcé d'une manière aussi absolue sur un sujet d'étude tout
nouveau, d'une importance aussi grande, s'il
avait seulement pensé à la possibilité d'appliquer
aux sciences morales la méthode péripatéticienne.
La tentative est nouvelle, sans doute, mais, par
cela même, attrayante pour un esprit indagateur
tel que le sien. C'est de la méthode de l'observation et de l'expérience qu'il s'agit, celle qui a valu
tant de beaux succès, en matière physique, aux
philosophes qui en ont fait usage pour résoudre
des problèmes aussi difficiles que celui de la
nature et de la portée de l'humaine connaissance.
Le succès de la tentative eût été certain, facile
même, pour un esprit aussi exercé que celui
du célèbre auteur de tant de travaux analytiques
justement estimés. M. Littré eût fait, s'il l'eût seulement tenté, ce qu'il déclare impossible.

(1) *La science aux yeux de la philosophie*, par M. Littré, de
l'Institut.

Ces phénomènes d'intérieur que chacun de nous palpe ou peut palper en soi, par le toucher de sa conscience, à tous les instants de sa vie, ces faits d'intérieur sont, comme tous ceux de l'extérieur objectif qui attirent l'attention de l'homme, susceptibles d'être conçus, comparés entre eux et avec d'autres en nombre suffisant pour laisser apparaître les rapports qui les lient ; et, formés ainsi en notions, manifester par la constance de leur allure la loi qui les régit, qui en garantit la réalité à l'observateur. A la constance de ces phénomènes, nous devons la vue, le toucher et généralement la connaissance des choses les plus réelles. Impossible de douter de leur réalité et bien moins de celle de leur cause.

Ainsi, la qualité cognitive et sa raison d'être étant déterminées par conception, comme celles physiques, dans des circonstances fixes, qui en rendent la réalité indubitable, j'oserai dire que la notion de l'humaine connaissance peut être acquise et certifiée comme le sont toutes les notions objectives ; elle peut être étendue par induction et servir de la même manière que les autres acquisitions scientifiques dont l'entendement s'enrichit pour servir de critérium à la vérité.

Les faits intellectuels, de la discussion desquels peuvent s'évincer la qualité de la connaissance, sa raison d'être et sa portée, sont plus aisément observables ; l'observation en est plus certaine que ne l'est celle des phénomènes de l'extérieur objectif, d'où ont été déduites les notions des lois, aujourd'hui avérées, indéniables, de la nature physique. Les faits moraux ont l'avantage de l'évidence sur les faits physiques , en ce que ceux-ci exigent, pour être observés, analysés, l'emploi de divers artifices sur la valeur desquels le doute est souvent possible , tandis que les faits moraux aboutissent directement à la conscience et que , pour en conserver la valeur dans toute sa pureté , il n'y a d'autres précautions à prendre que celle de les garder de tout mélange à des hallucinations.

C'est bien à la conscience que le fondateur de la science positive attribuait l'origine de toute connaissance. L'apophthegme de l'école péripatéticienne, sainement entendu, est aujourd'hui généralement reconnu vrai. Il n'y a rien dans l'entendement et rien n'y doit entrer qu'en passant par les sens, dont la conscience contrôle et traduit les excitations objectives en sensations. Il faut entendre le mot employé par le philosophe dans la signification que lui a prêtée la science moderne. C'est la conscience qui sent les excitations internes et externes de l'organisme de la sensibilité , qui est la sienne. L'expérience en a été faite. Cet organisme n'est qu'un véhicule varié des excitations , qu'il reçoit à sa périphérie, et qu'il transporte à l'intérieur pour y être appréciées et élaborées sous un aspect purement subjectif. La sensation est une transformation de l'effet objectif. Cette observation suffirait à elle seule pour manifester au sceptique l'existence, en la personnalité , d'un être sentant, de l'âme, ou, comme l'appelait Aristote , d'une entéléchie , usant de ces moyens de la sensibilité et de bien d'autres pour accomplir sa finalité.

Mais l'entendement est bien autre chose qu'un

amas de sensations. Je me propose d'en montrer l'économie dans la suite de ce discours; de faire voir avec évidence qu'une telle élaboration des éléments de la sensibilité est l'œuvre d'un être appelé à s'élever aux sublimes hauteurs de l'humaine connaissance, et s'y élevant au moyen de ces simples données de la conscience mise en relation avec son extérieur par les sens. Alors nous pourrons dire, sans crainte d'équivoque, qu'il n'y a rien dans l'entendement qui n'ait passé par les sens, et ajouter, aussi affirmativement, que l'entendement lui-même a suivi cette voie pour s'établir en la personnalité, en laissant traiter ses éléments par l'activité de l'entéléchie : *Nihil est in intellectu quod non prius fuerit in sensu, ne intellectus quidem, qui, vi animæ, sensationum conceptu abortus, se anima, et per quem anima se sibimet, entia alia, Deum quoque præbet.*

L'entendement, matière et forme, procède de l'âme.

Tel est le développement de l'apophthegme péripatéticien, que j'ai obtenu en acceptant la tâche devant laquelle semble reculer et que devait entreprendre l'école d'A. Comte. C'était pour elle un devoir dans sa tentative de rénovation de l'humaine connaissance.

Cette tâche consiste en l'étude de l'éducation intellectuelle de l'être humain, à son avénement au monde. En la faisant, j'ai écrit un traité de noologie, autrement dit philosophie de l'entendement humain. En usant de la méthode péripatéticienne, je crois être parvenu à établir de fait, incontestablement, la loi qui régit la production et la pratique de l'humaine connaissance ; je pense avoir montré la nature et la valeur de ce phénomène (1).

La connaissance n'a qu'une forme manifestée par cette loi, le concept. Elle n'a qu'une matière, l'acte de conscience, la sensation. Les deux sont également applicables à la détermination du *pourquoi* et du *comment*. Ces diversités auxquelles se heurte le scepticisme ne diffèrent que par la distance qui les sépare dans l'étude d'une série de phénomènes de causalité. L'un est au bout, au point d'arrêt, et l'autre dans le trajet de la série des investigations du philosophe, recherchant les lois qui régissent les phénomènes de la nature physique et de la nature morale, du philosophe avide de découvrir la raison d'être des choses.

Cette raison est manifestée par des rapports existant entre les choses, toujours saisissables, quand les faits n'échappent pas à la sensibilité ; saisie par le concept, convertie par lui en notion, cette raison répand une lumière dont le rayonnement s'étend bien au-delà de la simple connaissance du phénomène éphémère, par delà le présent, dans le plus lointain avenir. Ce rayonnement s'arrête à la détermination du *pourquoi*, faute d'objet réflecteur situé au delà ; mais il l'éclaire de sa lumière aussi bien que les objets intermédiaires de la série dont la forme a été d'abord déterminée.

La connaissance, renfermée dans les limites

(1) *Noologie, ou philosophie de l'entendement humain*, 1 vol in-8°, Durand, éditeur, rue Cujas, à Paris.

posées à l'entendement par la nature , s'applique
naturellement à tous les objets qui manifestent
leur existence par leur action dans l'immense
cercle de la création. Le sujet pensant, désabusé
des chimères de l'idéalisme , qui l'entraînent à
la recherche de l'*essence* des choses, et se bornant
modestement à en connaître l'existence et les
qualités par où elles se révèlent à l'observation ;
le sujet est capable de se connaître , de concevoir
l'existence de son principe de vie, l'existence de
Dieu et celle d'un ordre social invariable , dans
un sens aussi indubitable pour. lui que l'est la
connaissance des aliments dont il se nourrit, des
vêtements dont il se couvre. Il peut élever plus
haut sa vue intellectuelle , jusqu'à la conception
d'une force suprême qui n'attend que les aspirations de l'humaine volonté , éclairée par les saines
lumières de l'entendement, pour la diriger, la
soutenir dans sa voie et lui faire accomplir sa
finalité. Tous les objets de l'humaine connaissance sont liés, dans la création et au-delà, par
l'enchaînement d'une causalité dont la puissance
se manifeste partout par des effets évidents, par des
effets qui révèlent l'existence d'une source unique
d'où ils procèdent tous , médiatement, qui fait
connaître sa qualité par ses opérations. La certitude scientifique de ces résultats dépend immédiatement ou médiatement de l'examen à faire de la
nature et de la portée de l'humaine connaissance.
Je l'ai fait dans le traité ci-dessus cité. Et, par
l'application de la même méthode à une autre
science morale , j'ai déterminé la nature de l'hu-

maine société et la loi qui la régit (1).— Je pourrai donc me borner ici à une brève énonciation des faits relatifs à ces deux sciences, et renvoyer ceux de mes honorables confrères qui désireraient en connaître les détails à ces deux traités, où ils les trouveront exposés. — C'est l'évidence de ces faits que je vais rapporter.

Elle est restée jusqu'à présent plongée dans les nébulosités du doute, parce que nul philosophe n'a entrepris d'appliquer aux sciences morales la méthode péripatéticienne. Dans cet état d'indétermination de la nature et de la portée de l'humaine connaissance, le scepticisme a pris pied chez le public lettré ; et, à sa suite, se sont répandus partout le socialisme et toutes les autres espèces d'idéalisme, qui, comme l'ivraie dans une terre fertile, étouffent, faute de culture, la production du bon grain.

J'espère montrer ici que, non - seulement la fausse distinction du *pourquoi* et du *comment* dans l'humaine connaissance , mais encore les erreurs du matérialisme et de l'athéisme proviennent uniquement de l'état d'indétermination où se trouve aujourd'hui, chez le public lettré, la notion de l'humaine connaissance ; et que, la clarté se faisant sur cet élément essentiel de la science, le sceptique qui doute pourra tendre la main au rationaliste qui affirme l'existence de l'âme, l'existence de Dieu, la réalité d'un ordre social immuable, parce qu'il est donné, institué ,

___

(1) *Philosophie de l'humaine société ou Cœnologie.* — 1 vol. in-12, chez Guillaumin, à Paris, rue Richelieu.

pour ainsi dire, par la nature des choses et protégé par le souverain créateur.

Une entreprise telle que la mienne ne saurait être parfaite dès le premier jet, mais elle est perfectible, suivant le sort commun à toutes les choses de l'humanité. J'engagerai donc à en suivre le perfectionnement tous les hommes de bonne volonté, et quiconque est jaloux de faire progresser la civilisation. C'est ici son point de départ, son origine, ne nous le dissimulons pas. Un entendement sain, éclairant une volonté morale, chez une personnalité bien constituée, est la tête d'une série de phénomènes moraux dont l'étendue est immense. Elle peut être évaluée par tout esprit libre des préoccupations vulgaires. Je m'estimerai heureux d'avoir seulement provoqué cet élan de l'esprit moderne, au travers des défectuosités du présent, vers la perfection de l'avenir.

Animé par cet espoir, je vais entreprendre la première partie de ce discours, par l'étude de l'humaine connaissance, que je partagerai en trois chefs : Sa matière, sa forme et sa portée.

Ces trois points de vue me paraissent suffisants pour rendre évidente cette vérité, que ce beau phénomène est l'œuvre, comme l'a dit Aristote, d'une entéléchie, d'un être substantiel, impérissable. Elle sera confirmée par la discussion qui doit suivre, de faits scientifiques aussi, manifestant l'impuissance de la partie physiologique de la personnalité à produire un tel phénomène d'illumination intellectuelle.

Quand l'un des termes du dilemme est exclu de la discussion, il faut bien accepter l'autre et réduire l'organisme à son rôle modeste, mais nécessaire, d'intermédiaire, à deux de ces agents de la causalité générale, à qui le Créateur a confié le maintien de son œuvre : le physique et le métaphysique.

Cédant à la même puissance logique, il faudra bien admettre l'existence du créateur en face de l'impuissance des créatures, et déterminer la qualité des causes d'après la considération des effets produits par elles à la lumière du jour. Mais ne poussons pas plus loin ce préambule, et débutons par la considération d'un fait d'acquisition scientifique généralement connu, par où il mérite la préférence sur tous les autres pour servir d'exemple à cette sorte d'effets noologiques. Nous passerons ensuite à la discussion des faits qui doivent nous faire connaître la nature de l'humaine connaissance, puis à ceux qui doivent nous en manifester la forme, d'où résultera la détermination de la qualité et de la valeur de l'entendement humain.

I.

On sait généralement comment Newton a été induit à la découverte de la loi à laquelle obéissent tous les corps célestes, la gravitation ; c'est pourquoi je cite ce fait, en raison de sa vulgarité, pour exemple de la manière dont s'acquiert la connaissance des choses ; par l'un on jugera des autres ; de la généralité par l'unité : *Ab uno disce omnes.* Ce grand philosophe fut induit à cette découverte sur l'insinuation d'un fait ressortissant à ce genre de phénomènes de causalité, la pesanteur ; à la vue d'une poire se détachant de l'arbre au pied duquel l'observateur méditait son problème. Comparant ce fait d'un grave, allant trouver sur le sol un autre point d'appui, dès avoir perdu celui que lui prêtait la force de cohésion à la branche de l'arbre ; le comparant à une foule d'autres qui se passent à la surface de la terre ; étendant la comparaison, de l'analogie des corps terrestres aux mouvements de la lune autour de la terre, vers laquelle le satellite semble constamment disposé à se précipiter ; à ceux des autres planètes autour du soleil, centre commun vers lequel planètes et satellites se précipiteraient, visiblement, en vertu de leur pesanteur, comme la poire vers la terre, si ces grands corps n'étaient contenus par une force inconnue, indéterminée, mais aussi manifeste que celle de la cohésion qui retenait la poire attachée au rameau : ainsi courant de rapports en rapports, ce grand esprit s'arrête à deux conceptions, celle de la gravité et celle de la force de projection, dont il compose deux notions, qu'il n'hésite pas à reconnaître pour des qualités propres à la matière.

Cette notion de la gravité est aussi le résultat de la comparaison d'une myriade de faits dont l'univers abonde.

Sans rechercher la nature des objets de ces trois notions, le grand philosophe n'hésite pas à composer son système de la gravitation avec ces données de la force de gravité et de la force de projection qui agissent concurremment sur les corps sidéraux, et auxquelles cèdent généralement tous les corps. Mais, en se prononçant ainsi, l'observateur, respectant la loi qui régit l'intelligence, s'écrie qu'il ne fait pas d'hypothèses : *Hypotheses non fingo*. Il déclare ce qu'il voit, ce qu'il a appris de la nature en la voyant agir, et, moyennant cette sage réserve, il fait se ranger le sens commun à son opinion. Pour produire cet entraînement universel de la pensée du genre humain, Newton s'est appuyé sur deux faits généraux, celui de l'existence de deux qualités : celle de la gravité que possèdent tous les corps tangibles, et celle de projection dont ils sont tous susceptibles de subir l'application, de la part d'une force de cette espèce agissant extérieurement à chacun d'eux.

Ce ne sont pas là, effectivement, des hypothèses ; ce sont des faits bien avérés qui se passent sous les yeux de tout le monde, en la terre comme au ciel. La philosophie expérimentale, qui porte le nom d'astronomie, a reconnu que les corps célestes, pressés d'une part par la gravité, et de l'autre contenus par la force de projection, à eux respectivement imprimées, décrivaient, dans l'immensité des cieux, des trajectoires dont la courbe est composée d'une série de diagonales, déterminées ou déterminables par le parallélogramme des forces de projection et d'attraction qui agissent sur ces corps à tous les moments de leur trajet dans l'espace. Grâce à l'art institué par Euclide dans une haute antiquité, ces actions, dont l'existence se manifeste seulement par les phénomènes de mobilité auxquels elles donnent lieu, sont rendues perceptibles et même commensurables.

Nous en avons un exemple sur la terre, dans la résultante des forces qui agissent sur un bateau entraîné simultanément par le courant du fleuve, et dévié à tout instant de cette direction par l'action des mariniers qui le touent vers le rivage. La résultante de ces actions contraires se fait représenter par la diagonale du parallélogramme, dont les côtés adjacents sont proportionnels aux mouvements produits en sens contraire dans l'unité de temps.

La philosophie, aidée de ces artifices, a poussé la rigueur de ses observations, pratiquées sur les agents invisibles de la nature, au point de manifester par le calcul cette loi, que les mouvements sidéraux sont proportionnels aux masses des corps entre lesquels ils s'opèrent et aux distances qui les séparent : en raison directe de la première de ces quantités et en raison inverse de la seconde.

La loi de la gravitation des corps célestes est trouvée ; mais ce n'est pas la loi qui produit ce phénomène, qui en est la cause efficiente : elle est tout simplement l'expression de la forme sous laquelle les forces sidérales exercent leur action et la manifestent par les mouvements imprimés aux corps sur lesquels elles agissent. Notre formule est l'expression quantitative du rapport qui se fait remarquer dans le procès de ces actions au travers du temps et de l'espace.

Ce rapport est indubitable, puisque l'observation en a été consacrée par des siècles de durée. Il doit présumablement durer aussi longtemps que dureront les circonstances au milieu desquelles il s'est fait remarquer ; en ce sens, son existence est absolue. Il est aussi universel, puisqu'il se produit partout où deux forces sont mises en contact sur le même corps, le sollicitant au mouvement en sens obliques : au ciel parmi les astres, en la terre sur un grave, contrarié dans sa tendance vers le sol par la main d'un frondeur.

Mais la nature de la cause est inconnue. Elle est seulement indiquée pour être la résultante des forces moléculaires dont l'action a produit les masses qui agissent entre elles par attraction.

La science physique est en quête de cette cause. La branche chimique, qui est la plus avancée dans cette recherche, après avoir accompli des progrès prodigieux, s'est mise, récemment, en possession de la loi d'atomicité. L'individualité atomique est aujourd'hui reconnue, après avoir été si longtemps simplement soupçonnée et constamment contestée. Les vibrations que chaque individualité de l'espèce exécute dans l'unité de temps, constamment en même nombre, sont numériquement déterminées. Les actions que les individualités exercent entre elles et la composition des mixtes sont aussi soumis au régime de la mesure et du nombre. Mais la science n'a pas pour cela déterminé l'origine de la cause indiquée pour être la raison première des grandes forces qui se déploient sous diverses formes dans la nature. L'eût-elle trouvée et fût-elle en état de l'assigner à des atomes coalisés, son travail consisterait en un progrès plus avancé, mais de nature identique à celui qui l'a conduite à reconnaître les lois de la gravitation, du mouvement accéléré des graves recherchant leur point d'appui perdu, de la pe-

santeur, de l'étendue, déterminés par l'unité de
mesure et par le nombre.

L'enseignement de cette branche de la science
physique est un exemple que je dois citer de ces
séries de phénomènes de causalité dont je parlais
tantôt, pour faire comprendre à mes honorables
confrères l'inanité de cette distinction, dont le
scepticisme fait usage pour démontrer l'impuissance de l'esprit humain à connaître les causes
premières; dans le cercle 'desquelles il insère
l'Etre suprême, l'âme et les autres entéléchies.
L'étude des forces physiques qui agissent dans la
nature s'étend sur un enchaînement de phénomènes de causalité qui a pour points de départ des
variétés infinies, et pour point d'arrivée l'individualité atomique. Celle-ci est présumablement
la source de ces phénomènes.

Nous allons voir dans la suite de ce discours
un déploiement analogue de phénomènes de causalité, de nature morale, aboutissant, en la personnalité, à l'entéléchie, par l'intermédiaire des
phénomènes de la vie et de la pensée; en dehors
du sujet, à une pareille organisation des membres de l'humanité, par la manifestation de rapports indéniables; bien plus largement, dans le
monde organique, à des êtres offrant des caractères analogues à celui de l'humaine entéléchie, et,
au delà encore, dans l'infini, à Dieu.

Partout, dans les études de la science, des
points de départ et d'arrivée; entre eux, des points
intermédiaires, dont les objets sont également
éclairés par la lumière de l'évidence, résultant de la
comparaison des faits observés; l'évidence de la

conception qui fixe le rapport, et sur ce fondement établit la notion objective. Ainsi est motivée la représentation, dans le plus lointain avenir, des faits observés dans le présent, sur la garantie de l'immuabilité des lois de la nature.

Il n'y a entre les notions, dans la représentation qu'elles procurent de leurs objets respectifs à la conscience, aucune différence de nature ; une différence de rang seulement dans le progrès, et celle d'irréductibilité du point d'arrêt : l'atome, au physique; l'âme, l'entéléchie, Dieu, au métaphysique.

Si le chimiste parvenait à dissoudre l'atome, à le diviser en deux sous-unités, ce progrès se réduirait à une augmentation du nombre des espèces d'individualités dont le quatrième règne est peuplé; à l'accroissement des variétés des objets de la connaissance, sans altérer aucunement la qualité de celle-ci, que nous allons voir ressortir de la suite de cette étude. Mais l'un des plus éminents chimistes de notre époque nous assure que l'individualité atomique est ce qu'elle apparaît être, simple, indivisible. Sur la parole de M. Dumas, certifiée par la loi d'atomicité dont la science vient d'entrer en possession, nous pouvons croire avoir réellement sous les yeux les limites de la création, la population même qui l'a inaugurée, et connaître les lois qui la régissent dans la science moderne de l'atomicité.

Bien avertis, marchons à l'exploration de l'autre champ qui s'offre à nous, celui de la nature métaphysique, où se trouve posée l'autre borne de la création.

Nous allons débuter par la recherche de la qualité du flambeau qui doit nous éclairer dans ce monde métaphysique, tout nouveau pour la philosophie péripatéticienne. En pratiquant sa méthode, nous arriverons à la manifestation de la loi du concept par la conception de ce rapport, que des expériences pédagogiques nous ont révélé. Elles ont été faites sur des sujets nés incomplets, à qui l'art chirurgical a procuré les sens dont ils étaient privés dès leur naissance; sur des sujets restés incomplets, qui ont été gratifiés par l'art pédagogique de la même étendue de connaissance dont jouissent les sujets les plus complets, les mieux doués. Joignant à ces diversités de phénomènes pédagogiques une foule d'autres faits de formation et de développement de l'entendement, dont l'observation a enrichi le fonds de la noologie, les comparant entre eux, on voit surgir des rapports dont la constance est manifestée par leur durée chez la personnalité, et dont la valeur scientifique est attestée par leur universalité dans le genre humain : on voit naître et se développer l'entendement, on voit s'établir et grandir la science noologique, d'après les mêmes errements qui ont valu au botaniste la connaissance de la plante, de ses qualités spécifiques et de celles de toutes les espèces du règne. La constitution de la science physique et celle de la métaphysique ne diffèrent aucunement l'une de l'autre par leur forme.

La noologie ainsi constituée fait éclater la nature de l'humaine connaissance, de son origine, de l'usage qui peut en être fait, et dissipe les doutes élevés par le scepticisme sur l'existence des

causes premières, qui se révèlent par leurs qualités, par leurs opérations, de la même manière que
les objets intermédiaires d'une série quelconque
de phénomènes de causalité.

II.

Dans la comparaison que nous avons à faire,
dans l'intérêt de notre étude noologique, entre
l'état intellectuel du nouveau-né et celui de
l'adulte, on est étonné de la différence existant de
l'un à l'autre. Quand l'un ne voit ni n'entend, ne
flaire, ne goûte ni ne palpe aucun des objets qui
agissent sur ses sens, l'autre en a la perception
claire et nette. Non-seulement celui-ci juge de
leur existence et de leurs qualités, et les apprécie
par l'action qu'elles exercent sur l'organe correspondant, mais encore il juge l'objet, il le perçoit
doué de l'ensemble de ses qualités sur l'excitation
de l'une d'elles : goûtant un fruit et s'en représentant la forme, les qualités nutritives, par l'ouïe, ou
le palpant par la vue. Le nouveau-né, au contraire,
ne fait que sentir l'action de ces qualités sur l'organe correspondant, si toutefois il la sent : rien de
plus.

La preuve que telle est bien la différence qui
règne entre les états intellectuels de ces deux sujets, est dans l'expérience qui a été faite sur l'adulte
aveugle ou sourd de naissance, qui avait été
gratifié par l'art de l'usage du sens dont il avait été
jusque là privé. Je les ai citées dans ma noologie.
On les trouvera relatées, l'une dans la physique de

Voltaire et chez Reid, l'autre dans la physiologie de Magendie. Il a été ainsi positivement démontré que l'aveugle-né, devenu voyant, est obligé d'apprendre à voir, et que le sourd-muet, devenu oyant, est tenu de se former à l'audition. En d'autres termes, ils sont obligés à se former à la perception, l'un par la vue, l'autre par l'ouïe ; d'apprendre les formes sous lesquelles agissent, sur les sens de la personnalité et lui manifestent leurs qualités, ces objets auxquels le sort de son existence est attaché.

Cette éducation intellectuelle que le sujet incomplet devenu complet est obligé d'acquérir pour le sens à lui nouvellement advenu, pour atteindre le niveau intellectuel de l'adulte, a été nécessairement faite par le nouveau-né. Une induction rigoureuse nous autorise à croire que toute personnalité a dû plier tous ses sens à une pareille éducation.

Cette observation me paraît éminemment propre à manifester, par le fait, la signification précise d'un terme sur lequel Royer-Collard fit porter longuement son enseignement, parce qu'il en sentait toute l'importance, là perception.

Tout sujet pensant a dû former les organes de sa sensibilité aux exigences de la perception ; tous, sans exception, et les rendre ainsi solidaires l'un de l'autre en les subordonnant à sa conscience.

Tandis que le nouveau-né est réduit à l'usage de la sensation directe pure de tout alliage avec d'autres ; à l'usage des sensations résultant de l'excitation de l'organe par l'objet correspondant, l'adulte n'a plus que des sensations combinées qui, en raison de l'alliance contractée entre elles, sont réflexibles l'une par l'autre.

En vertu de cette réflexibilité ainsi contractée, telle sensation qui n'est pas excitée par l'action directe de l'objet se reproduira en la conscience du sujet par réflexion de celle qui l'a été et à qui elle est liée. Toutes les sensations obtenues par le sujet dans ses pratiques avec un objet quelconque, ainsi solidarisées, se reproduiront sous l'excitation l'une de l'autre.

La perception est due à la réflexibilité des sensations composantes d'une notion objective quelconque. Elle a lieu à l'image d'un essaim d'abeilles troublées dans leur travail par la survenance d'un tiers.

L'habitude, contractée par l'adulte, de cette réflexibilité des éléments de la notion objective dans la perception, est telle qu'elle rend difficile et même impossible , chez lui, le discernement de ces éléments. L'alliage passe, en sa conscience, pour de la simplicité, à moins que la diversité ne soit aussi prononcée que celle du son à l'odeur ou celle de la lumière à la saveur. Difficilement l'adulte se représentera une sensation pure telle que celles du nouveau-né : s'il entend un son au milieu d'une obscurité complète, il pensera , par réflexion, au corps qui l'a produit, à la forme du milieu où le corps a sonné; il aura d'autant plus de représentations que ses pratiques avec l'extérieur se seront étendues plus loin. Je pourrais citer l'exemple de l'artiste, pour comparer son état intellectuel à celui du vulgaire, et mettre en relief ces résultats d'une éducation que tout le monde a faite suivant diverses proportions et sur des objets divers, mais dont aucun ne se souvient

C'est l'éducation du concept. Je la qualifie d'avance, mais j'aurai bientôt à en traiter spécialement, après avoir analysé, dans le paragraphe suivant, ces éléments de la sensibilité, que le concept recueille pour en composer des notions objectives et préparer ces exercices de la réflexion, parmi lesquels figure la perception, qui en est le plus remarquable.

Ce fait de liaison, de solidarisation des données, que la conscience accueille, lui venant du dehors, par l'intermédiaire de son organisme, a été signalé par Condillac, il y a déjà longtemps ; mais il n'avait pas pu être expliqué ni bien qualifié par cet éminent philosophe, privé qu'il a constamment été des données de l'expérience, dont nous jouissons aujourd'hui. C'est ce qu'il appelait le phénomène de liaison des idées. Mieux servis par l'expérience, nous savons ce qu'est l'idée, et comment l'idée se produit, par l'association des sensations en nombre suffisant pour composer ce que nous appelons une notion objective. Cette qualification-ci est bien préférable à celle d'idée, en ce qu'elle signifie la propriété de cette œuvre du concept, consistant à rendre capable le sujet pensant qui l'a conçue, acquise, composée, de reconnaître, dans l'actualité, l'objet ou l'analogue des objets dont les rapports lui ont permis de composer cette notion. Elle dérive de la langue latine où elle signifie *connaissance*.

Je regrette d'avoir à anticiper ainsi une partie de la matière de mon sujet ; mais toutes se lient entre elles, et cette liaison, que nous devrons suivre, nous offrira un autre exemple de ces séries de conditions qui se présentent à l'étude des phénomènes de causalité. D'ailleurs, en les dégageant l'une de l'autre pour les considérer individuellement, comme le fait le chimiste décomposant un mixte pour déterminer la qualité des éléments, nous opérerons effectivement l'analyse de la pensée; nous considérerons séparément les conditions, la raison d'être de ce phénomène.

Après avoir montré, par l'observation qui a été faite, la complexité de la notion objective, nul doute ne saurait s'élever sur l'existence de la loi du concept, sur l'usage que le sujet en fait pour acquérir la notion objective, et, par suite, pour se livrer aux exercices de la réflexion.

Mais il importe d'explorer la sensibilité, avant de se livrer à l'étude de ces fonctions supérieures de la conception et de la réflexion. Je passe donc à cette exploration, à ce travail analytique des éléments premiers de la pensée.

III.

La sensation simple, dont l'existence ne saurait être révoquée en doute, après les considérations auxquelles nous venons de nous livrer, est le résultat d'un acte de conscience provoqué par l'action de la cause qui excite l'organe correspondant à exercer la sienne sur l'organisme du sujet : l'organe de la vision, de l'audition, de l'olfaction, du toucher.

Nous avons déjà remarqué que plus les pratiques du sujet avec les objets avaient été profondes, plus minutieuse était la perception objective. L'ouïe exercée du musicien lui permet de discerner, dans une composition musicale, des détails de mélodie, d'harmonie, de mesure qui échappent au vulgaire, parce que l'un a pratiqué ces effets de sensibilité, qu'il les a rattachés à leurs causes ; ce que l'autre n'a jamais fait. Il faut en dire autant de la vue du dessinateur, du peintre, du sculpteur : placés en la présence d'un tableau, des scènes de la nature, d'un ordre d'architecture, leurs sens, exercés par la pratique de la conception, leur permettront de discerner des détails qui échapperont à la perception du vulgaire ; l'admiration des uns se traduira par des expressions nettes et précises, tandis que l'intérêt du vulgaire se manifestera par des exclamations ; les deux espèces de perception du même objet se manifesteront fort diversement : là par des jugements, ici par les interjections habituelles de la badauderie.

C'est la pratique des choses qui nous fait voir en elles des particularités qui, autrement, échapperaient à notre attention. Elle nous les fait voir et, en général, percevoir, parce qu'elle nous les a fait sentir. Aussi, un pédagogue qui a joui en son temps d'une grande célébrité, Pestalozzi (je crois que tel était son nom), ne communiquait sa science, et il soutenait, avec raison, qu'aucune communication de ce genre ne devait être faite à des élèves, qu'en la présence des objets de l'enseignement. Ce qu'il entendait du physique, je le dis du moral.

Si ce sévère procédé de la pédagogie avait été suivi dans toutes les branches de l'enseignement, notre actualité n'aurait pas tant maille à partir avec l'idéalisme.

Il faut bien le dire et le répéter (car on semble l'ignorer) concevoir et percevoir n'est pas sentir ; la vue est toute autre chose que la vision ; l'ouïe n'est pas l'audition, et la pensée est une fonction bien supérieure à celle de l'exercice de la sensibilité, quoiqu'elle résulte de la pratique de celle-ci avec les objets.

C'est dans cet esprit que j'ai traité la matière de l'humaine société, en extrayant les notions, dont se compose la science sociale, de la discussion des faits qui se passent dans la société, qui résultent des relations de l'homme avec ses semblables. C'est dans cet esprit que nous allons reprendre l'étude de l'entendement.

Pour exprimer nettement ce qu'est la sensation pure, ce qu'elle apparaît à l'analyse, s'exerçant sur les phénomènes intellectuels, je me suis permis l'usage d'un néologisme, nécessaire pour la distinguer de la conception et de la perception. C'est un effet esthétique, tandis que ceux-ci méritent un autre nom. Ce terme est dérivé de la langue grecque, d'*αἴσθησις*, qui est formé du verbe *αἰσθάνομαι*, je sens. L'esthétique est la représentation nette de cet effet de transmission à la conscience du sujet, par l'intermédiaire du sens correspondant, de l'action exercée sur cet organe par l'objet senti. La sensation pure est un effet esthétique subi par la sensibilité subjective. Il n'entraîne avec lui, à son origine, aucun accessoire de forme, de lieu, de temps. Il est seulement capable d'engager le sujet à user de l'objet instinctivement, à céder à la sollicitation de la qualité de celui-ci. Nous avons les exemples de ce pressentiment dans les pratiques des bêtes, qui s'adressent aux plantes médicinales dont elles n'ont jamais usé, et dont elles flairent, pour ainsi dire, les propriétés salutaires ; en celles du nouveau-né, qui suce la mamelle à l'instant où sa nourrice la lui présente.

C'était une erreur, répandue par le sensualisme à sa naissance, encore peu discipliné par l'expérience, une erreur de croire que la connaissance consistait en des sensations transformées. Aucune sensation ne peut l'être. C'est une de ses qualités essentielles et qui mérite une grande considération au point de vue de l'attribution de son origine à l'action subjective ; une de ses qualités principales, celle de rester inaltérée, chez le sujet, par le temps, et de se reproduire dans l'actualité telle qu'elle s'est produite dans le passé auprès d'un objet identique ; sa propriété de signaler l'identité objective à la conscience du sujet. Ce n'est pas une transformation que la sensation subit, par son association avec d'autres, pour produire, sous l'action du concept, une notion objective. Ce n'est pas une transformation, c'est une conception qui s'est opérée pour produire cet effet.

C'est par conception que se sont formées toutes les notions objectives, autour de l'élément marquant le rapport objectif existant entre l'actualité et l'antériorité et ouvrant la perspective de l'avenir. En cette matière la langue noologique doit être soumise aux rigueurs que subit celle des mathé-

matiques. Je reviendrai sur ce point important.
Mais cette digression était nécessaire pour faire
remarquer la différence de l'effet esthétique à l'autre dont il me reste à parler, l'euristique, dû à la
conception, à la composition des notions par l'action du concept. Il faut garder soigneusement le
composant, pour le faire bien connaître, du danger
d'être confondu avec le composé, la sensation avec
la notion.

L'individualité de la sensation me paraît être
rendue indubitable par ces faits pédagogiques, et
sa distinction d'avec la notion devenue évidente.
Chacun peut aller, par son expérience personnelle,
à la recherche de la sensation pure, et la trouver assez facilement, en faisant contraster l'effet
d'un jet de lumière sur les organes de la vision,
avec celui d'une onde sonore sur ceux de l'audition.

La sensation simple peut donc être considérée,
d'après le coup d'œil que nous venons de jeter
sur la conception, d'où résultent la notion et par
suite la perception, comme un acte de conscience
auquel donne lieu l'action de la cause qui agit sur
l'organe correspondant de la sensibilité. C'est un
phénomène dû à deux agents, celui de l'intérieur
subjectif, qui convertit en sensation l'excitation
organique, et celui de l'extérieur qui produit cette
excitation. Les deux agents sont en correspondance
entre eux par leurs qualités respectives : le sujet
par la disposition de son organisme, et l'objet par
sa constitution physique. C'est ici une vérité de fait.
La vision est disposée pour subir l'action de la
lumière; l'audition, celle des ondes sonores, et

comme l'œil est inaccessible au son, l'oreille l'est à la lumière. Chaque organe de la sensibilité est formé à la fonction qu'il doit exercer de procurer au sujet, par des excitations constantes en leurs formes, des sensations spécifiques identiques ; le faire jouir de la conscience distincte de qualités objectives distinctes aussi entre elles. Ainsi la diversité organique correspond à la diversité des qualités objectives, et entre elles s'établissent des rapports constants.

C'est tout ce qu'il est possible de dire de la sensation, tout ce que l'expérience nous permet de penser d'un tel trucheman de la nature, dont le langage d'ailleurs est connu de tout le monde. Mais il faut en traiter à la condition, que je m'efforce d'accomplir, de ne pas le confondre avec les autres phénomènes intellectuels.

Je continuerai cette information, en faisant remarquer qu'il n'y a pas que cinq espèces de sensations et cinq espèces d'organes chargés d'en recueillir la matière à l'extérieur. C'est contraire à l'opinion vulgaire ; mais il est nécessaire de la détromper, pour la préparer à reconnaître la composition de ces mixtes, qui en imposent sur la nature des éléments dont ils sont composés ; sur l'origine de certaines notions, fort importantes à étudier pour la connaissance de l'entendement.

Les actes de conscience se laissent ranger en deux ordres, au point de vue de leur origine : l'ordre des sensations externes, spécifiées par l'usage et exactement dénombrées par cinq espèces, et l'ordre des sensations internes faisant le pendant des précédentes.

Au point de vue de leurs qualités, les sensations se font distinguer en affectives, celles qui produisent plaisir ou peine, chez le sujet, en mettant en jeu des organes particuliers, les organes viscéraux du tronc ; et en discrétives ou indifférentes, qui lui servent, par leur association, à se représenter distinctement les qualités objectives et les choses qui en sont douées. Les discrétives intéressent surtout le viscère cérébral. Mais j'aurai à particulariser, dans la suite de ce discours, ces circonstances, et, pour mieux dire, les conditions de ces divers phènomènes de la sensibilité.

Il y aurait aussi, chez le sujet, des sensations synaptiles, que je qualifie ainsi parce qu'elles résultent de l'action combinée des mouvements et des impressions tactiles de la main. Ces sensations ne peuvent toutefois figurer dans la nomenclature à titre d'éléments. Ce sont des mixtes provenant de l'association contractée, en la conscience du sujet, par l'introduction en quelque sorte simultanée des sensations tactiles et motiles du même organe, pratiquant le même objet : une boule, si l'on veut, un instrument mécanique. Mais les sensations synaptiles méritent d'être dénommées, ne serait-ce que pour servir d'exemple à la formation de ces réflexibilités, dont j'ai déjà eu à parler, qu'opère le concept. La mention est nécessaire aussi pour maintenir la distinction de l'élément simple dans l'analyse que nous faisons des éléments de l'intelligence.

Il me paraît inutile de spécifier les sensations internes, comme je l'ai fait pour celles externes, d'en dénombrer les espèces. Ce serait peut-être

, une entreprise difficile à accomplir. Mais on ne saurait laisser tomber dans une espèce d'oubli les sensations motiles. Ce sont bien des sensations internes, en ce qu'elles résultent des mouvements du corps ; mais elles proviennent aussi des mouvements des mobiles de l'intérieur : solides, fluides, gazeux même. Si ceux de la première variété ont pour cause les agents externes, qui mettent en mouvement les membres et le corps tout entier, qui les sollicitent à l'action, comme les objets des sensations discrétives sollicitent celle des organes des sens; ceux de la seconde variété résultent des mobiles de l'intérieur et de leur action sur des organes particuliers de la sensibilité : sur une variété du toucher, celle dont la plupart de ces organes jouissent.

Mais les sensations motiles méritent une mention particulière, en ce qu'elles sont la matière des représentations de l'étendue ; celles du moins qui proviennent des mouvements extérieurement pratiqués par le sujet sur les objets étendus ou dans des espaces prétendus vides. Effectivement ces espaces sont pleins, mais ils le sont de substances incoërcibles qui échappent à l'action du toucher, participant néanmoins à cette qualité si générale de l'étendue, l'espace.

Telle est la nomenclature complète de ces éléments de la pensée, que crée l'entéléchie, en prêtant son attention à toutes les excitations que subit l'organisme au dehors et au dedans de son enceinte. Sur elles s'exerce son activité, par les modes généraux de la conception et de la réflexion, pour arriver à la connaissance de soi et

d'autrui, du monde et de son Créateur. Ces sensations se rangent sous deux ordres :

L'ordre des sensations externes, subdivisé en
cinq espèces : tactiles, gustatives, olfactives, vi-
suelles, auriculaires ;

L'ordre des sensations internes, très-variées,
parmi lesquelles se font remarquer celles de la
motilité, les motiles ;

L'espèce mixte des sensations synaptiles.

Et, au point de vue de la qualité, de la manière
dont elles affectent la conscience, deux espèces
les discrétives et les affectives.

IV.

Mes honorables collègues doivent être déjà convaincus que les représentations objectives, et toutes ces prétendues sensations qu'éveille en l'adulte
l'action subie par les organes de la sensibilité, de l'extérieur et de l'intérieur, sont des résultats de l'association contractée entre les éléments de la sensibilité, dont nous venons d'établir
la nomenclature. La distinction du simple d'avec
le mixte me paraît être parfaitement établie. A la
réflexibilité contractée par ceux-là, qui les rend
excitables entre eux, comme l'organe l'est par l'objet sensible, sont dus ces phénomènes de perception qui en imposeraient, par leur rapidité, sur leur
nature et leur origine, si l'analyse noologique ne
nous les découvrait. L'association des simples,
produisant les mixtes, est devenue indiscernable,

par l'effet de l'habitude de la réflexion d'un élément de la notion par l'autre.

Il faut donc le croire, quoique l'assertion ressemble à un paradoxe; il faut le croire, parce que l'expérience nous l'apprend. La connaissance la plus simple, celle d'un mince objet, d'un fétu, quoique résultant de l'exercice de la sensibilité génératrice des sensations, provient de la réflexibilité de ces produits associés entre eux pour composer une notion objective.

Pour dissiper les doutes qui pourraient encore exister dans l'esprit de mes honorables confrères, j'en appellerai à leur expérience personnelle. Elle les fera convenir que la vue d'un objet nouveau ne leur a jamais rien appris de ses qualités, et qu'après les avoir éprouvées, ils ont perçu, en le revoyant ou bien son analogue, tout ce qu'ils en avaient appris par l'application de leurs sens. L'observation personnelle concorde parfaitement avec celle de la transformation intellectuelle du sujet incomplet devenu complet, et avec la théorie pédagogique de Pestalozzi; encore avec l'observation, que je citais tantôt, de l'état intellectuel du dessinateur, du musicien, du peintre, si différent de celui du vulgaire. Et la différence s'explique de l'état de celui-ci, que j'ai appelé esthétique, à celui de l'autre, dont j'ai déjà prononcé le nom, par la distinction qui nous reste à faire de la forme et de la matière de la connaissance. La matière nous est connue; recherchons la forme et en justifions l'existence, de même, expérimentalement. Après avoir étudié l'esthétique, étudions l'euristique.

C'est en un sens métaphorique qu'on a pu dire,

et j'ai dit moi-même, que la notion était un composé, que l'entendement se meublait de notions, qu'il naissait et se développait avec les notions. Je continuerai d'user de ce langage métaphorique jusqu'à ce que nous soyons, mes confrères et moi, mis en possession d'un autre, représentant les faits noologiques tels que l'observation nous les manifeste ; mais j'userai de ces catachrèses sous les réserves, que je me fais actuellement, de parler plus tard avec plus de netteté et de vérité.

Toute notion est résoluble, par des décompositions successives, en des éléments médiats et immédiats, le dernier desquels est la sensation pure. Il en est de même de cette entité mystérieuse, qui a tant prêté à la dispute, l'idée, dont la philosophie s'est si longtemps nourrie. Elle ne diffère de la notion que par le degré d'extension qui est, entre elles, en raison inverse de la compréhension, plus grande en l'idée, moindre en la notion, parce que celle-ci a la prétention bien légitime de représenter exactement les résultats de l'observation et de l'expérience. Ainsi la notion procure au sujet la conscience du rapport exact existant entre l'objet de la perception actuelle et celui de la conception antérieure, entre le présent et le passé.

A cet effet de résolubilité de la notion en sensations est due cette pénétration, dont je parlais tantôt, du sujet exercé à la conception. Nous allons passer actuellement à l'examen particulier de ce phénomène-ci, en continuant l'usage de ces expressions métaphoriques jusqu'à ce que nous puissions les remplacer par des expressions techniques, par des onomatopées.

Celle de concept me semble être telle qu'on puisse la souhaiter pour signifier le phénomène de conception. Elle est composée de deux radicaux de la langue latine, de la préposition *cum*, signifiant l'assemblage, et du verbe *capere*, signifiant l'action de saisir, lequel se transforme en *cepi* pour le temps passé. Le terme de concept est passé en notre langue, et il lui a valu l'usage d'un verbe et d'un nom substantif. Cependant il nous ferait croire à une soudure des éléments de la notion à laquelle il donne l'existence. Rien de tel. Notre onomatopée ne représentera pour nous que la cause inconnue, à déterminer, d'un fait qui se produit constamment, dans la composition des notions, par un assemblage de sensations correspondantes aux qualités sensibles de l'objet représenté, dans l'actualité de la perception. Ce terme représente la cause de l'existence réelle de la représentation d'un rapport de qualité, consacré par le temps chez les objets entre le passé et le présent. De l'effet de conception résulte celui de réflexion, qui est une sorte de rejaillissement des éléments de la notion l'un sur l'autre pour produire, en la conscience, la représentation de l'effet résulté de la conception antécédente. Ne nous laissons donc pas imposer par ces expressions sur la nature d'une cause qui est à déterminer, mais qui est connue par des effets indéniables, lesquels en manifestent les qualités. Dans cette recherche de la raison d'être de la connaissance, je m'écrierai comme Newton : *Hypotheses non fingo*. Mais dans la sphère, plus limitée que ne l'est l'étude de la raison d'être de la gravitation, nous aboutirons à la connaissance de la cause première de la pensée, à l'entéléchie, dont l'existence et les qualités nous seront révélées par ses opérations. Nous aboutirons à l'entéléchie, comme la chimie a abouti à la détermination de l'existence et des qualités de l'individualité atomique. Reprenons l'étude des conditions intermédiaires de cette série de la causalité d'où provient l'humaine connaissance.

Dans l'effet interne que produit la réflexion, à suite de l'esthétique, c'est la sensation qui est mise en jeu; mais ce phénomène est accompagné d'accessoires tels qu'il n'est pas possible de les attribuer à la simple excitabilité de la sensation, à elle provenue de l'action du concept.

Ce phénomène de réflexion entraîne, auprès de la conscience, la distinction du passé et de l'actualité de la perception : il a un caractère euristique contrastant avec l'esthétique, qui se prononce, en celle-ci, aussi nettement que l'esthétique; de telle manière qu'il est impossible de confondre les deux effets qui se font sentir en toute perception. Ils ont lieu pourtant dans un trait de temps imperceptible. On trouvera des exemples de ce phénomène intellectuel dans la reconnaissance, que toute personne a faite ou peut faire, d'un objet physique surgissant inopinément à son attention, remarquable surtout si la notion de cet objet est composée d'éléments minutieux, correspondant à des qualités invisibles ou impalpables. C'est afin de rendre frappante, usuelle pour ainsi dire, cette distinction et relever ce phénomène de l'oubli, que j'ai proposé cet autre néo-

logisme contrastant avec le phénomène esthétique, par son origine à un verbe de la langue grecque, εὑρίσκω, qui signifie trouver. Effectivement, il y
a, dans toute perception, auprès de la partie sentie, une partie ressentie, trouvée, pour ainsi dire.
Elle avait cessé d'être présente à la conscience,
elle était en quelque sorte perdue, lorsque l'action
esthétique l'a fait s'y retrouver, d'une manière
plus ou moins médiate, par la reproduction successive des éléments dont la notion, excitée par
l'objet, avait été composée par conception. Elle
subit ce réveil de la part d'un effet esthétique plus
ou moins borné, celui d'un trait de lumière ou
d'un son.

La circonstance la plus frappante de ce phénomène euristique est dans la reproduction du nom,
qui sonne à la conscience de l'observateur, au moment de la perception de l'objet, sans qu'aucun
des sons articulés frappe son oreille.

Cette observation a une haute importance noologique, qui se fera de mieux en mieux sentir dans
la suite de ce discours ; mais on voit déjà qu'elle
manifeste l'existence du concept, dont je vais traiter spécialement dans le paragraphe suivant.
Lorsque nous aurons attribué à ce terme sa véritable valeur philosophique, que nous en aurons
dépouillé le sens de tout élément métaphorique,
nous verrons l'âme agir dans la pensée, nous concevrons sa gymnastique dans ses relations avec
le physique de la personnalité.

V.

De tous les phénomènes intellectuels, le concept est le plus important pour l'étude de la noologie, le plus digne d'attention, je le répète, en ce qu'à ce point de vue de la nature de l'humaine connaissance, ce fait de solidarisation des sensations ne saurait être trop bien observé et compris ; car il touche à la cause, à la cause véritable, l'être pensant.

Le concept agit, dès l'origine de la connaissance ; car il est l'ordonnateur de la matière dont elle se fait, l'ordonnateur des sensations. Par eux-mêmes, ces actes de conscience ne nous apprendraient rien ; nous venons de nous en convaincre. Relativement à l'existence et à la consistance des objets, vainement les sensations, en désordre, assailliraient la conscience du sujet venu à la lumière du jour ; elles seraient pour lui de simples effets d'esthétique : elles ne lui apprendraient rien. Mais vienne le concept dans l'actualité des sensations, il les formera en notions ; il les rendra capables de représenter, dans l'avenir, en la conscience du sujet, les rapports existant dans les choses et se perpétuant du présent au futur, grâces à la Providence, jalouse de la conservation de son œuvre.

Le concept est lui-même un fait, un de ces rapports qui, par leur perpétuité au milieu de myriades d'actes pareils, se prêtent à la formation d'une notion. Dans cette espèce, c'est l'acte de conception qui, par sa reproduction incessante, donne lieu à la reconnaissance d'une cause sous le nom de concept. La conception est l'effet de cette cause, et le concept lui-même devient l'objet d'une notion occupant une place dans la série des phénomènes de causalité que nous considérons en l'humaine nature.

Ce rapport de conception est accessible pour toute conscience, moyennant quelque attention à ce qui se passe à l'instant de l'inauguration d'une habitude quelconque. Cependant j'en citerai quelques exemples, pour ne pas encourir le reproche de céder aux entraînements de l'imagination dans la composition de ma théorie noologique, et je prendrai pour exemples des faits bien vérifiés et attestés de manière à les rendre indubitables.

Béranger nous apprend, dans son autobiographie, que, longtemps après avoir appris l'usage de sa langue par la . lecture des livres, la sachant parler et l'entendant fort bien par sa pratique avec les auteurs, moyen le plus sûr d'acquérir l'usage d'une langue quelconque, il dut apprendre, et il se souvient d'avoir appris à en prononcer, à haute voix, les articulations, à la vue de leur représentation typographique. Il dut apprendre à lire comme l'apprend un écolier, à lier le signe à l'articulation vocale et à la pratique de l'articulation. L'observation noologique ne saurait désirer un fait plus démonstratif de l'opération du concept produisant l'association, par l'intermédiaire de la vue, des formes typographiques à l'incitation des sensations de la motilité exercée sur les organes vocaux. Il y a de plus à remarquer dans ce fait la subordination, à la volonté, de l'action pho-

nétique. On y voit, outre l'intervention du concept, celle de la volonté dans l'action naturellement désordonnée de la motilité.

Moyennant cette double conceptualisation,
notre célèbre chansonnier apprit à lire à haute
voix, à déclamer, à volonté, les sons articulés qu'il
prononçait auparavant à voix basse.

Ces associations multiples se font isolément,
successivement, dans l'éducation de l'enfance,
telles que nous le fait voir celle de Béranger
s'exerçant à lire à haute voix les livres qu'auparavant il lisait à voix basse; comme l'enfant par
l'imitation de ses entours. Les deux sujets usent
également de la puissance du concept pour
manier leur voix et en subordonner la motilité à
la volonté. *Ab uno disce omnes.*

En généralisant ces observations, on voit comment la motilité devient volontaire et régulière,
d'informe qu'elle est chez le nouveau-né.

Voici deux autres faits qui nous manifesteront
de plus fort la généralité de l'action conceptuelle.
Ils nous montreront que le sentiment a la même
origine que la notion ; qu'il se forme par conception et ne diffère de celle-ci que par l'introduction
de la sensation affective dans le contexte concep-
tuel.

Nous savons de Descartes qu'il avait contracté,
pour le strabisme, un goût analogue à celui généralement inspiré par la beauté, parce que ce trait
de physionomie (un véritable défaut) rappelait en
son cœur, au dire du célèbre philosophe, les dou-
ceurs que lui avait fait goûter sa nourrice, affectée
de cette infirmité.

Et quiconque a lu les *Confessions* de J.-J. Rousseau reconnaîtra une pareille action du concept associant à des sensations discrétives une sensation affective, pour en former un sentiment durable, dans cet éclat de joie que fit jeter au philosophe génevois la vue de la pervenche, se présentant à lui, quarante ans après une première rencontre, auprès d'un hallier, dans le bonheur de cette journée où il quittait la noire et froide habitation de la ville pour aller habiter, avec une amie bien chère, la riante campagne des Charmettes. C'est à représenter l'ivresse du bonheur dont il jouissait alors, que la figure de la pervenche fut désormais consacrée, par le concept, dans l'esprit de Rousseau. Delille l'a si bien compris que, faisant en vers la relation de ce fait, il s'écrie :

La pervenche ! grand Dieu ! la pervenche ! Et soudain
Il la couve des yeux, il y porte la main,
Saisit sa douce proie Avec moins de tendresse,
L'amant voit, reconnaît, adore sa maîtresse

Dans l'éclosion de ce goût au cœur de Rousseau, on peut voir l'exemple de la formation et reconnaître l'origine de tous les sentiments du cœur humain. A ce sujet, je rappellerai encore, avec plus d'assurance, le mot du héros troyen voulant faire comprendre à son hôtesse de Carthage, par la citation d'un fait, la conduite déloyale et atroce des Grecs au siége de Troie : *Ab uno disce omnes* : par cet exemple de conception, jugez des autres.

A cette citation de l'origine et de la forme conceptuelle du sentiment, j'en ai joint plusieurs autres dans la section noographique de ma noologie, et je m'en réfère d'ailleurs aux souvenirs de tout le monde ; car il n'est personne qui n'ait contracté, dans sa vie. quelqu'une des espèces ou des diversités qui se rangent dans la classe des affections douces ou haineuses de l'humanité.

Le concept est donc l'auteur, bien avéré, de toutes les notions discrétives et affectives de l'humaine connaissance. Et la notion est l'agent de la représentation, dans l'actualité, des rapports, de qualités affectives et discrétives existant chez les objets, se perpétuant du passé jusqu'à l'avenir, dans la conviction de la conscience subjective, d'après le témoignage d'une autre espèce de concepts, dont je traiterai tantôt, ceux du temps.

La conception est un fait générique, le fait de la solidarisation des éléments de la sensibilité naturellement disjoints, indépendants l'un de l'autre, devenant conjoints pour ménager à la conscience des représentations objectives, pour elle intéressantes.

Dans le fait contraire, celui de l'oubli, on trouvera la confirmation de ce fait positif d'association ; par exemple, la séparation du nom d'avec la représentation de la chose, qu'il cesse de réveiller, ou de la chose d'avec le nom, qu'elle est devenue impuissante à rappeler à la bouche du sujet.

Voyons actuellement comment s'introduit, en la conscience, la distinction de l'effet esthétique d'avec l'euristique, qui est l'objet actuel de notre étude ; comment s'opère le discernement de l'actualité et de l'antériorité.

Il se produit en toute perception, et la recherche de la raison d'être de ce fait a une importance noologique très-grande, en ce qu'elle est l'objet d'une notion qui servira à déterminer celle du temps, dont nous allons tantôt nous occuper. L'actualité et l'antériorité que signalent l'esthétique et l'euristique de la perception sont deux éléments de la notion du temps, si nécessaire au discernement des phénomènes de causalité, notion qu'il nous importe grandement d'analyser.

Pour que l'acte de réflexion apparaisse, en la conscience du sujet pensant, distinctement de l'action esthétique dans la perception ; pour que le sujet puisse discerner la partie euristique de l'esthétique ; en d'autres termes, pour qu'il ne puisse confondre ce qu'il *ressent*, dans cet acte, avec ce qu'il sent, au moment où il se donne la représentation de l'objet, il lui faut se livrer à un exercice minutieux dont je vais rappeler les actes dans le paragraphe suivant.

VI.

La distinction de l'euristique à l'esthétique s'opère, dès la première enfance, grâce au concept, qui entraîne la conscience du sujet, après avoir agi sur ses impressions dès la naissance, à reproduire, en la présence d'un même objet ou d'un congénère, tous les effets de sensibilité qu'elle a éprouvés par le canal de tous ses sens, par celui de la motilité surtout. Tandis qu'en l'actualité quelques-uns de ces organes seulement sont soumis à l'action objective quand les autres restent en repos,

il se forme néanmoins une représentation objective complète, en la conscience. Le contraste est
surtout frappant dans la reproduction des sensations motiles durant le repos des organes d'où elles
sont provenues. Impossible à l'enfant de ne pas
être frappé de ce fait de reproduction, pendant un
plein repos de ces organes, des effets dus à leur
action. Ce sont deux modes de sentir trop différents pour qu'il ne soit pas frappé de la différence,
comme il l'est de celle des sensations diverses d'o-
rigine. Je m'en réfère aux faits que j'ai cités dans
la partie noographique de ma noologie et à l'expérience commune, qui est remplie de faits très-
significatifs. C'est bien en recourant à l'exercice
actuel de la motilité que la personnalité endormie
distingue, à son réveil, de l'actualité, les songes dont
elle a été affectée durant son sommeil : l'action
euristique de l'esthétique.

Cette distinction se fait de même incessamment
chez l'adulte, mais si rapidement, durant la vie
active, qu'il lui faut une attention particulière pour
dissiper le voile répandu sur le phénomène par
l'accoutumance. Il suffit à l'adulte de pressentir le
goût, les qualités internes d'un objet qui s'offre à
son attention, par l'odeur qu'il exhale, par la forme
qu'il offre à sa vue, dans le repos des organes de
la mastication; ce fait lui suffit pour distinguer
nettement les deux origines des éléments de la représentation totale, pour discerner ce qu'il ressent
de ce qu'il sent. Il lui suffirait, pour s'assurer de la
diversité d'origine de l'euristique et de l'esthétique
de la perception, de ressentir les sons vocaux dont
se compose le nom de l'objet, en le voyant, dans le

repos des organes de la voix. En une telle circonstance, l'interposition de sons articulés, à laquelle
l'objet est indifférent, rend indubitable l'existence
de la cause de l'effet euristique à l'intérieur subjectif.

Mettez ces faits en comparaison; ils sont fort
nombreux, car ils proviennent de l'institution et
de la pratique, dès la naissance du sujet, du langage phonétique; comparez-les avec une foule
d'autres analogues, très-vulgaires, très-connus, et
vous sentirez la raison de la vulgarité de cette distinction de l'euristique et de l'esthétique, et de la
conception de l'intériorité de l'origine du premier
effet et de l'extériorité du second. Vous y verrez
celle de l'importance que Condillac attribuait à la
langue dans le développement de l'entendement.
Il l'appréciait d'instinct, sans se l'expliquer rationnellement à défaut de faits probants, mais il la
sentait. Et vous verrez, dans la pratique du discernement de l'effet euristique et de l'esthétique, la
source de la conception du temps et de la durée.
Cette origine est évidemment due à la pratique de
la perception, mi-partie d'antériorité et d'actualité,
senties de la même manière que les autres objets
de la nature appréciés par la conscience.

D'ailleurs j'ai montré, en noologie, par de minutieuses analyses, que les sensations motiles,
dont celles vocales forment une espèce, faisaient
les frais de cette distinction, si précoce dans le
jeune âge, de l'euristique et de l'esthétique. Mais,
quoique l'effet euristique affecte nettement la conscience et devienne la matière d'un rapport, l'objet
d'une notion, cette conception ne suffirait pas au

sujet pour lui permettre d'estimer une durée, pour déterminer la distance du moment passé au moment présent, serait-ce celle de deux perceptions très-voisines. Ce regard jeté du présent vers le passé serait un simple souvenir sans estimation d'une durée intermédiaire. Toute personne en a des exemples devers elle. C'est ainsi que Rousseau put, lors de la réapparition de la pervenche à sa vue, se procurer la certitude de la scène de son excursion aux Charmettes et s'en certifier le souvenir. Mais, pour estimer la distance des deux faits, il dut recourir à une complexité de notions que je me borne pour le moment à signaler, parce qu'en l'analysant plus loin j'espère faire pénétrer mes honorables confrères, par la même voie de l'observation et de l'expérience, dans l'intimité de la conscience se développant progressivement pour se transformer en entendement, ce bel organe dont jouit l'humanité civilisée.

Dans l'état intellectuel de l'enfance, le sujet sent l'hiatus que le discernement de l'esthétique et de l'euristique ouvre auprès de sa conscience, mais il n'en saurait déterminer la grandeur qu'en faisant courir auprès d'elle, en se la représentant, la série des moments marqués par les perceptions intermédiaires. Ce serait une mesure fort imparfaite et d'ailleurs incommode, dont un entendement correct, à la hauteur de sa mission, ne saurait se contenter. Une telle série de représentations est impossible à retenir, même pour l'adulte le mieux exercé à la réflexion du présent vers le passé. Sa pratique est impropre à la comparaison d'une durée avec d'autres.

C'est devant cette insuffisance qu'il faut se placer pour apprécier la cause du développement de la notion du temps et de l'usage que l'humanité en fait depuis des siècles, au moyen des artifices que je signalerai plus loin, en traitant spécialement de cette notion, de cette autre œuvre du concept. Mais constatons ici ce fait noologique, que l'origine du temps est due à la distinction de l'euristique et de l'esthétique de la sensibilité. Mais allons plus loin dans la considération du *comment*, de la manière dont s'opère cette distinction, dont se produit la conscience de la représentation d'un objet quelconque, *Ab uno disce omnes*.

Ce phénomène de représentation résulte d'une sorte d'énumération, dans le fait de laquelle nous verrons l'origine de la conception numérique. Elle consiste dans la réflexion des éléments de la notion, associés pour constater le rapport que le concept a constaté et converti en représentation objective. Et vous voyez, moyennant quelque attention, cette représentation s'opérer dans l'actualité de la perception, à mesure que la notion s'égrène en la conscience. Nous en avons un exemple dans le maniement du chapelet, par une personne dévote, désireuse d'avoir la certitude que sa prière est complète.

Comme le fidèle se persuade qu'il a accompli le cercle de ses prières, de même le sujet pensant acquiert la conviction d'avoir exactement ressenti les éléments de la notion, et d'avoir opéré une perception juste. Les grains du chapelet intellectuel, que manie le sujet pensant, sont ces éléments de la sensibilité dont j'ai parlé : ils ne sont autres

que des sensations simples ou composées, sur-
composées même, simples ou mixtes, mais devenues discernables en la conscience par la pratique.

L'énumération qui s'opère, en toute perception,
mentalement, par réflexion de l'antécédent au
conséquent ou inversement, subit l'ordre suivant
lequel les éléments de la représentation ont été
associés, enchaînés entre eux par le concept. Là
est la cause de la conviction de l'existence du
rapport objectif qui s'introduit en la conscience
du sujet. Il n'y a pas lieu de douter que cette
énumération ne soit un préalable nécessaire à
l'acte de perception, et la raison de la conscience
de la justesse, de la vérité de cet acte. C'est ainsi
que le musicien s'assure d'avoir rempli les mesures
de sa composition, exactement, en marquant le
nombre de moments qui lui conviennent, et qu'il
se promet que l'effet musical s'ensuivra. C'est ainsi
que le poète, en scandant ses vers, le rhéteur parcourant la série des mots dont il compose ses
phrases, s'assurent que l'oreille du lecteur, de l'au-
diteur soit satisfaite. Et la satisfaction commune
consiste en l'effet d'entente résultant des rapports
de mesure et de nombre.

Le célèbre Arago estimait ainsi, mentalement,
par le même artifice intellectuel, sans le secours
des pendules, la durée du phénomène astrono-
mique qui était l'objet de son attention.

La pratique de l'énumération mentale des éléments de la notion, si essentielle à la vérité de la
perception, a été contractée dès l'avénement du
sujet au monde. Elle est l'origine de la numération
arithmétique. Il n'y a d'autre différence de l'une

à l'autre que l'intervention des sons vocaux dans la formation de celle-ci. Et nous aurons, en nous occupant tantôt spécialement de cet objet de connaissance, un autre exemple, très-minutieux, de l'action, dont j'ai parlé, qu'exerce le langage sur le développement intellectuel de la personnalité. Nous verrons les sons vocaux donner naissance à l'échelle numérique dont se servent les peuples civilisés en marquant, à chaque pas de l'énumération, le progrès de l'unité vers la multiplicité ; en frappant la conscience de l'avénement de l'effet euristique, dès que l'esthétique s'est produit en elle; marquant l'un, dès que l'autre s'est produit.

Cette remarque est si vraie, qu'un philosophe matérialiste, en étant frappé, s'est laissé entraîner à une affirmation qui implique la reconnaissance de l'âme. En déclarant que la pensée était un calcul, Hobbes a reconnu et a forcé tout matérialiste, convaincu de cette vérité, à reconnaître qu'il existe un calculateur en la personnalité. Dans ce but, nous allons creuser cette vérité par l'analyse, et la rendre, s'il est possible, indéniable.

Mais je n'insisterai pas davantage sur la formation de ce premier discernement des deux actes principaux et primitifs de la pensée, parce que ces considérations auxquelles nous venons de nous livrer, de l'effet euristique et de l'esthétique, me semblent suffisantes pour rendre intelligibles celles que je dois aborder pour arriver à la formation des concepts principaux du temps et de l'espace.

VIII,

Passons au discernement qu'acquiert le sujet de la vérité de ses représentations , à l'origine de cette conviction de leur réalité, immédiatement après avoir ressenti l'effet euristique et s'être habitué à le discerner de l'esthétique.

J'ai montré, dans la partie nootropique de la noologie, quelles étaient les conditions principales de l'avénement en la conscience de la vérité, celles qui la lui rendent sensible,

Elles sont au nombre de six, trois subjectives dirai-je, et trois objectives, pour faire allusion à l'origine euristique de celles-là et à l'origine esthétique de celles-ci.

Les six s'accomplissent à la suite l'une de l'autre, chacune consécutivement à l'antécédente, dans l'ordre que suivent les éléments de la série : les internes, à mesure que la sensibilité, éveillée par l'action du sens correspondant à l'objet, sollicite celle de l'attention, et que la sensation, étant formée, donne lieu à la réflexion et au discernement de l'euristique et de l'esthétique. Celles objectives ou externes sont réalisées à l'instant où le rapport spécifique déterminant de la qualité de l'objet ayant été senti à la suite du troisième moment de l'acte subjectif, l'attention passe à la considération de la relation intime, qui doit exister, chez l'objet, entre l'unité de qualité et l'extériorité, c'est-à-dire son existence extérieure et sentie.

En d'autres termes, la vérité de nos représentations attestant la réalité des objets dépend de

l'existence externe de ceux-ci, de la constance de
l'unité de leurs qualités, et de la relation intime
de celles-ci avec leurs formes. La plénitude de ces
conditions externes et de celles internes étant
vérifiée par le calcul mental, et garantie par
l'effet euristique qui la constate, l'évidence se fait.
Sans cette garantie, la représentation objective
pourrait n'être qu'une illusion.

L'évidence est le résultat d'un acte de connaissance rigoureusement opéré moyennant l'accomplissement de ces six conditions, bien énumérées,
sinon dénombrées, chose impossible, parce que
les signes phonétiques distinctifs y font défaut.
C'est bien un calcul, mais sans noms de nombre.

Descartes, qui a donné, avec raison, l'évidence
pour critérium à la vérité, a négligé d'en déterminer les conditions. Les voilà telles que nous les
procure une rigoureuse analyse. Mes confrères la
pourront vérifier. Je leur demande même de se
livrer à cette vérification; car cette lacune, négligée par le philosophe français, pourrait prêter,
auprès d'eux, des armes au scepticisme, qui insulte
le sens commun et la moralité publique. Il importe au sens commun d'ajouter à ses convictions
celle-ci : que la pensée est soumise à des conditions impérieuses, et que la *libre-pensée* est une
chimère de l'idéalisme. Le sujet pensant ne saurait pas mieux éluder les conditions de l'évidence,
s'il veut développer son entendement, que se dis-
penser des mouvements de la marche pour mar-
cher.

Sans doute l'évidence est un sentiment qui,
comme toutes les autres variétés de l'espèce, peut

égarer la volonté du sujet. Je l'accorde au scepticisme ; je fais au doute sa part. Mais il est incontestable aussi que les sentiments dépendent des
conditions discrétives qui les font ranger dans
leurs catégories respectives; et que la conscience
ne se trompe point dans le discernement qu'elle
fait de ces objets métaphysiques, pourvu qu'elle
accomplisse, dans l'acte de perception, les conditions de l'évidence. La formation de la science
morale subit le même régime auquel est soumise
la science physique. Et l'évidence est, dans ces
deux grandes divisions de l'humaine connaissance, en l'une comme en l'autre, le critérium de
la vérité. Mais le critérium est vérifiable, et il doit
être vérifié par le calcul des conditions desquelles
il dépend. Descartes et Hobbes semblent s'unir
pour fonder une vérité, dont l'importance est
grande pour la moralité publique et pour le redressement du sens commun.

Le calcul des conditions de l'acte de connaissance s'opère avec plus ou moins de lenteur,
suivant que la conscience du sujet résiste plus ou
moins à l'effet esthétique, qu'elle ouvre avec plus
ou moins de facilité l'accès de l'euristique en elle.
Et l'erreur se produit, obscurcit plus ou moins la
perception, en raison du degré de déploiement
des éléments de la notion. Nous en avons des
exemples dans la perception des objets d'imitation
produits par l'art pour singer la nature : des
fleurs, des fruits en albâtre, en marbre colorié,
que l'on prendra pour des objets naturels, si l'on
n'accomplit pas la série des conditions de l'évidence.

Mais la vérité peut se concilier avec la rapidité des actes de la perception, quand l'effet euristique est immédiatement produit par l'action, sur l'esthétique, de la condition elle-même de l'existence externe des qualités spécifiques de l'objet : à la vue, par exemple, de la figure géométrique d'où dépendent ses propriétés ; à l'attouchement, à l'odeur, au goût d'un fruit. L'évidence de la réalité de ces objets est au bout du calcul rapidement exécuté des éléments de la série antécédents à la conscience de l'effet euristique.

Rapide ou lente, courte ou longue, l'énumération qui donne lieu à l'effet euristique sanctionnant la vérité de la représentation, autorisant la perception, cette énumération, dis-je, a pour éléments les sensations qui ont été associées dans l'acte de conception, pour constater le rapport de qualité manifesté par l'observation. C'est ainsi que ce rapport se fait reconnaître, que son existence se fait confirmer, avec plus ou moins de vérité, en raison de l'exactitude plus ou moins grande du calcul mental. C'est ainsi qu'est justifiée, auprès de la conscience, la réalité de la relation qui lie le fait actuel de la perception au fait antérieur de la conception. Le degré de vérité de ce discernement est proportionné à l'exactitude de l'énumération des moments communs à la perception et à la conception.

Ainsi l'acte de connaissance, qui était d'abord conception, devient perception, l'un confirmant l'autre.

Cet acte de connaissance se produit dans sa plénitude au milieu des autres phénomènes intellectuels résultant, soit de l'action de la pensée, soit de l'excitation exercée par les objets physiques sur les organes de la sensibilité : c'est cette circonstance qui lui vaut son caractère de généralité. Par l'un on peut juger des autres. C'est en ce sens que Jacotot, un autre pédagogue fort célèbre, disait : « Tout est dans tout ». Nous allons fixer notre attention sur l'un de ces actes, le plus important, la connaissance de soi, dont le discernement répandra sa lumière sur tous les autres ; mais, avant d'en entreprendre l'analyse, relevons les considérations générales que nous avons remarquées, desquelles ils dépendent et en formons le tableau.

Ces conditions consistent en l'attention, qui donne lieu à la sensation; en la conception, qui en solidarisant les éléments dont la notion se compose, ouvre le champ à l'exercice de la réflexion ; en l'énumération des éléments de la notion, qui éveille l'effet euristique et autorise la perception ainsi sanctionnée ; enfin l'énumération de la série totale des conditions, d'où dépend la vérité de l'acte.

L'attention, la conception et la réflexion, qui agit dans l'énumération des conditions, d'où dépend l'évidence de l'acte de connaissance, sont les produits d'une activité interne indéniable, dont l'unité se révèle par la direction constante vers un but propre à la personnalité; et l'universalité, par un rapport évident chez tous les membres de l'humanité. A tous les pas de l'analyse noologique, se fait voir l'entéléchie, l'unité de cause de ces phénomènes.

IX.

On voit se confirmer l'ébauche que nous venons de nous faire des traits généraux de l'acte de connaissance, par de nombreux exemples qui se présentent à l'attention de chacun de nous, à tous les moments de l'existence, mais principalement par la considération de l'origine de l'idée de soi, qui se forme, en la conscience, dès l'avénement du sujet au monde. Cette notion se complète dans la pratique de la vie et par l'introduction, dans son contexte, de divers éléments dérivés des sciences. Mais l'ébauche qui mérite la principale attention du noologiste se produit, dans la conscience, par l'épreuve successive, réitérée, que fait le sujet des effets euristiques qui sanctionnent ses perceptions. Le rapport évident de ces effets le fait se former en notion de qualité, de la même manière que ceux des qualités des objets externes donnent naissance à ces conceptions de qualités spécifiques, à la formation de ces notions d'espèces dont se remplissent les tableaux des sciences physiques.

La notion du moi est celle de la cause d'une action interne qui, par son unité, contraste avec la diversité des actions internes, continues aussi, mais d'une continuité spécifique. Je vais m'expliquer. L'une et l'autre, celle du moi et celle objective, se font également remarquer par leur continuité, mais l'une est fixe, l'autre variable. Les deux sont en rapport par l'unité qu'elles affectent; mais, quand l'une est invariable, l'autre varie d'espèce à espèce. Et, en vérité, l'adulte qui n'a pas encore étendu sa connaissance jusqu'à la détermination scientifique de l'être qui est en lui, qui agit dans ces phénomènes de la pensée; l'adulte qui n'a pas fait connaissance avec son âme, ne sait guère d'elle rien de plus que l'enfant, lorsque, à chaque acte de sa pensée, éprouvant l'effet euristique, il pense de soi, comme il a pensé de l'objet, en sentant l'effet esthétique sanctionné par l'euristique, il a seulement la conscience de la continuité.

D'une part c'est la pratique de l'intérieur, et de l'autre celle de l'extérieur, qui font surgir, en la conscience, la notion du moi et celle de l'objet.

Nous savons ce qu'est la notion objective et comment elle se forme, se compose, par une expérience célèbre : elle a été faite par Rey-Régis sur un paralytique que ce praticien traitait; et la relation nous en a été conservée par Maine de Biran, dans son *Traité des rapports du physique avec le moral.* L'origine de cette conception est dans la pratique, à laquelle tout sujet se forme, de son extérieur par le mouvement de ses membres; et le discernement de l'extérieur objectif et de l'intérieur subjectif est dû à la persistance de la motilité chez le sujet. Ce paralytique, en perdant l'usage de sa motilité, avait conservé celui de la sensibilité. Par la séparation de ces deux fonctions de l'organisme, ce sujet devint impuissant à localiser les sensations que lui faisait éprouver le médecin, en dérobant à sa vue la main par laquelle il agissait sur son corps. C'est bien ainsi que le sujet endormi devient incapable de discerner le rêve et la réalité objective : en s'éveillant, l'illusion cesse parce qu'il recouvre l'usage de la motilité.

En traitant plus loin de la conception de l'étendue, nous reconnaîtrons encore mieux l'influence de la motilité sur le discernement de l'action objective.

L'effet esthétique, n'en doutons pas, nous est connu comme l'euristique, et le discernement de l'intérieur et de l'extérieur nous est acquis par voie de rapport, senti dans la conception de l'un et de l'autre, et par l'effet de la diversité que produit l'usage de la motilité.

Ces faits de représentation simultanée de l'action externe et de l'action interne, distinctes pourtant l'une de l'autre, se passent chez nous tous. J'en appelle, pour la reconnaissance de cette universalité du phénomène intellectuel, à la conscience de tout le monde. En voilà la raison. En y pensant, on la reconnaît dans la pratique de la motilité, différenciant l'action interne de l'externe. Mais je me permettrai de dire au plus grand nombre que cette représentation de soi, distinctement de celle de l'objet, en tout acte de connaissance, n'est qu'une idée vague de deux termes, pareille à bien d'autres qui attendent le secours de la science pour se compléter, se préciser. Autre chose est la nature de la connaissance que nous esquissons actuellement, et son étendue, sa portée : l'entendement en germe et l'entendement développé.

La représentation de soi, que chacun se fait à tous les moments de son existence, que chacun sent, discerne, quand il veut y prêter son attention, n'est autre chose que le rapport des effets euristiques, constamment senti et dont l'identité est

reconnue, comme l'est celle d'une sensation habi-
tuelle se représentant entre des myriades de diversités. Le sujet qui pourrait en manier la série
rapidement, suivant leur ordre de succession,
comme la personnalité pieuse manie le chapelet
de ses prières, ce sujet concevrait la durée de son
existence. Mais on ne saurait se dissimuler tout ce
qu'aurait de vague une telle représentation.

A ce défaut l'art a pourvu par l'invention et la
pratique de ces expédients dont je parlais tantôt,
qui servent à développer l'entendement, le premier desquels est la numération, dont je vais
traiter.

X.

Le nombre et la numération consistent en la
représentation de l'unité, dont l'origine est due à
la conception des rapports qui se présentent généralement à la conscience subjective, dans la
perception; à l'unité, qu'elle recherche, même
pour verser sur le présent la lumière du passé,
pour reconnaître celui-ci en celui-là : rapports de
qualité et rapports d'identité, dans les choses
d'ordre physique ou d'ordre moral. Ce rapport
affecte continuellement la conscience, il l'obsède,
pourrait-on dire. On vient d'en voir des exemples
dans l'identification des effets euristiques et des
effets esthétiques, en leur espèce respective.

J'ai traité spécialement du concept numérique
dans un des paragraphes de la section noographique de ma *Noologie* auquel je renvoie mes

honorables confrères ; mais je m'en réfère à l'expérience de chacun d'eux, afin de n'avoir pas à insister sur un sujet vulgaire. S'il est tel, il est aussi intéressant au point de vue noologique, par ses rapports avec la question de l'origine et du développement de l'intelligence.

L'origine de l'unité numérique est due, je viens de le dire, à la conception du rapport d'identité objective ou d'identité de qualité existant chez les objets. Mais la formation des noms de nombre, et, par leur consécration en la mémoire, la conception des nombres supérieurs à celui-là, méritent une attention spéciale, en ce que cette étude fait ressortir la valeur d'une espèce de concept, l'espèce phonétique ; et, par elle, celle des concepts de motilité, qui constituent un genre dans la généralité des opérations de cette fonction intellectuelle.

Il est sans doute inutile de faire remarquer qu'en employant ainsi ce mot pour signifier les effets, je parle par métalepse et n'entends pas la cause.

En ce sens concret, je pourrai dire, sans crainte d'équivoque, que le concept numérique n'a pas d'objet physique extérieur au sujet pensant. La notion d'un nombre quelconque a pour toute consistance celle que lui prête son nom, son expression phonétique. L'application du nom au rapport numérique est d'abord arbitraire. La linguistique nous l'apprend, en étalant les diversités du langage numérique qui existent dans l'humanité, dont les souches sont éloignées, distinctes, sans liens de parenté entre elles. Mais, dès que le choix est fait, l'arbitraire cesse, et le langage numérique acquiert la consistance de toutes les formes de l'élocution, dont l'humanité fait usage pour fixer la représentation des qualités objectives, desquelles le concept a déterminé les rapports.

Quand le concept phonétique a consacré la conception des nombres résultant de l'addition de l'unité à elle-même et aux sommes successivement composées de la même manière que le résultat de la première addition, il s'est produit des notions numériques susceptibles d'être utilisées à la perception des quantités qui se présenteront en rapport avec elles. L'échelle numérique sera composée, et ne demandera que d'atteindre à un degré d'extension tel qu'elle puisse égaler l'étendue de la quantité la plus grande et la formuler.

Les notions de l'échelle numérique, fixées par le concept phonétique, valent pour la numération, elles lui rendent le même service dans la représentation de la quantité que celles consacrées, par le concept, pour produire l'effet euristique dans toutes les autres espèces de perception.

La parole et le langage numérique sont deux créations qui diffèrent seulement par la diversité des objets appelés à être représentés auprès de la conscience par des notions, mais tendant également à solliciter auprès d'elle la consécration de l'effet euristique. La parole, en général, s'applique à la représentation de l'infinie diversité des formes qu'affecte la qualité objective, tandis que le langage numérique se borne à faire ressortir, à fixer les rapports de quantité que fait surgir l'application de l'unité de mesure aux objets susceptibles d'être divisés, décomposés en parties équivalentes l'une à l'autre.

Effectivement le nombre peut être considéré en lui-même, par abstraction, comme une quantité, en ce qu'il se développe par l'addition de son unité à elle-même et à ses produits successifs; comme la quantité objective déterminée par l'unité de mesure.

La quantité numérique devient ainsi le type commun à toutes les quantités considérées au point de vue concret. Le nombre représente, par l'effet de cette abstraction des particularités du concret, tous les mouvements de la quantité objective : il en est l'expression universelle, rigoureusement vraie. Dès lors, pour faire l'application au concret de toutes les qualités observées dans la quantité numérique, il suffira de donner la dénomination de l'un, de son unité particulière, à l'expression de l'autre. En appliquant ainsi l'abstrait au concret, vous préparez une perception capable de motiver un jugement de qualité avec la plus grande exactitude. Et voici un exemple bien simple de cette combinaison du sens abstrait avec le sens concret employée pour rectifier celui-ci, pour le consacrer. Je l'emprunte à un ordre de faits vulgaire: aux opérations que fait le mesureur, le jaugeur, en appliquant la mesure à l'objet susceptible d'être décomposé. Par l'énonciation de l'unité et du nombre qu'il a obtenu du mesurage, il motive d'une manière incontestable le poids, l'étendue ou toute autre qualité de l'objet en rapport avec l'unité de mesure. Ainsi fait le physicien, l'astronome évaluant une masse d'après le rapport numérique de la densité de sa matière.

Remarquez ce progrès de l'entendement opéré par l'artifice de la numération. La notion de quantité ainsi fondée sur la conception de l'unité de mesure de l'unité numérique est devenue la représentation la plus sûre de la qualité objective ; et, par suite, la perception motivée par cet artifice est devenue la garantie de la vérité du jugement.

Une notion objective ainsi constituée, par l'association du nom du nombre à celui de la quantité, devient le signe indélébile d'un rapport dont elle garantit l'existence au travers des temps, fondée qu'elle est sur la permanence des lois de la nature.

Mais ce mode de représentation numérique de la qualité par les rapports de quantité pourrait présenter les mêmes inconvénients que nous avons remarqués dans la détermination de l'identité subjective, du moins par l'immense série des effets euristiques que le sujet ne cesse de dérouler dans l'exercice de sa pensée. Si les rapports de quantité signalés par le nombre devenaient trop nombreux, ou, en d'autres termes, si les noms de nombre se multipliaient autant que ce serait nécessaire pour représenter le développement indéfini de la quantité, leur reproduction d'antécédent à conséquent, par réflexion, serait difficile, sinon impossible, accompagnée surtout qu'elle doit être de la certitude de n'avoir pas commis d'omissions, d'interversions des termes de la série. C'est là une condition dont l'accomplissement est nécessaire, pour que le rapport de la perception à la conception soit certifié exact par l'effet euristique, pour que la perception soit vraie.

C'est la raison pour laquelle les nombres d'une échelle numérique quelconque ont été limités, et, conséquemment, leurs dénominations. Ceux de la nôtre s'arrêtent au dixième, où l'addition de l'unité au précédent donne lieu à la conception d'une seconde espèce d'unité, la dixième, qui, dans la progression suivante , est dénombrée comme la première.

A chaque pas de la progression qui conduit à la formation de l'unité du second ordre, c'est un nom nouveau qui consacre l'existence du nombre intermédiaire aux deux ; mais, dans la progression de la seconde vers la troisième et dans la suite, indéfiniment, c'est par des affixes au radical représentant l'antécédent, que chaque pas du progrès de l'échelle numérique est représenté. La remarque en est facile à faire, malgré les irrégularités qui se sont glissées dans la formation du type de notre numération par unité. Elles sont plus ou moins nombreuses, suivant que la langue maternelle a été plus ou moins altérée dans la descendance d'un peuple à l'autre.

Le type de la numération par unités varie, d'une population à l'autre, par la composition des unités, dont la grandeur n'est pas uniforme ; mais il n'y a pas, que je sache, d'échelle numérique, dans le genre humain, dont la forme de cette composition ne soit identique d'un bout à l'autre de l'échelle.

La composition dans la nôtre est décimale, et la progression décimale aussi.

C'est la formation la plus heureuse, en ce que la multiplication de l'unité antécédente par dix, pour la formation de la subséquente, prête à la représentation numérique une force qui l'égale à celle du déploiement de la quantité à représenter, sans fatiguer aucunement la mémoire.

La réflexion, par l'effet de cet artifice de la numération, n'a plus à exercer ses forces de représentation que sur une série très-limitée de divers ordres d'unité, dont la puissance va croissant, tandis que leurs diversités sont décroissantes sous la conduite de la raison décimale. La mémoire n'a plus à retenir que la série des nombres de la première unité et celles des unités secondaires, dont la conception est seule une création originale, totalement différente par la dénomination de celles des autres nombres. Quand celles-là peuvent être considérées comme des éléments premiers du langage numérique, les autres dénominations en sont des complexités. Cette remarque a donné ouverture à un progrès, un progrès immense de la langue des quantités. Les Arabes ont l'honneur de l'opération.

Effectivement, puisque la progression numérique procède par le nombre dix et ses puissances, multipliant uniformément l'unité antécédente pour produire la subséquente, il n'est nullement nécessaire d'accroître les noms pour distinguer les nombres l'un de l'autre ; il suffit de les diversifier par des signes graphiques. En s'adressant ainsi à la vue, dont la perception est plus puissante et plus rapide que celle de l'ouïe, on sert é 'idemment l'exercice de la conception et conséquemment celui de la réflexion.

On sait que cette invention des Arabes consiste à rendre perceptible par la vue tous les nombres possibles en réduisant les signes au nombre de dix égal à celui des nombres de l'unité première, et les différenciant par la disposition de çes signes à la gauche l'un de l'autre, dans l'ordre de l'écriture pratiquée par les Orientaux ; leur faisant occuper une place correspondante au degré de puissance du nombre représenté, une place homologue à celle occupée par ce nombre dans l'échelle numérique.

Ainsi le mouvement intellectuel de la numération, marqué à l'origine du développement de l'entendement humain par l'effet euristique, devient perceptible à la vue, visible comme les objets physiques, on peut le dire, par cet artifice de la substitution de l'expression graphique à l'expression vocale.

J'ai cru devoir attirer l'attention de mes honorables collègues sur ces particularités d'un progrès dans la perception d'un mouvement intellectuel, facilement observable, et surtout sur le mode qui consiste en la substitution d'un organe de la sensibilité à l'autre; parce que l'observation de ce fait est propre à répandre la lumière sur d'autres faits de même nature, mais moins saillants, tous ressortissant à l'étude de la noologie. C'est par leurs rapports qu'il est possible d'arriver à la conception de la nature et de la portée de l'entendement; car *tout est dans tout*, comme le répétait sans cesse Jacotot.

On doit voir déjà que l'effet de l'écriture phonétique est l'analogue de celui de la langue des quantités; que les formes grammaticales, sans en excepter celles des paradigmes de conjugaison et de déclinaison, rendent, à une notion quelconque, pour la faire entrer à la place qu'elle doit occuper dans la proposition de la période ou du discours, le même service que les formes vocales ou graphiques de la langue des quantités pour faire occuper, par l'unité, dans le discours arithmétique, la place convenable à son degré de puissance.

Les expressions phonétiques et numériques ont également le mérite de rendre, à la sensibilité, des services analogues à ceux que lui rendent le baromètre, pour faire saisir, par la vue, les variations autrement imperceptibles de la colonne d'air atmosphérique; le thermomètre, pour rendre de même perceptibles celles de la chaleur, sensibles mais indiscernables, impropres à subir l'application du langage; et, en général, tant d'autres instruments uniquement inventés pour rendre perceptibles les objets qui ne le sont pas naturellement, et en soumettre les notions aux opérations de la pensée.

La conception de l'âme, qui paraît si difficile à l'un des sceptiques les plus distingués de l'école d'A. Comte, est praticable, par le même moyen que prête à la philosophie l'observation des effets sensibles pour en faire ressortir les causes; ici les effets sont produits par les mouvements intellectuels de cet être. Nous nous disposons à cette conception de l'objet métaphysique par l'étude que nous poursuivons de la formation des notions objectives et du mode d'extension de l'entendement que l'humanité pratique depuis des siècles. C'est pourquoi nous nous arrêterons encore quelques instants à considérer la formation des notions numériques, très-facilement observable et propre à servir d'exemple à l'acquisition des autres conceptions, de toute espèce, par le rapport qui les unit, métaphysiques et physiques.

La voilà déjà devenue évidente, cette vérité que, sans l'usage des noms ou des signes graphiques, la connaissance du nombre et de la numération est inaccessible à l'entendement. C'est par son aphémie que doit être expliquée l'ignorance où nous voyons que se trouve l'animal le plus intelligent, son ignorance du nombre et de la numération ; de là son impuissance a user de ce moyen de discernement de la quantité et de la qualité des choses, qui est générale dans ce règne. Ce moyen, qui nous est si familier, est impossible à l'animal en raison de son impuissance pour articuler les sons de la voix. La preuve en est dans l'exemple de ces espèces d'animaux qui ne sont pas aphones. Le perroquet ne parle pas, quoiqu'il singe la parole de l'homme en l'imitant, et nul animal ne pense le nombre. En cette créature, vous pouvez reconnaître l'état de la sensibilité du sujet, qui n'a pas fait usage, pour acquérir la connaissance d'une sorte d'objets, des moyens d'extension de l'intelligence et de discernement que pratique actuellement l'humanité. En preuve, j'ai cité de nombreux exemples, en noographie, d'observations faites sur les animaux. Le sujet pensant en trouverait chez soi, en remarquant son impuissance de passer à l'énonciation d'un nombre de l'échelle numérique sans avoir prononcé le nom du précédent, ou à celle d'un multiple sans le préalable des aliquotes, à celle des sommes sans en avoir énoncé les aliquantes ; à plus forte raison la conception du nombre serait impossible sans l'usage des mots de ce langage. Mais je ne veux pas revenir sur ce point, qui me semble devenu évident.

J'ai à faire remarquer actuellement l'extension que subit la notion des premiers nombres, générateurs du second ordre d'unités, par l'observation et l'expérience des effets de leur combinaison entre eux pour former des sommes et des multiples. A ce sujet, je puis me borner à citer le fait — généralement connu — de l'invention du carré de la multiplication imaginé par Pythagore.

Les compartiments de ce carré, semblables entre eux et au contenu, sont en rapport avec toutes les unités possibles produites et à produire, par l'application aux choses de l'unité de mesure. La démonstration, soumise à la vue par le philosophe grec, des résultats de la numération par unité des éléments du carré, cette démonstration est universelle. Ces résultats ont pour eux l'évidence des sens. Comptez par unités, suivant l'ordre de l'échelle numérique, les éléments des carrés ou des parallélogrammes contenus dans le carré total, déterminés par les nombres premiers échelonnés dans deux des bandes extérieures ; comptez, et, quel que soit le couple de ces nombres que vous avez choisi pour objet de l'observation, vous obtiendrez constamment le même résultat numérique. Ce sera le produit de la multiplication de l'un de ces deux nombres par l'autre.

Conséquemment, il y a certitude que, quel que soit le nombre premier de l'échelle que vous ajoutiez à lui-même, un nombre de fois déterminé par un autre, vous aurez un multiple aussi invariable que l'est le nombre quelconque de l'échelle qui ait été déterminé par l'énumération de ses antécédents.

En procédant ainsi, vous avez acquis l'usage d'une numération par multiples, analogue à celle de l'échelle qui procède par unités.

Si vous partagez le tableau de Pythagore par une diagonale, vous verrez apparaître, sur l'une des moitiés, les résultats de la numération par aliquantes : des sommes, toutes les sommes qui peuvent résulter de l'addition des nombres premiers entre eux.

Dès que le concept a saisi la relation de ces résultats de la numération par aliquotes et par aliquantes, fixé leurs relations avec les conditions d'où ils dépendent, les notions des nombres premiers ont subi une extension importante : elles sont devenues des aliquotes et des aliquantes, et le sujet est devenu capable d'apprécier les quantités de trois manières au lieu d'une ; de compter expéditivement par multiplication et par addition.

L'évidence arithmétique a pour raison d'être le rapport d'identité des faits, sur l'observation desquels sont fondées les notions de cette science pratique. Ce que j'ai dit de la numération par unités, par aliquantes et par aliquotes, doit être

entendu de tous les procédés de la science numérique : *Ab uno disce omnes.*

Généralisez encore, et vous voyez l'origine de
l'évidence dont jouit une autre science fort imparfaitement qualifiée de géométrie. C'est une horologie, c'est-à-dire un produit philosophique de
l'étude des modes de délimitation de l'étendue.
Elle consiste en un système de notions composées
de la même manière que celles de l'arithmétique ;
disons mieux, de la langue des quantités, dans le
but de rendre perceptibles toutes les modalités de
l'étendue.

Ces deux langues savantes, celle de la possolo-
gie et celle de l'horologie (car il faut se résoudre
à parler, en matière philosophique, un langage
propre, correct, purgé de tous les tropes de la
langue vulgaire; il faut parler la langue de la
science en traitant les matières scientifiques) ; les
langues, dis-je, de la quantité et de l'étendue ont
le même but ; elles nous ménagent les mêmes
effets, celui de rendre perceptibles, discernables,
des qualités qui ne le sont pas naturellement.

Elles m'offrent le plus bel · exemple que je
puisse citer de l'extension de l'entendement et du
mode généralement pratiqué pour le produire,
consistant dans la substitution d'un ordre d'esthétiques à l'autre.

Cependant en voici un autre, que je ne saurais
négliger, celui de l'application de la langue
numérique à un autre objet, indiscernable aussi
par lui-même, naturellement, mais dont le discernement, indirectement obtenu, a une importance
extrême, le temps.

XI.

Berkeley avait raison de soutenir que la notion du temps était subjective. Il aurait pu en dire autant de toutes les autres, mais au point de vue seulement de leur matière, de leur composition, par des sensations ou par des actes de conscience conceptualisés. Ce sont les résultats de l'exercice de l'activité de l'âme agissant, par l'attention et la conception, sur les effets directs des actions objectives exercées sur les organes de sa sensibilité, par les agents externes et internes, au milieu desquels la personnalité vit et se développe. L'unique moyen dont elle dispose pour les connaître consiste pour elle à les sentir. Mais les conceptions, résultant de l'association des sensations; ces actes conceptuels, opérés pour produire des effets de représentation, sont de vraies traductions, en une langue particulière à la conscience du sujet pensant, pour lui faire connaître les effets objectifs produits sur ses organes par les objets étrangers. Ce sont des artifices d'ordre métaphysique pour faire aborder l'objet au sujet, à son âme.

Cette langue est toute différente de celle parlée aux sens par les choses. C'est cette différence qu'il fallait faire remarquer, et il fallait jeter cette remarque au milieu de la dispute à laquelle donna lieu, en son temps, l'affirmation du philosophe spiritualiste anglais. Elle aurait été ainsi calmée. Mais ce qui n'a pas pu se faire en ce temps, faute de données suffisantes recueillies par l'observation du développement de l'entendement humain, nous le pouvons aujourd'hui et nous allons l'entreprendre.

La notion du temps, dont la formation et la matière sont subjectives comme toutes les autres, est un résultat de l'action du concept ; cette notion a pour objet tout ce qu'il y a de plus réel dans la nature : la représentation des phénomènes de causalité, celle des actions exercées ou des actions subies par les objets dans leurs relations mutuelles. Quoique les effets de ces actions s'annoncent à la conscience du sujet de la même manière, par voie énileptique, dirai-je (car j'ai besoin de ce néologisme pour rendre saillant, par le contraste avec un autre que je vais proposer), ces effets empruntent à la réaction un caractère de réalité qui ne permet pas de les confondre avec ceux directement et immédiatement subis par les organes de la sensibilité.

En d'autres termes, les impressions subies par les organes de la sensibilité se partagent en deux classes, celles que je viens de dénommer, les énileptiques, qui arrivent immédiatement à la sensibilité et peuvent n'être que la représentation d'une ombre, et même des hallucinations; et celles que je qualifierai d'alléloleptiques, en ce qu'elles résultent d'une réciprocité d'actions étrangères au sujet, toute objective. Elle est aussi attestée à la conscience par l'effet esthétique, mais sa réalité l'est par une épreuve analogue à celle de la motilité qui fait distinguer au sujet, à son

réveil, le songe d'où il sort de la réalité de la vie
où il rentre.

C'est cette différence des deux effets, l'un subjectif, purement esthétique, l'autre objectif, que
j'ai voulu signifier par ces deux néologismes. Les
deux effets de sensibilité sont représentés par ces
expressions, en raison de leur unité de nature, par
une même forme d'un verbe grec (λαμβανω), signifiant l'action de saisir, et sont différenciés par
deux autres termes de la même langue, qui font
allusion, l'un (εν) à la manière directe dont l'effet
est saisi par la conscience, et l'autre (αλληλος) à la
réciprocité, à la mutualité, d'où résulte l'action
objective qui produit l'effet de sensibilité : l'énileptique est direct, et l'alléloleptique indirect ou médiat. Le second est un effet en retour, et le premier un effet direct.

Cette différence est remarquable, et méritait
d'être signalée par le mode ordinaire de la nota-
tion phonétique. C'est par la mutualité des actions exercées entre eux par les objets, que la conscience, avertie par l'effet alléloleptique, est assurée
de l'existence d'une réalité objective, de celle de
l'eau, par exemple, qui éteint le feu ; de la chaleur,
qui fait gonfler le mercure du thermomètre ; de
l'aliment, par lequel nous subsistons tous, et, en
général, des objets possesseurs de qualités utiles,
dont nous nous servons pour nous acquitter des
charges imposées à notre personnalité. Voilà de la
réalité, ou il n'y en aurait point au monde. Si
l'effet énileptique peut nous faire prendre l'ombre
pour une réalité, l'alléloleptique dissipe l'illusion,
en donnant à la conscience un témoignage de

l'inanité de l'une et de la réalité du corps qui la projette. L'impénétrabilité peut être citée en exemple de ces notions, provenues de la pratique des effets alléloleptiques. Généralement, sont ainsi composées et doivent l'être les notions objectives, représentant les effets alléloleptiques conçus par le sujet dans ses explorations de la nature. L'entendement humain est en quête de la réalité, et il en recueille les notions, sur l'attestation de l'effet alléloleptique, qui en est pour lui la pierre de touche.

Les notions du temps et de ses accidents sont effectivement de nature subjective, mais elles ne sont acceptées par la conscience que sous la garantie des effets alléloleptiques résultant de l'observation des objets, dont ces notions lui offrent les moyens de représentation. J'en donnerai tantôt un exemple mémorable en la découverte récente de la réalité d'un fluide impondérable, incoercible, absolument imperceptible, dont l'exis-tence était soupçonnée dès les premiers temps du développement intellectuel de l'humanité, l'éther. La notion de ce fluide vient d'être certifiée par une des particularités du temps, la durée. Il y a diverses manières de sentir, comme il y a, disait Molière, fagot et fagot.

Nous avons déjà vu que l'origine de la notion du temps était métaphysique, et que cette notion empruntait sa réalité à ce mérite qu'elle a, de servir de diagnostic à certaines qualités objectives, provenues de la distinction opérée, en la conscience, de l'action esthétique et de l'euristique.

Chaque effet de ces actions est l'unité du temps qui se produit en la conscience par réflexion.

Cette unité est susceptible, comme toutes celles de la quantité, d'être comptée et de produire des notions possologiques. Elles forment la représentation d'une espèce de quantité, bien distincte de toutes les autres, au moyen du langage numérique. Ces notions possologiques sont en rapport avec toutes les espèces du genre. Pour le sujet qui a acquis l'usage de cette espèce de langue, composée des éléments de celle de la numération, il est possible d'estimer la durée de son existence par la numération des effets euristiques produits, par la pensée, en sa conscience. Pour tout autre, nous l'avons reconnu, c'est impossible, et cette estimation pèche par le défaut de discernement. Ce sujet est convaincu de son existence, parce qu'il pense. Il pratique l'enthymème de Descartes — Je pense, donc j'existe, sans en avoir reçu la tradition du philosophe français. Mais il ignore les différences de quantité que l'effet euristique de la pensée accroît de jour en jour : il n'en a pas le discernement, la représentation nette; mais simplement il a la conscience de sa durée s'agrandissant de jour en jour. En remarquant la manière dont ce discernement est advenu aux membres de l'humanité, dès l'antiquité la plus reculée, nous allons avoir sous les yeux un autre exemple de l'extension de l'entendement, et du mode d'opération de ces progrès par l'emploi des inventions de l'art.

Ce que l'humanité a fait récemment pour rendre appréciable et soumettre à la numération les actions des substances impondérables et incoërcibles, elle l'a entrepris dès la plus haute antiquité, et successivement opéré par des progrès continuels du développement de son intelligence, pour se procurer le discernement précis, exact, des opérations de la nature ; elle l'a fait, parce qu'elle en a senti, puis apprécié l'importance réelle. Quoique le progrès soit devenu insensible par l'effet de l'accoutumance, il est réel, indubitable. Il suffira ici, pour s'en convaincre, de dénommer ces artifices devenus si vulgaires, du cadran solaire, de la pendule, de l'horloge, du calendrier et de l'instrument primitif, actuellement supplanté par l'invention des subséquents, la clepsydre. J'y faisais tantôt allusion, mais il était nécessaire d'en faire une mention spéciale pour le but que nous poursuivons, de reconnaître comment s'est faite et comment se continue l'éducation de la sensibilité traitée par le concept ; celui-ci s'aidant de divers artifices pour se procurer des matières de plus en plus abondantes à l'usage de la conception, pour l'agrandissement de l'entendement par l'acquisition de notions nouvelles.

C'est encore ici, comme toujours, le rapport qui prête sa matière à la notion objective. Celui sur lequel est fondée la notion du temps se montre entre les mouvements de la personnalité, ceux de la pensée, ceux du monde, généralement, mais essentiellement dans les mouvements sidéraux, de tous les plus réguliers, et qui, par une qualité à eux particulière, celle d'être généralement visibles, observables, sont les plus propres à fournir à la perception des diagnostics de ces phénomènes de mobilité. En la mobilité qui, au sens concret, est du mouvement, réside le rapport qui permet de substituer la conception formée en un genre, en une espèce, à la représentation de toutes sans exception ; de celles mêmes qui sont imperceptibles. L'exemple en est flagrant. Il est donné par la substitution des mouvements sidéraux, rendus discernables par le cadran solaire, à la représentation des mouvements de la pensée et de la personnalité ; par la substitution des mouvements de la clepsydre, de la pendule, de la montre, à ceux du soleil, qui ne sont pas toujours visibles, observables, mais qui, par leur constance, sont simultanés à tous les autres ; pourvu que ceux-ci le soient entre eux, et qu'en raison de leur régularité la coïncidence soit parfaite.

Mais c'est assez en dire, de ces particularités du temps, pour faire comprendre l'origine de cette notion et sa propriété pratique de rendre appréciables, par le nombre, les mouvements imperceptibles, en appliquant l'unité numérique et ses produits à l'unité du temps, déterminée par les artifices dont je viens de parler.

Ainsi s'est produite cette espèce de quantité, le temps, si utile au discernement d'une foule de qualités, et particulièrement de celles des phénomènes de causalité. En voici un exemple, par lequel on jugera des autres.

Nous devons cet exemple à M. Fizeau. Cet expérimentateur a le mérite d'une découverte précieuse, celle d'un fluide que l'on peut dire universel. Il participe assurément à l'immensité de la création et il est l'auxiliaire d'une foule d'opérations de la causalité. Je l'ai déjà nommé, c'est l'éther. Par sa puissance de pénétration, qu'il exerce même sur les corps solides, il pourrait être qualifié, au point de vue chimique, de *menstrue* universelle. En nous léguant cet exemple, M. Fizeau nous a montré quelle était la valeur expérimentale du temps, devenu physique, grâce aux procédés de l'art, de métaphysique qu'il était à son origine. Son procédé consistait à comparer la durée du trajet d'un rayon de lumière au travers d'une veine liquide, dans le sens du mouvement de celle-ci, à la durée de son trajet dans le sens contraire. La différence de temps, en moins dans le premier sens, en plus dans l'autre, l'a autorisé à affirmer l'état corporel de la lumière. Et son affirmation a été généralement accueillie, applaudie. Effectivement la lutte du fluide avec le le liquide et la corporéité des deux sont manifestées par cette particularité du temps, la durée. Et cette durée est mesurée par la succession des moments du temps, rendue commensurable par l'application du nombre aux phénomènes de la mobilité. L'effet alléloleptique, ainsi constaté, pétrit, pour ainsi dire, de réalité l'énileptique ; il le dépouille de son caractère subjectif, en montrant que la lumière est matérielle, qu'elle est un corps fluide comme l'eau, mais incoercible, impondérable.

Inutile de dire, parce que c'est un fait assez généralement connu, que l'expérience a été rendue praticable et la différence des durées rendue appréciable, au moyen d'un instrument fort ingénieux, propre à amplifier l'étendue parcourue par le fluide lumineux dans un espace restreint, tel que celui d'un cabinet de physique. Par cet artifice, l'expérimentateur a suppléé à cette étroitesse par la rapidité du mouvement rotatoire communiqué à la veine liquide soumise à l'expérience. Quoique cet instrument soit généralement connu, je dois le citer pour le présenter en exemple, par son invention, d'un autre cas de développement de la connaissance, de l'extension de l'entendement, par l'articulation, pour ainsi dire, de la sensibilité. Vous voyez cette faculté engagée, par cet artifice, à subir l'action du concept, et à constater des rapports de qualité existant entre les choses, autrement inobservables.

Et je pense qu'après cet exemple, on acceptera le jugement porté par Berkeley sur la nature subjective de la notion du temps ; qu'on l'étendra à toutes les notions en leur attribuant le caractère de réalité objective qui leur appartient, et qui leur vient de l'introduction, dans leur contexte, des effets alléloleptiques recueillis par l'observation des phénomènes de la nature. La conscience juge de leur réalité comme l'orfèvre de celle du métal qui lui est offert, en le soumettant à l'épreuve d'un acide sur la pierre de touche où il en a déposé des traces. C'est un effet alléloleptique qui lui permet de distinguer le métal fin de celui qui n'en a que l'apparence, un rapport de coloration. De même agit la conscience pour discerner la réalité objective et la distinguer de l'hallucination. L'une est le corps et l'autre l'ombre. Celle-ci est nécessaire pour faire ressortir l'autre ; mais, ô sceptiques ! n'argumentez pas de la seconde pour faire douter de la première. Les deux ont leur diagnostic, et la pensée est capable de connaître la vérité pourvu qu'elle respecte la loi qui la régit, la loi du concept.

C'est par des moyens analogues que la philosophie moderne, animée de l'esprit du péripatétisme, poussant ses investigations bien au-delà de la découverte de l'éther, est parvenue à en relever les qualités et à enrichir ainsi la science de cette notion de l'existence du fluide éthéré et de ses qualités. Elle a constaté que ce fluide était élastique ; que c'était bien lui, l'éther, qui, comme le maître Jacques d'Harpagon , changeant de fonction en changeant de costume, jouait les rôles, en apparence si divers, de la lumière, de la chaleur, du magnétisme, de l'électricité; qu'en répondant, dans son état de molécule binaire, par son élasticité, aux incitations des individualités atomiques rassemblées en un milieu, et en mouvement de composition et de décomposition sous l'empire de la loi d'atomicité; ce fluide éthéré nous pénètre de la chaleur, frappe nos yeux de la lumière par ses mouvements vibratoires, moins ou plus rapides dans l'unité de temps; ou bien qu'il nous foudroie par la décomposition de ses molécules en deux variétés de sa nature : l'électricité positive et la négative. Mais je rentre en mon sujet actuel pour revenir plus tard à celui-là, si curieux au point de vue de l'extension de l'entendement. J'ai encore quelques mots à dire sur l'utilité du temps.

Il nous sert à régler nos actions sur celles d'autrui, sur les mouvements des choses, à l'aide du chronomètre et de ses autres diagnostics physiques; il nous sert à mesurer les durées et à les

comparer entre elles, comme si c'étaient des objets tangibles. Effectivement nous exécutons ces
coordinations et ces comparaisons avec facilité,
grâce à ces compteurs mécaniques d'une succession invariable, constante, synchronique à toutes
les autres, et grâce à un autre ordre de compteurs. les almanachs, qui, à ce point de vue, jouent
un rôle très-important dans les pratiques journa-
lières de la vie individuelle et dans la composition
et l'étude de l'histoire de l'humanité.

C'est aussi grâce aux notions du temps, provenues des concepts numériques, que les mystères
de la gravitation ont été dévoilés ; qu'ils ont été
expliqués, soumis à la vue et au calcul, représentés par des formules mathématiques. Les notions
de l'étendue, dont je vais parler, aident aussi à
l'extension du discernement scientifique des phénomènes de causalité. Mais, avant de passer à ce
nouveau sujet d'étude, constatons ce fait, que
l'éducation de la conscience subjective a son origine au discernement premier de l'effet esthétique
et de l'euristique. Ce discernement, vague d'abord,
devient de plus en plus précis, à mesure que le
concept accroît la richesse des notions, en y intro-
duisant la représentation des effets alléloleptiques
recueillis par l'observation des faits de la nature.
Rappelons-nous que cette distinction première est
due à cette action du concept s'exerçant sur les
sensations de la motilité, et que le développement
subséquent de la conscience est dû au concept
phonétique, qui accentue si nettement l'effet euristique, et met sans cesse la conscience du sujet,
dans l'actualité, en la présence de son passé.

C'est cette opération du concept phonétique qui donne de la consistance à une notion, qui en manquerait ; c'est elle qui crée la numération, cet adminicule si précieux de tant d'effets énileptiques, naturellement vagues, et dont les objets seraient, par eux-mêmes, imperceptibles. C'est le concept phonétique qui, repoussé par l'aphémie de l'intelligence de l'animal, le laisse dans l'impuissance de dénombrer l'unité de mesure des quantités les plus faibles, tandis qu'il enrichit l'intelligence de l'homme, quoique les deux espèces soient douées de la faculté d'articuler les sons vocaux. En rapprochant cette espèce des autres que nous avons étudiées, on appréciera l'importance dont jouit cette fonction dans le développement de l'intelligence.

C'est bien le concept qui est l'éducateur de l'entendement humain. C'est bien lui qui en fait l'éducation par un procédé uniforme, celui de l'association des actes de conscience ; par leur formation en notions, pour représenter avec précision, par réflexion, au sujet, les mouvements de causalité qui se reproduisent constamment en lui et hors de lui. Cette représentation est celle de la pensée, aussi rapide que l'éclair. Chacun de nous en a la conscience en soi.

XIII.

La notion de l'espace, dont je vais traiter, est, comme celle du temps, comme toutes les autres, l'œuvre du concept. Elles ne diffèrent entre elles que par la diversité de leur matière. Celle de l'espace est fournie, livrée au concept, par les sensations de la motilité, pour être traitée par lui et devenir la représentation de l'étendue et de ses formes. Les sensations motiles naissent naturellement au milieu des objets à représenter à la conscience, par l'effet des mouvements intralocaux et des mouvements extérieurs, de locomotion et autres, auxquels le sujet est obligé de se livrer. Ce sont les corps qui l'y forcent. Tous affectent de l'étendue sous des formes diverses. Les incoercibles et les impondérables eux-mêmes ont cette manière d'être, quoiqu'elle se manifeste autrement que chez les solides. Quand ceux-ci donnent lieu à des sensations synaptiles, ceux-là engagent le sujet à subir des sensations motiles, en se mouvant dans l'espace qu'on qualifie de vide, si improprement. Il n'y a pas de vide dans cet immense espace de la création. Il est rempli de la matière éthérée partout, et, autour de la sphère terrestre, par l'air atmosphérique et les gaz qui y circulent. C'est de l'étendue, mais différemment conçue, sous deux rapports : celui de l'étendue se manifestant à la conscience par des sensations synaptiles, et celui de l'espace qui se fait connaître par les représentations de motilité pure. A parler le langage consacré par la scolastique, on pourrait dire que l'étendue et l'espace sont les résultats de deux abstractions, celle-ci élevée au plus haut degré et celle-là à un degré inférieur. On pourrait même en compter trois : l'étendue dépouillée des formes particulières que revêtent les corps, l'espace conçu sans aucune de ces particularités ; à un moindre degré d'abstraction, l'étendue revêtue des formes générales sous lesquelles les corps nous manifestent leurs qualités; et à un degré moindre encore l'étendue sans forme, mais douée d'impénétrabilité. Mais qualifier l'étendue, c'est rendre méconnaissable l'origine de cette notion, et si j'en parle, c'est pour montrer à quels abus l'abstraction peut engager l'intelligence. Il n'y a, dans le monde, rien de tel que l'étendue ainsi idéalisée.

En preuve de son origine, à l'exercice de la motilité, je citerai un fait pédagogique bien vérifié, celui de l'éducation qu'a reçue à Boston (Etats-Unis d'Amérique), un sujet incomplet, si incomplet qu'il se trouvait réduit, peu de temps après sa naissance, au toucher, à la motilité et à un lambeau du goût. Si Laura Brigman, traitée à l'institut des sourds-muets de cette ville, par la méthode pratiquée envers ces infortunés, a été élevée à la hauteur de connaissance à laquelle parvient le sujet complet, jouissant de tous les sens de l'humanité, il faut bien reconnaître que la conception de l'étendue et de ses formes, que la conception de l'espace est parvenue à Laura par l'opération du concept s'exerçant sur les sensations synaptiles et sur celles de la motilité. Autrement, il faudrait recourir, pour expliquer l'acquisition d'une telle connaissance par un tel sujet, à la fiction des idées innées, dont personne, que je sache, ne veut aujourd'hui, si ce n'est l'idéaliste, préférant la fiction à la réalité, l'invention à l'observation. Ce fait pédagogique est attesté par tous les voyageurs qui sont allés, sur les lieux, pour le vérifier. On trouvera une de ces relations chez Ampère fils, dans son *Voyage en Amérique.*

Nous avons une autre preuve de cette origine des notions de l'étendue à la conceptualisation des sensations motiles, dans le recueil des observations faites aux institutions des aveugles-nés. Ces sujets incomplets connaissent l'étendue et ses formes ; ils les pratiquent habilement, quoiqu'ils n'aient jamais pu les voir. C'est donc bien par l'exercice de la motilité que ces sujets incomplets sont parvenus à connaître ces modes d'existence des objets de la nature communs à tous.

Par ces exemples pédagogiques produits sous l'éclat de la lumière du jour, on jugera, sans recourir à de vaines hypothèses, de l'éducation mentale d'un sujet quelconque à l'instant de son avénement au monde, du mode de la conception en sa conscience de ces trois rapports de l'étendue, et de la conversion de tous les autres en notions au service de la réflexion, car tout est dans tout. Mais il faut reconnaître que l'étendue est une qualité dont l'existence, chez les choses, doit être vérifiée, nullement supposable de droit, comme on paraît le croire. Elle n'existe ni dans la pensée ni chez le sujet pensant.

Il ne faut pas s'en laisser imposer par la manière si rapide dont nous percevons l'étendue et les formes des corps qui annoncent ainsi leurs qualités auprès de la vue, sous la lumière du jour. Dans de telles perceptions, l'effet esthétique est si rapidement suivi de l'euristique, que le discernement des deux moments est impossible. Ils sont pourtant distincts l'un de l'autre. C'est par l'euristique que la perception s'opère en la conscience. Il n'est

plus permis d'en douter, après avoir considéré tant
d'exemples qui nous ont fait reconnaître la véritable nature de la pensée, qui nous l'ont fait as-
similer aux opérations du calcul. Elle se partage
en deux grandes classes, celle de la quantité et
celle de la qualité : au discernement de l'une s'emploie principalement l'espace, et à l'autre l'étendue, l'étendue concrète avec ses formes si variées.

D'après les faits que je viens de citer et d'autres
que je citerai dans la suite de ce discours, nous
ne devrions plus être exposés à commettre de telles méprises, à confondre l'effet esthétique avec
l'euristique. La vue, comme l'ouie, est un trucheman qui ne nous parle que de ce que nous
savons, de ce que nous avons appris, des effets
alléloleptiques de la nature, par les pratiques du
toucher et de la motilité; chacun de ces sens nous
parlant de la réalité des choses en la langue à lui
propre, toutes à nous familières. Ces perceptions,
que nous devons à l'education de la vue, et que nous
obtenons quand nous faisons ses organes se pro-
mener, sous les excitations de la lumière, sur les
formes de l'étendue, l'aveugle les obtient par le
toucher. L'aveugle a fait faire à son toucher, dans
ses pratiques avec l'étendue, une éducation pareille
à celle que le voyant a fait pratiquer à sa vue. Cet
infortuné apprend à lire les livres de l'oyant imprimés en relief, comme celui-ci les lit au moyen
des esthétiques de la vision. L'aveugle acquiert
ainsi les notions de l'oyant, en apprenant le langage phonétique de celui-ci. Les deux sujets le
peuvent également, en articulant les sons vocaux,
ce que le sourd-muet ne saurait faire; mais les

trois s'entendent, quoiqu'ils fassent usage d'esthétiques différents, parce que la nature s'adresse à tous, à leur conscience, de la même manière, par le toucher et la motilité.

Cheselden, l'inventeur de l'opération de la cataracte, nous a fait voir l'aveugle-né dressant sa vue aux pratiques de cet esthétique des organes de la vision. Et l'on connaît assez généralement ce fait constaté, à Paris, par un étranger perdu dans le méandre des rues de cette capitale, obscurcies par un brouillard si intense qu'il rendait impuissant l'éclairage des réverbères. Ces particularités de l'étendue, que cet étranger ne pouvait percevoir par la vue, un aveugle, qu'il eut la chance de rencontrer, les discernait par le toucher ; il se les représentait à la manière de Laura Brigman et de tout aveugle exercé à suppléer au défaut d'esthétiques de la vision par ceux du toucher. Et l'aveugle hospitalier ramena à son domicile le voyant égaré dans les obscurités de la voirie parisienne.

Ces substitutions d'une espèce d'esthétique à l'autre sont assez communes. On en voit un exemple chez le sourd-muet, qui, resté tel, devient capable d'expectorer, de parler même, ce qu'il était impuissant à faire, faute de la direction des esthétiques de l'ouïe ; un autre chez le bègue, guéri du bégaiement par le recours aux esthétiques du toucher interne. Ces métamorphoses s'opèrent chez ces deux sujets par l'intervention du concept, reliant les organes de la motilité à d'autres sensations, en remplacement de celles manquant au sujet, pour diriger ces organes, pour les régler : ceux de l'expectoration, aux sensations des organes de la respiration et des organes vocaux ; et ceux de la parole aux sensations des organes incitateurs de ces mouvements. Le redressement de la voix du bègue, l'éducation du sourd-muet à la parole, se font comme nous la voyons faire à l'enfance, comme nous la faisons nous-même à ceux de nos organes qui n'ont pas été pliés à des actes dont nous voulons leur imprimer l'habitude, par la conceptualisation des sensations dérivées de leur motilité dans le courant de celles dont l'entendement dispose. J'ai qualifié ces conceptions de concepts de motilité. Le nombre en est immense, à en juger seulement par ceux que pratiquent les artistes. Mais les concepts phonétiques que le sourd, devenu parlant, a acquis par emprunt à la sensibilité des organes incitateurs des mouvements vocaux, ces concepts régissent imparfaitement la voix de ce sujet, qui est rauque et peu gracieuse. Le clavier de ces organes est bien loin d'avoir la finesse et l'étendue de celui de l'audition.

Comme je l'ai déjà fait observer, la nature de l'élément esthétique de la pensée est bien différente de celle de l'euristique. Quand le premier est variable, même en nombre, tellement que l'une des espèces pourrait être remplacée par une autre, le second est invariable, commun à tous les membres de l'humanité. On le trouve toujours au fond de la représentation des effets alléloleptiques recueillis par l'expérience, pour en certifier la vérité à la conscience. Cependant ils ont même étoffe, celle de la sensibilité. On pourrait ici crier à la contradiction, si l'on ne savait ce que nous apprenions tantôt de la nature du concept numérique, c'est que l'effet euristique est le résultat d'une énumération, si l'on répugne à dire une numération ; parce que le phénomène intellectuel s'opère par le concours du concept phonétique, tandis que la numération l'exige rigoureusement.

Les perceptions de l'étendue s'opèrent, comme toutes les autres, par le mécanisme de la notion, faisant jaillir l'euristique par réflexion de l'esthétique. Celles-là sont exécutées avec la rapidité de l'éclair, grâce à la préférence que le voyant a su donner aux esthétiques de la vision sur ceux du toucher ; lentement par l'aveugle, qui ne peut disposer que des sensations tactiles. Chacun de nous peut se faire une idée de ce discernement de l'aveugle et du mécanisme des perceptions de ce sujet incomplet, en tâtant des objets ou parcourant des espaces vides dans l'obscurité.

Quelle que soit celle de ces deux voies par où les représentations de l'étendue arrivent à la conscience du sujet pensant, elles procèdent de la même manière et elles remuent la même matière, celle des sensations motiles, que des effets alléloleptiques, inévitables pour le sujet, impriment à sa sensibilité. Ces sensations sont les unités d'une représentation de l'étendue quelconque. J'ai cité, en noographie, une foule de faits minutieux qui montrent comment les notions de l'étendue s'introduisent, pénètrent dans la conscience du jeune sujet ; comment elles s'étendent progressivement, à mesure que s'élargissent ses pratiques avec ses alentours. Les notions de l'espace doivent prendre rang parmi les espèces de celles qui sanctionnent les rapports de qualité existant chez les objets de la nature extérieure.

Le sourd-muet devenu intelligent rend témoignage de la vérité d'un tel progrès opéré en lui et dont il se souvient. L'aveugle devenu voyant atteste l'éducation de sa vue aux représentations de l'étendue, parce qu'il s'en souvient. Bernardin de Saint-Pierre joint son attestation à celle de tant d'autres. Ce voyageur autour du monde nous dit comment s'était agrandi, en sa conscience, cet horizon si étroit du vallon où il avait passé sa première enfance. En gravissant la hauteur de l'enceinte, il avait perçu l'espace qui se déroulait à ses yeux par la représentation de l'étendue de son vallon natal. A cet exemple joignons celui des anciens peuples, qui attribuaient au Ciel la même forme que lui attribuait Bernardin en son premier âge, celle d'un couvercle percé de trous qui laissaient échapper l'eau et la lumière répandues au-dessus ; c'est celle qu'imagine le sourd-muet, d'après ses pratiques de motilité, jusqu'au moment où se fait son éducation intellectuelle.

Ce sont les voyages de circumnavigation qui ont valu à l'humanité la notion vraie de la sphéricité de la terre ; il faudrait des voyages aéronautiques au travers des cieux pour nous faire connaître la forme et les limites de l'univers. Jusque-là nous ne pourrons affirmer, des espaces célestes, que leur pénétrabilité. Cette qualité leur appartient, parce qu'elle nous a été dénoncée d'une manière alléloleptique par d'autres faits de motilité. Mais nous ne saurions affirmer sans témérité la pénétrabilité infinie du Ciel, sur l'apparence de l'étendue occupée par les astres qui y flottent. Encore une fois, l'existence de l'espace est à vérifier ; elle n'est aucunement supposable.

L'espace ne peut donc être considéré que comme la notion d'un rapport commun à toutes les formes de l'étendue ; de même l'étendue, qui, comme l'autre, consiste en la notion d'un rapport, mais plus restreint, que nous avons vu se former en notion par la comparaison des formes qu'affectent les objets pour manifester leurs qualités. Chacun d'eux, solide ou incoercible, a un milieu déterminé, moulé en quelque sorte sur ses formes, un lieu qui ne peut être simultanément occupé par aucun autre. Ce serait de l'espace qui s'étendrait partout dans l'univers, qui l'embrasserait, comme l'atmosphère embrasse notre globe terraqué. On pourrait le croire et on l'a cru, on le croit peut-être encore, quand on ne prend pas la notion de l'espace pour ce qu'elle est, pour l'esthétique des notions introduites en l'intelligence par l'observation des effets alléloleptiques de la nature : l'une est le signe et l'autre la chose signifiée ; l'un légitimé par l'autre, incapable d'en justifier la réalité.

Cette science, si imparfaitement qualifiée de géométrie, nous fait bien voir quel usage il est possible et permis de faire de l'espace, au titre d'esthétique, en le soumettant à la mesure et au régime de la numération, sous la figure d'une surface plane, susceptible de recevoir les impressions de l'écriture et de la parole. C'est encore un artifice analogue à celui du thermomètre, du baromètre, manifestant ce qui est, rendant perceptible la réalité des effets alléloleptiques de la nature.

La géométrie traite de l'espace en le limitant, en le figurant et déterminant, pour chaque forme, les propriétés inhérentes à sa configuration et à son étendue. La figure géométrique est le type d'un rapport universel, dont la notion représente des propriétés invariables. Si elles sont telles, c'est parce que ces qualités dépendent de la délimitation de la figure, par des lignes droites assemblées de la même manière. Les qualités ont auprès d'elles les conditions d'où elles dépendent. Mais cette admirable science s'en réfère, pour l'application des vérités immuables qu'elle a ainsi soumises à la vue sous des formes immuables, elle s'en réfère, pour leur application à l'extérieur, dans l'immensité de l'univers, aux proportionnalités de l'homologie. C'est à la numération qu'elle s'en remet du soin de déterminer la grandeur réelle de la chose figurée dans ses démonstrations. Les vérités irréfragables de cette science, sa certitude, proviennent donc de ce qu'elle traite de l'étendue elle-même, matrice des grandeurs, soumise à la vue sous toutes les figures possibles, et qu'elle n'en affirme que ce qu'elle en a observé. Les figures de la géométrie valent pour elle ce que vaut la table de Pythagore pour la numération. Aussi mériterait-elle d'être qualifiée d'*horologie*, pour signifier son but, auquel elle aboutit merveilleusement, de déterminer les qualités de l'espace en le délimitant, en étudiant ses propriétés, sous toutes les formes possibles, et livrant ces notions à la réflexion par la vertu des rapports.

Belle leçon donnée aux autres sciences. Sans doute celles-ci ne peuvent pas, comme leur émule,

pétrir les objets dont elles recherchent les qualités, obligées qu'elles sont de se mettre en quête
des conditions d'où la nature fait dépendre la production et la perpétuation de ces qualités; l'esprit
philosophique de ces sciences les oblige à se restreindre au rôle de l'observateur, de l'expérimentateur. Mais, remarquons-le bien, c'est la nature
qui rend possible la connaissance des choses;
c'est sur l'invariabilité de ses allures que la science
peut et doit fonder ses notions; toutes, sans aucune exception, doivent suivre l'exemple que
leur donne la noologie. Je n'excepte pas même de
cette règle celles d'ordre moral. C'est pourquoi je
me suis constamment efforcé, en traitant de
la noologie, d'y appliquer la méthode analytique,
qui compose et décompose les notions, qui les
traite à la manière dont procède le chimiste pour
déterminer la composition et la forme des mixtes,
par leur réduction à des corps simples. Et ainsi,
dans ce discours, après avoir réduit toutes les
notions de la science à n'être que ce qu'elles
sont, des mixtes composés des éléments dérivés de
la sensibilité, par l'attention de la conscience prêtée aux excitations organiques; et leurs formes
des impressions que le concept leur impose à toutes également, je vais compléter l'analyse, déjà
ébauchée, de celles de la réflexion générale des
mouvements de la pensée.

Avant d'y passer, résumons ce que nous venons
de reconnaître des qualités de l'espace, et disons
que ce concept a la même nature et la même
forme que celui du temps et que tous les autres;
sa nature est subjective et sa forme résulte de

l'association de l'élément esthétique à l'euristique,
accomplissant les quatre moments de l'énumération desquels dépend la vérité de l'acte de connaissance.

L'espace est, par lui-même, un vain esthétique ; la représentation de l'étendue, plus concrète
encore que l'espace, n'offre pas non plus la garantie d'aucune réalité, car elles peuvent nous faire
croire à la présence d'un corps sur la simple vue
de son ombre. L'étendue, conformée en fruits de
la nature, nous fera méprendre sur la réalité de
l'objet à la vue d'une production de l'art.

Ces concepts doivent la réalité de leur représentation aux choses représentées elles-
mêmes. Cette réalité doit être garantie à la perception par l'effet alléloleptique ; sans doute, si
l'étendue venait à manquer à l'univers, le livre
d'Euclide, (je l'ai dit ailleurs et je le répète ici)
serait un roman ; mais cette manière d'être n'y
ferait défaut qu'à cause de l'annihilation des
choses dont l'univers est rempli.

Il ne faut donc pas attribuer aux objets l'espace
et l'étendue, comme qualités, par extension du
connu à l'inconnu, mais se borner à en juger par
l'épreuve alléloleptique ; il ne faut pas l'attribuer à
l'âme, à Dieu, dont nous ignorons la nature, au
prolongement de l'univers, dont nous ne connaissons pas les limites. Usons de l'espace comme des
autres diagnostics des qualités objectives, pour en
obtenir le discernement et donner plus d'extension à l'entendement humain ; mais bornons-nous
à cet usage.

XIV.

C'est du monde de la pensée que nous allons actuellement nous occuper spécialement. Nous en avons déjà abordé l'étude, en reconnaissant quelles en étaient la matière et les formes principales : Sensations et notions ; celles-là signalées à la conscience par l'attention donnée aux excitations organiques, ressortissant ainsi à l'action de deux causes, l'une interne, l'autre externe; et celles de ce second ordre de phénomènes ressortissant à une seule, interne, le concept. Nous reviendrons aux particularités que nous avons négligées de ces premiers actes de la pensée. Occupons-nous actuellement de la réflexion et de ses variétés, qui dérivent toutes de l'œuvre exécutée par le concept sur les sensations, de la conceptualisation de celles-ci.

1° La première de ces variétés de la réflexion nous est offerte en exemple par les exercices de la première enfance, s'appliquant à prononcer, à la suite l'une de l'autre, les lettres de l'alphabet, qui sont les éléments du langage, ou à épeler les articulations des mots de son syllabaire, ou bien s'exerçant à énoncer la série des noms de nombre dont l'échelle numérique est composée. Fondé sur ces pratiques, le sujet est devenu capable de reproduire tous les éléments de la voix et du nombre, invariablement, sans hésitation et sans se tromper, par réflexion de l'antécédant au conséquent, associés qu'ils ont été pour le concept.

7

En vertu de la même force d'association, ce jeune sujet est devenu capable de procéder du conséquent à l'antécédent, par inversion. Il est devenu capable de descendre et de remonter tous les degrés de l'échelle, un à un, sans se tromper, grâce à la pratique de ces conceptualisations.

Sous ce rapport, commun à une foule d'autres faits intellectuels, se présente à la conception la fonction mnémonique de la pensée. Son existence est incontestable, et l'admission en l'entendement d'une notion dont la nature est purement métaphysique, celle de la mémoire, est aussi légitime que les notions d'ordre physique. Mais ne nous laissons pas abuser par l'apparence ; ne croyons pas que cette notion de la mémoire représente l'existence, chez le sujet, d'une faculté possédée par lui, distinctement des autres, et toutes s'individualisant comme les membres, comme les organes de la vie physique. Ce serait là de l'idéalisme. Il n'y a pas parité entre la conformation du physique et celle du moral. C'est celle-ci que nous allons étudier.

La fonction mnénomique doit être considérée comme l'un des genres de la réflexion, qui procède elle-même de la conceptualisation. Ici serait la suite d'une série d'effets de causalité.

Ce genre mnémonique se partage, on le voit bien, en deux espèces : celle de la réflexion mnémonique directe et celle de la réflexion inverse. L'une a lieu selon l'ordre établi par le concept organisant les éléments de la série, constitutifs de celle-ci. L'autre s'opère dans l'ordre inverse à celui de la constitution. Mais pénétrons plus avant dans la considération du concret de cette sorte de phénomène de causalité, d'intérieur subjectif.

Que ce jeu d'esthétique à euristique ait pour objet, au lieu d'une simple série d'unités, la réflexion de la qualité par la représentation de sa forme, dans la perception, cas le plus ordinaire; c'est encore l'ordre de la conception, l'ordre direct.

En ce cas, vous voyez apparaître le phénomène de la fonction judiciaire; c'est un jugement qui se produit. Je vais revenir sur les diversités de cette espèce.

Au second cas, c'est l'espèce inverse, celle de l'imagination : Vous pensez la qualité sapide, nutritive, de l'objet qui vous a, par là, flatté le goût; à suite, vous vous en représentez la forme. Cet entraînement peut être tel que, dans les cas dont tout le monde a des exemples, ce n'est pas la forme de l'objet connu que l'on se représente, mais celle d'un objet dont on feint l'existence, que l'on modifie à son gré, — un objet flatteur pour la personnalité.

Telle est la raison qui a déterminé, non-seulement les idéalistes, mais encore la foule qui penche à l'idéalisme, qui s'y complaît, parce qu'elle n'a pas le goût des discussions philosophiques; c'est cette apparence de force et de spontanéité qui les a engagés à personnifier l'imagination. On sait tout ce qui a été dit de cette prétendue entité. Delille en a écrit un poème brillant d'imagination. Cette muse du poète est aussi l'auteur des plus bizarres chimères et des châteaux en Espagne, qui ont égaré bien des crédulités dans les sentiers de la vie et en égareront toujours.

Dans la vérité, l'imagination est le procédé de la réflexion inverse à celui de la fonction judiciaire, première espèce de ce genre de la réflexion.

La seconde espèce de ce genre, l'imagination, est unique, mais la première est multiple. A côté de la perception, dont j'ai déjà fait maintes fois mention, vous voyez le jugement, et, dans le jugement, vous discernez des variétés, mais vous voyez encore l'induction, qui mérite d'être notée.

L'induction fait l'une des plus hautes puissances de la pensée, car elle réfléchit, dans l'actualité, la conception formée dans le passé; elle la réfléchit vers l'avenir le plus lointain. Et l'induction ne trompe pas la conscience, toutes les fois qu'elle fonde ses jugements sur la véritable raison d'être de la chose, sur l'existence future de laquelle cette faculté se prononce. En exemple, la gravitation. Connue ou inconnue, cette puissance est réelle, puisqu'elle régit, gouverne le monde des infiniment grands et des infiniment petits. Elle persistera comme le monde, puisqu'elle lui est inhérente.

Mais voyez dans l'induction la raison de la sûreté de toutes les espèces et de toutes les diversités de la fonction judiciaire : elle est, encore une fois, dans la fixité des lois de la nature, dans l'ordre immuable que le Créateur a établi et qu'il maintient dans sa création. Un être suprême est seul capable d'opérer cette double merveille. Sans ces deux conditions, la pensée serait impossible, au milieu du tohu-bohu que les éléments du monde répandraient dans la vaste machine. Aussi peut-on dire, avec assurance, que c'est par Dieu que nous vivons et que nous pensons : *In eo vivimus et sumus.*

2° Après la fonction judiciaire, qui est un grossissement de la mnémonique, s'offre, à l'autopsie intellectuelle, la fonction ratiocinative. Nous allons voir que celle-ci ne diffère de l'autre que par une complication plus grande des éléments de la pensée, mis en jeu dans le discours.

En effet, quel que soit celui que vous préfériez soumettre à l'analyse noologique, celui de Cicéron, voulant persuader aux juges d'Archias que son client est citoyen romain, et mériterait de le devenir s'il ne l'était pas ; soit que vous préfériez, en raison de son ampleur, pour en obtenir un plus haut degré de persuasion, ce discours d'Euclide tendant à montrer que toutes les formes de l'étendue sont des fonctions de l'unité linéaire commensurables par celle-ci ; soit que vous preniez l'un des chaînons de ce discours pour saisir plus facilement, dans ce raccourci, le mécanisme de la fonction, cette proposition, que la somme des angles du triangle est égale à deux angles droits : quelle que soit la variété que vous préfériez pour votre étude, vous y trouverez la réitération constante de l'acte de la fonction judiciaire directe, consistant en l'excitation de l'effet euristique par l'esthétique ; tout nu, dans l'exemple que nous venons de nous donner de la fonction mnémonique, et, ici, accompagné de tous les détails que la notion objective entraîne avec elle ; compliqué d'une série d'éléments intellectuels justificatifs de la légitimité de l'effet euristique, et la recevant pour reporter à la conscience l'assurance de la légitimité du jugement. C'est la réitération de ce jeu d'esthétique à euristique, ainsi légitimé, que vous voyez se continúer et durer plus ou moins longtemps dans le discours ; c'est l'euristique qui, après avoir été réalisé, agit en esthétique sur la notion subséquente, comme il a subi cet effet de l'antécédente, et ainsi indéfiniment, depuis les prémisses jusqu'à la conclusion.

Ce jeu d'esthétique à euristique, qui a lieu une seule fois dans la trame du syllogisme, en ne tenant pas compte de ceux qui se produisent dans l'établissement de la proposition initiale, la majeure ; vous le voyez se continuer maintes fois dans le sorite, un nombre indéfini de fois dans le discours de l'orateur, de l'homme d'Etat, à la tribune ; sans reprises ou à plusieurs reprises, de série à série et dans toute l'étendue d'une série de notions.

A rigoureusement parler, la pensée est un calcul.

Le plus petit de ces calculs est le syllogisme, composé de trois propositions : deux génératrices, la majeure surtout, et une troisième, engendrée par la copulation des deux autres ; mais toutes résultant du même mécanisme de réflexion dû au concept.

Telle est la fonction ratiocinative. Elle consiste en une réduplication de l'acte de la fonction judiciaire ; l'une ne diffère de l'autre que par une diversité numérique, la différence de la pluralité à l'unité.

Mais ces deux progénitures du concept ressemblent aux autres; elles se diversifient en discours direct, consistant en la déduction de la conséquence impliquée au principe; et celui en sens inverse, qui consiste à la réduction de la conséquence au principe dont elle est émanée.

Et c'est toujours la réflexion, autorisée par le concept, allant à la représentation, à la reconnaissance du rapport objectif établi dans l'ordre providentiel de la nature; tendant à accomplir l'acte de connaissance par l'énumération des éléments, que le concept a associés entre eux, pour rendre la reconnaissance de l'objet sûre, infaillible, au moyen du calcul intellectuel.

3° Abordons actuellement une plus grande complication de la pensée, celle résultant de l'introduction, dans les notions objectives, des sensations affectives, parmi celles discrétives; en un mot, le sentiment.

Il peut intervenir de deux manières : dans le sens direct et dans le sens inverse à celui de la conception.

Soit que la sensation affective surgisse immédiatement de la perception, soit qu'elle provienne de l'imagination; peine ou plaisir, actuels ou objets de la crainte ou de l'espérance, ces affections mettent en jeu toutes les autres fonctions de la pensée, celles même de leur dérivation, aux actes de la motilité. L'imagination produit les traits de l'objet propre à satisfaire l'affection conçue par la conscience; ceux des actes efficaces à l'acquisition de cet objet; ceux des actions à exécuter pour l'accomplissement de la fin. Dès qu'elle est conçue et que les moyens sont trouvés, l'impulsion est donnée à l'activité subjective ; la volition a lieu et l'opération s'ensuit. L'application du sens abstrait se fait au concret. La perception justifie le rapport ou le contredit.

Telle est la fonction affective, celle de la volonté.

On n'y trouve, à l'analyse, pour éléments, que ceux des autres fonctions. La volonté n'en diffère que par la nature affective de l'un et que par les phénomènes de motilité qu'elle y engage. Dans la volonté, la fonction réflexive s'exerce principalement dans le sens inverse à celui de la conception. Il n'en saurait être autrement, puisque, dans la volition, c'est de la qualité objective désirée, demandée, que procède l'imagination de la forme sous laquelle cette qualité existe et doit être recherchée, reconnue finalement par la perception.

Il n'y a donc encore ici d'autre différence de la fonction affective aux autres que celle de la pluralité à l'unité.

L'unité est la réflexion qui, s'appuyant sur la force du concept, agit pour faire reconnaître à la conscience, dans l'actualité, l'objet ou l'action conçus dans le passé, propres à lui rendre les mêmes services dans le présent ou dans l'avenir.

La réflexion fondée sur la conception s'exerce de quatre manières, et je n'en vois pas d'autres. Les rapports qui se prononcent entre chacune de ces quatre formes, dans les infinies diversités du concept, autorisent l'observateur à classer les actes de la réflexion sous quatre genres : le mnémonique ou, suivant le langage vulgaire, la mémoire, le judiciaire, le ratiocinatif et l'affectif.

Chacun de ces genres se diversifie en deux espèces, celle de la réflexion directe et celle de la réflexion inverse, suivant que l'action réflexe s'exerce dans le même sens que la conception ou dans le sens contraire.

Quelques espèces admettent des variétés, et j'en ai attribué à la fonction judiciaire directe. Les curieux de ces particularités trouveraient dans la partie pratique ou noopraxie de ma *Noologie*, un tableau des fonctions de la pensée que je crois être complet. Mais voilà bien assez, ce me semble, d'observations accumulées des phénomènes intellectuels, pour reconnaître qu'ils ressortissent tous à un rapport unique, celui du concept.

C'est le concept qui, recueillant les éléments de la sensibilité, les plus propres à produire une représentation exacte de la qualité des choses et de leur raison d'être, les assemble; de ces éléments divers compose des mixtes analogues, par leur forme, à celle des mixtes de la matérialité, et, leur ayant communiqué une force de réflexion irrésistible, invariable, fait se produire ces complications de la pensée, ces effets d'esthétique à euristique, sous l'action centrale de l'âme qui en dispose pour se procurer les moyens d'accomplir, de satisfaire cette finalité qui la presse, qui n'a cessé de la presser dès son avènement au monde.

Pour une entéléchie telle que l'âme, le moyen premier, la pratique intellectuelle, ne saurait être, il faut en convenir, plus rationnellement disposée. Pour nous en convaincre, passons à une énumération complète des fonctions intellectuelles; formons-en le tableau en négligeant les particularités, pour lesquelles je m'en suis référé à la noopraxie.

Au début de la vie, c'est l'attention, qui, prêtée par le sujet aux excitations objectives de sa conscience, lui procure les sensations aussi nombreuses et aussi diverses que les qualités des objets correspondants aux organes excitateurs de la sensibilité subjective.

Vient immédiatement la conception, qui, sous l'opération de cette autre faculté première, à laquelle nous avons donné le nom de concept, convertit en notions les produits de l'attention, pour ménager à la conscience les moyens de se représenter l'acte de conception, de le reproduire et de reconnaître, à un moment quelconque de l'existence subjective, l'objet de la conception, qui, généralement, est un rapport de qualité mis à découvert par la pratique des choses.

Cet artifice si simple du concept réglant l'association des sensations dans ce but de représentation, de reconnaissance de l'objet conçu, permet au sujet de reproduire consciemment en soi, grâce au discernement qu'il a acquis de l'effet euristique et de l'esthétique, de reproduire dans son actualité les scènes de son passé; de représenter à sa conscience tout ce qui se passe en lui et hors de lui; il est devenu capable de s'appuyer sur cet extérieur pour accomplir sa finalité, et de faire concourir ses forces internes à cette fin. Ainsi le sujet met en harmonie son activité avec celle de la nature : il met en rapport, entre elles, ses actions dans le présent avec celles du passé et avec celles de la nature, Ainsi s'établit, pour chaque individualité, cette harmonie que Leibnitz disait être préétablie. Elle l'est en un sens, en ce que le Créateur a établi cet ordre, connu sous le nom de lois de la nature, immuable, invariable, mais à la condition que la créature intelligente fasse concourir son activité propre avec celle des autres créatures.

Pour cette finalité générale, la personnalité est douée de ces facultés, l'attention et la conception. Sans l'exercice de celle-ci, l'autre serait vaine, et la sensibilité de l'homme le rabaisserait au niveau de l'espèce zoologique la plus inférieure. Mais avec la conception soutenue par l'attention, la personnalité peut arriver à la connaissance de soi et du monde et à sa pratique avec les deux, parce que les objets consistent également en des effets alléloleptiques à observer et à concevoir, pour être, la représentation de ces phénomènes, livrée à la réflexion.

La réflexion est le couronnement de l'activité intellectuelle.

A la suite de cette nomenclature, se présenterait l'abstraction; et, si je ne l'y introduis pas, je dois donner le motif de cette exclusion. On a tellement abusé de l'abstraction, l'idéalisme en a fait un tel usage pour composer ses chimères, que la philosophie péripatéticienne ne saurait l'admettre au rang des fonctions intellectuelles génératrices de l'humaine connaissance. L'abstraction n'est effectivement qu'un acte de nonchaloir adressé, par la conscience, à quelque élément indument admis ou se présentant pour l'être, par le concept, dans le contexte d'une notion à laquelle il n'appartient pas. L'abstraction est un acte d'exclusion pour la débarrasser, pour la purger de cet intrus, désavoué par l'observation ou par l'expérience, pour faire tomber le parasite dans l'oubli. Ordinairement, la purgation résulte naturellement de la comparaison de l'objet représenté avec sa représentation, avec sa notion.

Rendre telles les notions est le premier des devoirs du penseur qui a la vérité en vénération. La fonction qu'il exerce est soumise à des devoirs qu'il doit rigoureusement accomplir. Toutes les fonctions du libre arbitre de l'homme ont les leurs. La liberté n'est rien autre que ce libre-arbitre discipliné par le devoir. Pour l'idéaliste, qui fait de l'entendement le législateur de la nature, ce serait la faculté d'en pétrir les lois à volonté. Mais, en ce cas, aucune connaissance ne serait possible ; le sujet pensant ne saurait pas ce qui est, mais ce qui devrait être, d'après l'esprit hypothétique qui manipulerait la pensée à son gré ou à celui de sa passion. Quand il a prononcé ce mot, Kant s'oubliait lui-même ; il faisait abstraction de tout ce que le monde contient de réalités.

La libre-pensée est une des variétés de la folie.

L'abstraction ne mérite donc pas de figurer dans le tableau des fonctions intellectuelles génératrices de l'humaine connaissance.

Joignons aux trois précédentes la comparaison, utile à cette fin, en ce qu'elle permet à la conscience de redresser ses notions et de les purger en les rapportant aux objets représentés ou l'une à l'autre, C'est là le seul usage qui puisse être légitimement fait de l'abstraction. C'est à la pratique de la comparaison que l'illustre philosophe anglais a dû la conception du rapport si connu sous le nom de loi de la gravitation universelle. — Mais, faisons ici une remarque critique, au sujet de cette fonction. Dans la réalité, la comparaison n'est qu'une réduplication de l'attention ; ici, avec la conception, le simple, et, en delà, les mixtes ou les multiples de la fonction intellectuelle.

Mais, à ce point de vue analytique, que la science doit toujours considérer, la philosophie péripatéticienne ne se résoudra jamais à laisser introduire, dans notre nomenclature des facultés intellectuelles, la raison, à ce titre d'entité qu'elle a refusé à l'imagination et à la volonté.

D'abord, pour se faire une pareille idée de la raison, il faudrait complaisamment faire abstraction, table rase de tous les actes de déraison commis par le genre humain. Si nombreux ils sont qu'ils impliquent, par leur somme, la négation d'une entité existant en l'homme pour régir sa volonté.

La raison consiste uniquement en l'usage régulier des fonctions intellectuelles, s'exerçant à l'acquisition et à la pratique de la connaissance des choses.

En ce sens, l'homme est une créature raisonnable ; autrement, sans la pratique du devoir auquel la pensée est soumise, il n'est pas tel ; il peut devenir et nous le voyons, effectivement, malgré ce prétendu privilége, devenir une bête féroce, plus redoutable pour ses congénères que ne l'est, pour les siens, le carnassier respectant leur individualité à l'égal de la sienne.

Mais l'analyse me semble nous avoir fait pénétrer assez avant dans les mystères de la pensée pour la connaître, savoir quelle en est la matière, quelle en est la forme et quelle est la portée de l'entendement.

La matière consiste en des actes de la conscience produits par l'attention que le sujet prête aux excitations des organes de la sensibilité, dues à l'action que les objets exercent sur eux. Ces actes sont tout autant de sensations aussi variées que le sont les qualités objectives.

Il n'y a effectivement qu'un sens, la conscience, mais il y a des myriades de sensations.

A ce point de vue, l'apophthegme péripatéticien est irréprochable : *Nihil est in intellectu quod non prius fuerit in sensu.*

Et la restriction, proposée par Leibnitz, est inacceptable. Au lieu d'ajouter : *nisi ipse intellectus,* il faut dire : *intellectus quidem.*

Effectivement, l'analyse nous fait voir l'entendement se former par conception ; et son activité résulter de la réflexion qui, fondée par le concept, s'exerce de quatre manières, par la mémoire, par le jugement, le raisonnement et la volonté.

Ces quatre fonctions générales se diversifient, chacune dans son espèce respective, sans changer de forme, et toutes ensemble, par leurs diversités, elles produisent ce brillant phénomène intellectuel qui éblouit les yeux du vulgaire, mais qui se laisse discerner par ceux de la philosophie.

Dans ce département de la nature, comme dans

tous les autres, la diversité se rallie à l'unité par la puissance des rapports.

Ici l'unité se manifeste dans le sens du sujet pensant, qui est sa conscience, en sa sensibilité, applicable à tous les objets sensibles de la création ou rendus tels par l'art. Elle se manifeste aussi dans la forme, qui est universellement celle que le concept imprime à la matière de la connaissance ; et enfin, dans les opérations de la pensée qui résultent toutes de la réflexion.

Comme dans la nature physique, ces trois unités sont des sources infinies, inépuisables, de diversités, qui répandent les lumières de la connaissance dans l'intérieur subjectif et manifestent, au sujet, outre le physique, et, avec le sien propre, ce monde métaphysique de la pensée ; et de plus la partie métaphysique de la création, les êtres dont elle est peuplée, par qui elle est animée, le Créateur enfin.

Cette universalité de la connaissance est due à une autre unité, à un rapport autrement ·étendu que les précédents, à un rapport universel. L'analyse vient de le faire apparaître.

Ce rapport relie entre eux tous les actes de connaissance. Ils consistent effectivement tous en la reconnaissance que fait le sujet pensant, dans l'actualité de la perception, de la qualité objective ou de l'objet lui-même, qu'il a conçus, en l'antériorité ; un rapport d'identité, si l'objet une fois apparu à sa conscience y reparaît encore.

Nous savons que la perception est l'effet de la puissance réflexe du concept qui, ayant uni entre eux les éléments de la notion objective, la fait se reproduire en la conscience du sujet et dispose ainsi de sa conviction.

Tout acte de connaissance consiste donc en l'exercice de la réflexion éclairant l'actualité des lumières du passé, acquises par le sujet dans la pratique du concept, au moyen de l'observation des rapports providentiels établis et régnant dans les choses.

C'est sur des rapports, universellement répandus dans les objets, qu'est fondée la pratique de la connaissance. Le sujet l'exerce au moyen de la conception des rapports objectifs qui, ainsi convertis en notions, garantissent la conscience subjective des méprises du hasard en lui faisant sentir l'effet euristique.

L'universalité de la forme de l'acte de connaissance a donc pour condition un autre rapport, que le concept fait régner, dans l'humaine connaissance, par l'articulation, en la conscience du sujet pensant, des éléments de la notion objective.

Ici se fait voir, à l'observateur et au sujet pensant lui-même, un rapport d'identité que fait régner cet effet euristique entre tous ces actes de connaissance, entre toutes les opérations de la pensée. Cet effet ne peut se produire sans témoigner à la conscience du sujet de l'existence de soi, du rapport d'identité existant entre les moments successifs de sa pensée.

L'être pensant se fait connaître, à lui-même, de la même manière qu'il fait connaissance avec les objets, avec qui il est en relation, par la voie des rapports constatés par conception, et employés, par réflexion, à relier le passé au présent, en la conscience subjective.

L'être métaphysique se fait connaître à soi et à autrui par des effets de sensibilité qui accusent en lui l'existence de qualités personnelles, analogues à celles qui lui manifestent celles d'autrui, tout par des effets alléloleptiques. Ces effets de sensibilité associés en notions par le concept, pour procurer au sujet les représentations des choses externes et internes, forment une œuvre à lui propre, de la plus grande importance, et d'une grandeur que l'on pourra estimer par l'étendue des connaissances de quelqu'un des génies dont l'humanité s'honore.

Cette œuvre, par laquelle l'être pensant se fait connaître à lui-même, est une création, celle de son entendement.

C'est actuellement le lieu et le moment de concevoir cette œuvre, sous des traits qui lui soient propres, sans forme ni aucune allusion métaphorique.

L'entendement est une faculté dont dispose cet être métaphysique, l'entéléchie, une puissance qu'elle exerce pour l'accomplissement de sa finalité, de concevoir l'existence des choses et de s'en représenter les qualités par réflexion, afin de régler la conduite de sa personnalité dans le cours de son existence temporelle.

Toutes les créatures organiques, et principalement celles du premier règne, sont pressées par une finalité qui les met toutes en rapport entre elles; qui les fait concevoir par ce trait commun, se manifestant à l'observation dans les rapports de

qualité, auxquels on donne vulgairement le nom
de lois de la nature. Ces lois prétendues ne sont
rien autre que la pression de leur finalité respective, à laquelle obéissent les choses et la personnalité elle-même.

Sans décroître chez les créatures des règnes
inférieurs, et croissant, au contraire, en intensité, cette pression devient de l'instinct, puis une
force aveugle, suivant le degré d'abaissement de
la créature dans l'échelle zoologique et botanolo-
gique. Ce n'est plus enfin que de l'affinité, ou,
suivant la formule aujourd'hui adoptée par la
science, c'est de l'atomicité dans le règne inférieur.

Dans les quatre règnes, c'est une force universellement répandue, mais inégalement sentie par
les créatures qui l'exercent ; fort inégalement, car
le sens qu'elle en ont ou peuvent en avoir est
en raison inverse, chez elles, de l'empire qu'elle
exerce sur elles.

La preuve de cette disposition proportionnelle
de la conscience subjective et de l'intensité de la
force entéléchique, inverses l'une de l'autre, résulte d'une comparaison qu'on pourra faire des
créatures du premier règne à celles du dernier.

Mais l'existence de cette force, son universalité,
sont incontestables. C'est à elle qu'il faut attribuer,
et non à des chimères de l'idéalisme, c'est par
elles qu'il faut expliquer les rapports spécifiques,
constants, qui autorisent les formes taxonomiques
de la science.

De là dérive cette activité que nous voyons
généralement répandue, donnant un démenti des

plus formels à la conception idéaliste de l'inertie. Il n'y a d'inertie, dans la création, que dans et par l'effet de la neutralisation des forces spécifiques des créatures entrées en relation. L'individualité ne devient inerte que quand elle s'est unie à celle qui lui est synergiste; lorsque, par cette union, elle a produit de l'étendue; lorsque, par exemple, l'oxygène et l'hydrogène, en s'unissant, ont produit de l'eau potable. Mais encore, en cessant d'agir, les atomes de ces gaz ne perdent pas leur activité. Cette force de leur nature reste concentrée dans la molécule liquide qu'ils ont produite.

La formule aristotélicienne est irréprochable. La création est peuplée d'entéléchies élevées à divers degrés de puissance; au plus bas, l'individualité atomique; au plus haut, celle de la personnalité. Cette force entéléchique est variée encore, suivant l'ordre providentiel de la création, qui disperse les rapports jusqu'à produire l'état d'individualité et au point de présenter, dans le genre humain, toutes les diversités de la personnalité la moins bien douée jusqu'à celle où éclate le génie.

En parlant ainsi, je n'argumente pas, ni n'entends expliquer ce secret prétendu de la nature des forces, qui se partagent l'activité universellement répandue dans la création. C'est aux idéalistes, qui ont conçu ce secret, qu'il appartient d'en donner l'explication; c'est à eux qu'il la faut demander. Quant au philosophe péripatéticien, explorant la nature pour la connaître, pour communiquer avec elle par l'intermédiaire d'un trucheman, tel que l'entendement, disposé à concevoir et à perpétuer, par réflexion, l'ordre que la sage Providence a établi dans les choses ; ce philosophe se borne à répéter la parole de celui qui a formé la conception de la gravitation universelle; je ne construis pas d'hypothèses, *hypotheses non fingo*. Je rapporte ce qui est, et, d'après ces rapports, recueillis dans l'observation et l'expérience, je compose des notions qui puissent n.e représenter, avec justesse, les mouvements de la nature.

C'est ainsi qu'ayant appris à parler la parole de ce trucheman, qui est la pensée, je me détermine, d'après ses manifestations, à en attribuer la faculté à un être que je porte en moi ; qui m'anime et qui m'éclaire des lumières qu'il a recueillies dans ses relations avec la nature et les autres interprètes de celle-ci. C'est sur ce fondement d'un rapport universellement connu par le sens commun de l'humanité, que s'est établie la conception vulgaire de l'existence d'une âme en la personnalité, auteur des phénomènes de la vie et particulièrement de ceux de la pensée.

Dans le premier règne, en particulier, la préexistence d'une entéléchie se fait remarquer et reconnaître, à l'observation, dès son arrivée en l'ovule de la maternité, au moment de la fécondation. A la suite, tous les actes du développement du physique sont frappés du cachet de l'unité de fin. Dans le développement de l'entendement, c'est un témoignage de l'identité de l'agent de la pensée qui, à tous ses actes, en affecte la conscience subjective.

Sans l'existence d'une entéléchie en l'homme, il n'y a pas de personnalité possible. Cependant chacun de nous en a la conviction; chacun peut même en devenir l'esclave. Cet effet se fait voir dans les actes de l'égoisme.

J'ai dit, en noologie, que la procréation était une vraie création, mais occasionnelle, caractère qui la distingue de la création première. Mais l'une offre une image de l'autre, quoique affaiblie.

Agrandissez le point de vue et l'étendez de la considération de l'individualité à celle de l'ensemble, et vous concevrez la grandeur de la création; par elle, l'immensité de la puissance possédée par l'être qui l'a opérée. Le fait a été constaté par la géologie, qui nous l'atteste d'après les traces que cette science a recueillies de l'action première. Elle a été successive, mais néanmoins totale; et, dans l'état de continuité que nous la voyons pratiquer, préparant, par la coopération des créatures antécédentes, l'avénement des subséquentes, c'est un flot continuel d'entéléchies versé sur les créatures, répandant sur elles les forces dont elles sont douées, prorogeant l'œuvre première du Créateur.

A ne considérer que le genre humain, l'existence de l'entéléchie, en chaque individualité, est confirmée par les rapports qui les relient toutes, au point de vue physiologique et psychologique.

A voir l'humaine connaissance prendre chez elles, universellement, la forme d'un truche-man de la nature, disposé pour en dévoiler les secrets à la conscience de la personnalité, en la langue de celle-ci, celle de la sensibilité, organisée par le concept; dressée par lui à la réflexion; disposée à produire la représentation, dans le plus lointain avenir, en toute perception, des rapports constatés par des notions objectives, en s'appuyant sur l'immuabilité des lois de la nature; à voir, dis-je, cette universalité et cette harmonie de la nature intelligente avec la nature physique, il est impossible de ne pas reconnaître l'existence, non-seulement de l'entéléchie en l'individualité, mais celle de l'humaine entéléchie; impossible à la conscience de l'observateur de se défendre d'attester l'existence d'une telle fondation providentielle dès le grand œuvre de la création.

Par cette conception est posée aussi la limite de l'humaine connaissance. Impossible à l'entendement de rien savoir et de rien transmettre à autrui, rien de réel, autre que les communications par lui reçues de la nature; converties par lui, dans l'intimité de l'être métaphysique, en conceptions, pour devenir des représentations sous l'action réflexe du concept.

Ainsi conçue sous sa véritable forme, la connaissance est certaine, universelle. Elle peut embrasser, avec le présent, le plus lointain avenir; l'objet métaphysique avec le physique, tout ce qui se présente à la conception par la manifestation de qualités objectives, se recommandant elles-mêmes à l'attention par des effets alléloleptiques dus à l'opération de ces qualités : Dieu, par l'œuvre de la création; l'âme, par les opérations de la pensée; comme l'aliment se recom-

mande et se fait reconnaître par sa qualité nutritive.

La certitude, l'évidence ainsi fondée, est égale
en la connaissance de tous les objets ; celle de
leurs qualités par les effets alléloleptiques en résultant, et celle de leur nature par la raison d'être
de ces qualités.

Toute chose a sa raison d'être : la plus générale, celle que nous connaissons par la manifestation d'un rapport universel, est la force. Sous
la garantie de cette raison, ce qui doit être sera,
comme ce qui n'était pas en un temps autre que le
sien a été et existe encore.

Ainsi se manifeste la raison suprême, dans les
opérations de la nature, et généralement par la
finalité entéléchique de toutes les créatures. C'est
un fait d'observation indéniable.

On ne voit d'écart à l'ordre providentiel ainsi
fondé sur des forces invariables, que dans les opérations de la nature morale de l'homme, à qui son
Créateur a dû laisser la direction de sa conduite,
la livrer à son libre arbitre; par la raison du cosmopolitisme auquel cette créature est destinée.
Quand les créatures de constitution des autres règnes sont cantonnées, chacune suivant son espèce, dans un habitat particulier, que les congénères ne sauraient franchir, l'humanité a pour
domaine ce monde terraqué qu'elle est réellement
appelée à exploiter, par un concert général des
races dont elle se compose. La science économique en offre des preuves nombreuses. Et généralement les maux de l'humanité procèdent de l'oubli
de cette finalité.

Mais le libre arbitre de l'homme a été soumis,
par le Créateur, à la garde de l'humaine connaissance. Cette connaissance de la raison d'être des
choses est accessible à toute personnalité. D'où la
responsabilité qu'assume sur soi quiconque n'en
use pas, responsabilité qui se manifeste dès l'actualité jusque dans l'avenir.

Egalement accessible et acceptable, cette connaissance n'est pas également acceptée ou pratiquée. Comme je le faisais tantôt remarquer, parmi
tant de créatures admises à connaître et à pratiquer la raison d'être des choses, il y en a peu
de raisonnables. Tous les membres du genre humain sont aussi sociables. C'est leur qualificatif
commun. Cependant, voyez comment la plupart
usent ou plutôt abusent de cette faculté, qui leur
a été ménagée par l'économie de leur constitution
physiologique et intellectuelle, d'entrer en communication de toutes sortes de services avec
leurs semblables ; de se compléter mutuellement,
de combler leur insuffisance respective par le recours à autrui : voyez-les faire, du moyen d'union
et de paix, une cause d'hostilités entre les races,
de nationalité à nationalité, et dans le cercle de
celles-ci. De l'adminicule que le Créateur lui-même
est venu leur offrir, sous la figure de son Verbe,
dont il a fait un rédempteur des fautes de l'humanité ; de ce moyen de concorde, la religion d'a-
mour et de paix, ces aveugles ingrats ont fait un
brandon de discorde dont ils répandent les flam-
mèches sur le monde moral.

Mais corrigez ces abus, rectifiez cette conduite
de la personnalité et la soumettez à la raison d'ê-

tre de son existence : l'ordre providentiel apparaîtra immédiatement. La conduite est anormale, parce que l'individualité est inintelligente, et inintelligente, parce qu'elle n'est pas éclairée. Elevez la personnalité à la connaissance de la raison d'être des choses, de cette raison qu'a conçue le Créateur, qu'il a manifestée dans son œuvre ; élevez la personnalité, par l'instruction, à la hauteur de l'humaine connaissance ; par la foi à la pratique imperturbable du devoir, et vous ferez rentrer l'humanité dans la voie du progrès, d'où elle est sortie, et où le Verbe créateur, devenu le Rédempteur, a bien voulu la rappeler. Vous réussirez à faire régner, dans ce monde terraqué, un ordre pareil à celui qui nous émerveille dans le monde sidéral.

Des faits que j'ai produits en noologie, et que je vais reproduire ici dans la même intention, mettent en évidence l'unité de conformation intellectuelle qui existe chez toutes les créatures du genre humain, quelles que soient les diversités des complexions physiologiques ou des cultures morales qui les distinguent l'une de l'autre. C'est la cause de l'universalité des arts de l'élocution, de la grammaire et de la logique, généralement pratiqués à quelques différences de forme près.

En celui de l'élocution, vous voyez que la proposition, cette représentation vocale de l'acte de connaissance, de l'application de l'abstrait au concret, que fait l'être pensant, en toute perception, est constamment et partout composée des mêmes éléments : un verbe manifestant l'acte judiciaire, un sujet, simple ou composé, motivant cet acte, et d'autres compléments destinés, comme celui-là, à représenter les circonstances au milieu desquelles le rapport du passé au présent, exprimé par le verbe, conçu et converti en notion par la conscience, s'est reproduit dans l'actualité.

Ce caractère de représentation, qui est le propre de tout acte de connaissance, ne saurait être mieux manifesté que par la proposition; par une proposition quelconque, mais ainsi composée d'un verbe et de ses compléments, l'un subjectif, l'autre objectif. Cette forme de l'élocution rend visible l'invisible, et imprime son caractère physique à la qualité métaphysique de l'être pensant.

Comparant entre elles toutes les formes du discours, l'immense diversité de cette expression générale de la représentation intellectuelle, vous les voyez se réduire à celle de la période, composée uniformément de propositions assemblées entre elles pour représenter les mouvements de la pensée, toujours les mêmes, de conception et de réflexion.

A ces manifestations de l'unité intellectuelle, chez la personnalité, la linguistique vient en joindre une autre. C'est le fait, par elle constaté, que la richesse des langues en formes grammaticales se produirait en raison inverse du degré de civilisation des peuples qui les ont parlées. C'est dire que les peuples primitifs, n'écoutant que les suggestions de l'humaine entéléchie, en représentent, par la parole, tous les mouvements intellectuels, toutes les délicatesses de la conscience; tandis que les peuples secondaires, dérivés de diverses souches, obéissent aux suggestions de leurs auteurs, de leurs contemporains, se singent entre eux et négligent les inspirations de la pensée.

Evidemment, la langue des peuples primitifs a été composée sous l'influence, pour ainsi dire, sous la dictée de la pensée, agissant de la même manière chez des êtres uniformément constitués; procédant par conception, pour saisir le rapport présenté par les mouvements réglés de la nature, et, par réflexion, pour le reconnaître dans sa rencontre en l'actualité.

Ce fait, si remarquable, d'unité intellectuelle dans l'humanité, est manifesté par l'unité de forme de la proposition et l'unité de conformation des langues primitives, également riches en formes grammaticales. C'est la raison de la concordance, par leurs formes, de la langue des Basques avec celle des Hindous, deux peuples établis aux antipodes l'un de l'autre. C'est l'unité de nature qui règne dans l'humanité, nullement l'unité de souche, qui impliquerait des transmigrations impossibles, imaginées par l'idéalisme, dédaigneux des pratiques de l'observation et de l'expérience.

Telle est aussi la raison de l'existence, indéniable, du sens commun qui règne entre les membres de l'humanité, à quelques différences près, dues au mélange des races et aux vices de culture. Elle est si puissante, cette force entéléchique, dont le Créateur a doué les hommes, qu'elle les conduit à reconnaître les rapports existant dans la création, tous ceux qui importent à l'accomplissement de leur finalité. Elle les conduit par la pratique des mêmes actes intellectuels de conception et de réflexion; ils la suivent, malgré les diversités de leur sensibilité individuelle et de la constitution physiologique de cette faculté fondamentale. Elle est telle, car c'est sur les sensations que s'exercent les pratiques de la conception et celles de la réflexion, dans le genre humain tout entier.

C'est par ce fait de l'unité de sens régnant parmi les hommes, dans les diversités de leur sensibilité, que je vais terminer mes citations des faits recueillis par l'observation et par l'expérience, pour rendre évidente l'existence de l'humaine entéléchie.

La première remarque des diversités de sensibilité existant dans le genre humain a été faite dans les ateliers de peinture, en voyant que tous les élèves ne s'adressaient pas aux mêmes tons de la palette, pour représenter la coloration des objets du modèle présenté à leurs pinceaux.

A cette remarque de diversité de sens sont venues s'adjoindre les observations multipliées des cas de pseudo-chromatopsie et même d'achromatopsie qui ont été faites dans le monde. Il est aujourd'hui de fait bien reconnu que telles personnes n'ont pas le sens vrai, et, pour mieux dire, que toutes les personnes n'ont pas le même sens de la coloration; et que telles personnes en manquent, voyant uniformément du gris. Ces néologismes, reconnus par la science, ont été institués pour signifier ces diversités réelles, ces infirmités, si vous voulez, du sens de la vue dans l'humanité.

Ces faits de diversité sont assez nombreux pour fonder cette induction, de l'existence de pareilles diversités esthétiques, dans les autres dépendances de l'organisation de la faculté fondamentale de l'intelligence.

Concluons-en que les produits de la sensibilité, que les sensations, malgré leur importance matérielle, ne sont, pour l'humaine connaissance, que des points de contact de l'intérieur subjectif avec l'extérieur. Ce sont des moyens de communication du sujet pensant avec les objets de la pensée; des produits de l'activité de l'être métaphysique dans ses relations avec son physique, et, par celui-ci, avec le monde ; des produits de sa nature, des effets subis par sa conscience, vivant en elle : tout différents de leur cause, soit physiologique, soit physique. Là n'est point la connaissance.

Le phénomène intellectuel de l'acte de connaissance, je me plais à le répéter, consiste en la réflexion, dans la conscience subjective, des rapports que le Créateur a répandus dans son œuvre, par le sujet, conçus et représentés en produits de sa sensibilité. Ce phénomène si varié est un acte de représentation.

Ainsi s'explique l'unité du sens commun dans la diversité infinie de la manière de sentir des membres de l'humanité.

Ce sens est celui de l'unité de représentation des phénomènes de la nature: en celle-ci est la cause de l'unité, le rapport : du côté de l'objet, rapport de qualité, rapport de nature; du côté du sujet, le rapport est celui de représentation, toujours le même pour lui, à la condition que sa manière de sentir, tout diverse qu'elle puisse être au regard de son congénère, reste la même pour lui. C'est par la conception que se réduisent toutes les diversités de la pensée en l'individualité et en l'humanité.

Vous voyez ici apparaître ce trucheman dont j'ai parlé, qui sert d'intermédiaire à une personnalité quelconque pour communiquer avec la nature, parce que, composé d'éléments de sa sensibilité, il lui parle, à elle, un langage intelligible par elle ; intelligible par toutes dans ses infinies diversités d'expressions, parce qu'il parle à toutes d'objets en rapports constants dans leurs diversités.

On conçoit ainsi la possibilité d'une langue universelle, humanitaire, dont les membres du genre humain pourraient faire usage, à la condition seulement d'en apprendre le matériel phonétique.

On s'explique ainsi comment il se fait que tous les peuples aient le sens de la morale et du droit. Ils l'auraient de toutes choses, et la science encyclopédique, conçue par les philosophes de l'autre siècle, entreprise par eux, se produirait inébranlable, invariable, comme l'est la nature par les rapports qu'elle répand parmi ses diversités ; la science encyclopédique se produirait, si la conscience de la personnalité se mettait en présence de la nature, sans préoccupations autres que celles de la recherche de la raison d'être des choses.

Nous en avons un exemple dans cette étude que nous venons de faire de l'entendement, en analysant ses produits, les actes de connaissance, et de l'entéléchie, en observant sa gymnastique intellectuelle. Si l'on envisageait tous les objets de la création pour se les représenter, les penser par réflexion, après les avoir conçus par l'observation de leurs effets alléloleptiques, après s'être formé les notions de leurs qualités, opératrices de ces effets, et recherchant, d'après ces données, quelle est leur consistance d'après leurs rapports objectifs ; le sens commun de l'humanité s'étendrait à tout ce qu'il importe à l'homme de connaître ; les chimères de l'idéalisme seraient à jamais expulsées de la science encyclopédique.

A bien considérer l'humaine connaissance, sans ambages, on voit qu'elle est le produit d'une entéléchie qui, pour accomplir sa finalité, s'agite dans une immense sphère de conceptions, embrassant l'universalité des choses entre deux pôles, celui de la connaissance et celui du devoir à pratiquer envers les objets ainsi conçus.

Le devoir, entendu dans le sens le plus large, tel qu'il est signifié par le terme correspondant de la langue latine, *officium*, transformé par attraction de l'une des lettres de la préposition *ob*, expression du motif, et une modification du verbe *facere*, qui signifie faire ; le devoir, ainsi représenté, est l'expression philosophique de toute action motivée. Vulgairement, on considère le devoir comme une obligation au sacrifice à faire, envers autrui, de quelque intérêt personnel. Sans doute, quelque articlee de la discipline à laquelle l'activité du sujet est soumise, dans la société, peut avoir ce caractère du sacrifice, mais ce cas sera, exceptionnel. Généralement, la pratique du devoir, et ses formes pèsent sur l'activité personnelle en tous points ; elles la régissent d'après la considération de la raison d'être, de la manière d'être de la chose, que la connaissance a pour charge de manifester à la conscience subjective.

C'est effectivement dans cette immense sphère de l'humaine connaissance, entre ces dèux pôles de la détermination de la raison d'être et du devoir, que l'activité de l'entéléchie est appelée à s'exercer. On doit le voir par les exemples que j'ai cités, et je rendrai cette vérité encore plus manifeste par d'autres faits que je citerai plus tard. C'est dans cette conviction, et pour la rendre accessible à la vue, que j'ai développé l'apophthegme péripatéticien de l'une de ses limites à l'autre, de la notion objective à celle du devoir, embrassant l'universalité de l'humaine connaissance, conçue en la présence et par l'examen de son objet. Je terminerai cette première partie de ce discours en reproduisant cette formule, qui en est effectivement la conclusion. Je reviens à mon objet.

Les peuples croiraient aux formes de la moralité ; ils auraient un sens moral commun à toutes les individualités ; ils se voueraient à la pratique du droit et de la morale, s'ils étaient mis en la présence de l'humaine société et de sa raison d'être. Toute personnalité croirait à la nécessité et à la divinité de l'ordre social, bien plus résolument qu'elle ne croit à la gravitation universelle, parce que la vérité des mouvements sidéraux est contredite à ses yeux par le témoignage de ses sens, tandis que l'humaine société se manifeste à elle par sa raison d'être ; l'extrême diversité des qualités qui règne dans la nature et particulièrement dans le genre humain, d'où résulte l'insuffisance, pour chacun des membres de ce grand règne, de se pourvoir, par soi, de ses moyens de subsistance et de développement ; et, partant, la nécessité, pour chacun, de recourir à autrui, pour en obtenir le complément: la nécessité, pour chacun, de tout faire pour autrui et de tout attendre d'autrui.

Telle est effectivement la raison d'être de l'humaine société, la raison d'être de sa forme, qui consiste en une mutualité, en une communication universelle de services.

Ainsi se caractérise le devoir social et s'explique cette prescription divine d'aimer le prochain comme soi-même, de traiter le prochain comme soi.

Ainsi faisant, le devoir social étant accompli conformément à la notion positive de l'humaine société, il n'y a pas de personnalité qui ne pût être assurée d'un service par elle demandé, impossible pour son insuffisance, possible pour la capacité d'autrui ; il devient adéquat à la capacité individuelle perfectionnée par la pratique de sa spécialité.

Mais, évidemment, sous un tel régime, la subsistance, le bien-être, le développement de la personnalité, dépendent d'autrui plutôt que de soi, à la condition que le dévouement soit universel et la pratique du devoir absolue.

A ce point de vue s'offre un autre objet, comme une haute perspective à considérer et à concevoir : le christianisme.

En voyant la faiblesse de la personnalité, sans cesse obligée, dans le milieu social, de maintenir son libre arbitre, toujours triomphant dans les luttes de l'intérêt personnel avec le devoir ; obligée d'obéir rigoureusement à la loi sociale, de tout faire pour autrui et de tout attendre d'autrui, on reconnaît que la civilisation et ses progrès dépendent d'une autre condition, que la personnalité est appelée à accomplir, l'acquisition d'un sentiment particulier, en elle, autre que celui du dévouement à la pratique du devoir : la foi.

Ce sentiment se forme, comme tous les autres, par la considération de l'objet qui le commande et la nécessité d'y recourir. La foi s'inspire à l'aspect du monde moral ainsi constitué par des personnalités que l'humaine entéléchie anime ; à l'aspect d'une universalité de créatures, dont l'action est coordonnée entre elles sous l'influence d'un être tout-puissant, et supérieur à tous les êtres que l'univers enserre ; enfin par l'assurance que le divin maître de la doctrine chrétienne, venu au monde, lui a donnée d'un secours providentiel, surhumain, qu'il a promis de prêter à tout homme de bonne volonté. Tels sont les fondements de la foi : la croyance en un Dieu tout-puissant, créateur, conservateur du monde et rédempteur de l'humanité.

Sa qualité de verbe créateur, devenant rédempteur, s'estime comme celle des choses de ce monde, par la nature de l'objet d'où procède cette qualité et par les effets qui en doivent résulter, qui en sont résultés, car la foi chrétienne a fait des héros, et elle est capable de répandre l'héroïsme dans tous les rangs de la société.

La foi se forme d'inspiration, à la vue des choses de la création; mais elle s'acquiert philosophiquement par la pratique de la méthode péripatéticienne. Je reviendrai plus particulièrement, en son lieu, sur cette étude du christianisme ; mais, d'après ce que nous venons de voir de la nature des choses et de l'humaine connaissance, on concevra qu'il soit possible de devenir, philosophiquement, chrétien comme le sont devenus, d'aspiration, les sujets privés de la culture philosophique. Maine de Biran, l'un des philosophes les plus sincères et les plus vrais de l'école française, l'était ainsi devenu. Lisez les mémoires qu'il nous a laissés de sa vie intime.

Mais un grand philosophe nous dit que, si un peu de philosophie nous éloigne de Dieu, beaucoup de philosophie nous en rapproche, nous fait précipiter dans son sein. Mais la philosophie consiste en l'amour, en la recherche active de la raison d'être des choses. Cette affection est une philétie. Quiconque l'a conçue est un philétien. C'est un autre néologisme à adopter, pour remplacer une dénomination qui a été défigurée par l'esprit de parti, et qui ne représente plus la qualité vraie de l'objet, tel que la sagesse grecque l'avait conçu.

A considérer la raison d'être des choses d'après les effets qui en manifestent les qualités, comme le veut la méthode péripatéticienne, on en détermine simultanément le nom et l'on construit la langue en organisant la science. J'en ai donné un exemple en qualifiant de cœnologie la science sociale qui consiste effectivement en la connaissance de l'application, au monde moral, au monde de l'humanité, de la loi de communication de services, à laquelle ses membres ont été soumis par leur Créateur. Et, restreignant le sens du mot *raison* à ses limites naturelles, je le dégage d'un accessoire faux, que l'idéalisme lui avait prêté; j'en fais ce qu'il est, l'objet d'une notion positive; celle d'un moyen de connaissance à employer par le sujet qui prétend se procurer un entendement sain, au lieu de la conception idéale d'un principe qu'il possèderait par droit de naissance. Celui-là seul est raisonnable qui pense et agit conformément à la raison d'être des choses, que la philétie lui a fait connaître. Ceux-là ne le sont nullement et ne peuvent l'être, quoiqu'ils aient à leur portée les mêmes moyens de s'éclairer et de se conduire, mais qui n'usent ni de la faculté de concevoir ni de la faculté de 'se représenter ces choses, soumises par la Providence au sens commun à tous. Non-seulement ils sont déraisonnables mais, de plus, responsables de l'irrégularité de leur conduite envers le créateur, qui a pourvu aux moyens de les éclairer et encore de soulager leur faiblesse en leur offrant l'appui de son Esprit-Saint, après leur avoir prêté la faculté de le comprendre.

Elevées au plus haut degré de perfection, les pratiques de la pensée peuvent être qualifiées de raison, mais par métalepse. C'est l'effet pris pour cause, pour une cause qui provient de l'activité de l'entéléchie. La pensée est de l'action; pour l'entendement ce qu'est le mouvement pour le physique de la personnalité. Quand celle-ci dérive d'une source secondaire, l'autre remonte à la source première de la vie et de tous les phénomènes par lesquels se manifeste l'existence de la personnalité.

La philétie proroge l'existence et la persistance de l'être pensant bien au-delà des limites de la vie de l'individualité; en dehors des bornes du temps, dans l'éternité, en se fondant sur les rapports qui se manifestent entre les personnalités d'une époque quelconque et celles de toutes les époques, embrassées par l'observation historique. Il y a rapport d'unité non-seulement chez la même individualité, malgré la versatilité de son organisme, mais ce même rapport se manifeste partout et toujours.

Ainsi l'induction établit, dans la science, le fondement d'une psychologie.

De la même autorité se fonde une ontologie, sur les rapports observés entre les créatures de constitution du monde de la vitalité.

La chimie est venue étendre cette connaissance jusqu'aux dernières limites du monde de la matérialité.

Evidemment, la création tout entière se partage en créatures de constitution, subsistant par un principe interne, et en créatures de coalition, subsistant par des forces dérivées de celles dont disposent les créatures du premier ordre.

En parlant ainsi, je ne pense pas sortir de la réserve que la philétie impose à l'entendement, car je ne définis pas la nature de la cause; je me borne à en manifester l'existence et la nature d'après les effets alléloleptiques opérés, produits par leurs qualités spécifiques: dans la vie de la personnalité, la pensée; dans celle des créatures de deux autres règnes organiques, la forme spécifique de leurs fruits; et, dans l'activité des créatures du dernier règne celle de leurs opérations chimiques.

L'être en général, le noumène, se fait connaître, par ses actes, à la conscience d'un être pensant, constitué pour se représenter les effets de cette activité générale, au milieu de laquelle il est appelé à vivre, et la sienne propre ; pour en juger et régler sa conduite, dans le présent et dans l'avenir, sur ses jugements.

La pensée, avec toutes ses dépendances, est le fruit de l'éducation de l'âme à ce service de représentation.

L'entendement est le résultat rendu fixe, par l'habitude, de cette gymnastique de l'être pensant. Nous n'avons pas plus lieu de nous demander ce qu'est devenue la pensée qui, dans l'actualité, s'est produite à la conscience, puis a disparu, pas autrement qu'à rechercher d'où elle est sortie, au moment de son apparition. Il en est de l'activité intellectuelle comme de celle du physique. L'âme agit sur elle-même, comme l'organiste sur les touches de son instrument, pour lui imprimer les mouvements propres à conjurer les ondes sonores de produire, sur sa conscience et sur celle d'autrui, l'expression de ses sentiments. L'acte intellectuel, comme l'acte physique, n'a d'autre existence que celle de l'être qui dispose de la force de le produire.

A cette conception ontologique s'arrête l'humaine connaissance. Il n'y a pas plus lieu de se demander comment l'être agit, pour produire les effets dérivés de l'exercice de sa force, que l'on ne se demande comment se produit l'explosion de la dynamite, la combinaison chimique, d'où résulte le mixte ou la réaction qui en opère la dissolution. Ce sont des faits dont les rapports constants attestent l'existence des forces qui les produisent.

Dans cette extension du temps présent au passé et à l'avenir consiste la connaissance ontologique, qui est celle de la raison d'être première des choses de la création. Ce n'est et ce ne peut être que la représentation, à la conscience, des faits de la nature, mais c'est une représentation qui s'étend d'une limite à l'autre de la création, par la comparaison, entre eux, des phénomènes qui s'y produisent. Cette opération de l'entendement est une des variétés de la réflexion; c'est l'induction. En toutes, ce trucheman de la nature, l'entendement n'entretient la conscience que de ce qui se passe hors d'elle. Mais cette manifestation du fait psychologique révèle celle du droit : l'existence de l'humaine entéléchie en la personnalité, et chez toutes les créatures du genre humain ; l'existence parmi elles, de la société; l'existence d'une religion révélée, d'une assistance divine, propre et nécessaire pour vivifier les devoirs sociaux; l'existence, au ciel, d'un Dieu créateur, conservateur de l'univers, suivant l'esprit de sa création, et rédempteur des défaillances de l'humanité: auprès des faits, le droit qui les domine, qui les rend tels.

C'est une réalité indubitable, parce que sa connaissance procède de faits bien reconnus, dont chacun peut acquérir la conviction, soit directe-

ment, en ce que les uns se passent en elle, soit indirectement, parce que les autres sont recueillis
et reproduits, au service de chacun, par autrui,
, dans le courant des communications de services
en l'humaine société.

La philétie fait ainsi la part du doute, en fixant
analytiquement les limites de l'humaine connaissance ; en réduisant tout acte de cet ordre à être
simplement une représentation, en la conscience
subjective, en fonctions de la sensibilité, des opérations d'une activité universelle, tellement régu-
liére et fixe, qu'elle implique l'existence d'une
cause première, illimitée quant au temps, et de
causes secondaires, à elle subordonnées ; limitées
dans leurs opérations, mais dont la durée n'a pas
d'autres limites que la volonté de l'auteur commun.

Le temps, nous l'avons vu, n'a pas plus de valeur que l'espace ; ces deux représentations sont
de simples diagnostics ménagés à la conscience
subjective, par l'entendement, pour lui permettre
de discerner les qualités objectives, mais impuissantes pour lui faire connaître la substance de
celles-ci, puisqu'encore une fois, la connaissance
n'est qu'une représentation de faits dont la nature
est inconnue, mais dont l'existence est certaine:
certifiée par la manifestation même des faits,
Dieu, l'âme, la société du genre humain, divinement réglée par l'auteur des choses; le christianisme reliant les hommes, dans un mutuel dévouement, à leurs devoirs sociaux, tels sont les faits
dont la conviction doit être universellement acceptée. Ne revenons plus désormais sur ces ques-

tions oiseuses de l'essence des choses inaccessibles à notre entendement, et nous bornons à la connaissance de leur réalité, de leurs qualités objectives, seuls faits qui puissent nous intéresser dans les pratiques de la vie pour les y appliquer.

C'est sur ce terrain que la philœtie appelle le sceptique à se concilier avec le croyant, dans l'intérêt de l'humanité, de ses progrès en la civisation, et de son avenir en delà des limites du temps et de l'espace.

Ces vérités ressortent, on vient de le voir, de l'étude analytique de l'entendement humain. Par cela seul que la personnalité est capable de sentir ; de convertir en sensations les impressions reçues des organes de la sensibilité ; de convertir les sensations en notions et de livrer celles-ci à la réflexion ; la personnalité, dis-je, arrive à la connaissance de soi, à celle des autres personnes, à celle des autres créatures, à celle du créateur, et, organisant ainsi sa faculté native, se procurant un entendement, elle devient capable de connaissance et d'action ; de produire du mouvement, de s'habituer à des sentiments et à des actes réguliers, et à la pratique du devoir.

C'est dans cette sphère, entre la notion des choses et celle du devoir, que l'activité subjective est appelée à s'exercer. Jamais la personnalité ne doit se laisser égarer au-delà de ces deux pôles, la connaissance de ce qui est, et de ce qu'elle doit faire. L'étude que nous venons de suivre jusqu'ici se résume dans ce déploiement de l'apophthegme péripatéticien, dont j'ai plusieurs fois parlé, et que j'ai obtenu en écrivant la noologie, ou philosophie de l'entendement humain. La voici, cette formule :

Nihil est in intellectu quod non priùs fuerit
in sensu :
Ne intellectus quidem,
qui,
Vi animœ, rerum causas cognoscendi cupidœ,
Sensationum conceptu abortus,
Se, animœ,
et, per quem,
anima se sibimet, alias personas, entia alia,
Deum quoque,
Prœbet.
Unde, notiones,
motus, affectus, actiones,
et, personœ,
ergà se, ergà alias personas, entia alia,
ergà Deum
officia.

Evidemment, dans un tel milieu, où s'opère la représentation métaphysique, immatérielle, de la raison d'être des choses et du devoir, l'opérateur de ce phénomène intellectuel ne saurait être matériel. C'est ici un mot vide de sens, que la philétie doit exclure à jamais de la langue scientifique.

Quand nous aurons considéré les phénomènes qui s'accomplissent dans le règne de la matérialité, nous ne serons jamais plus tentés de faire une telle transposition de l'effet en cause, et nous resterons définitivement entraînés, en raison de l'impuissance de la matérialité à produire la pensée, à attribuer ce phénomène à l'âme, dont nous avons remarqué l'intervention, comme cause, dans toutes les opérations de la pensée : sensation, conception et réflexion.

DEUXIÈME PARTIE.

La matérialité.

I.

La matérialité, que je donne pour titre à la seconde partie de ce discours, est le nom d'une qualité qu'affectent toutes les créatures de l'univers, toutes, sans en excepter celles même de l'atomicité. Celles-ci, en se constituant en molécules, prennent cet aspect de matérialité ; en cet état, les individualités atomiques deviennent pondérables, coercibles, tangibles, résistantes, étendues ; les créatures de l'humanité affectent la même apparence à leur accès dans l'ovule, et ne cessent de l'accroître avant et après la sortie, ensuite, à leur arrivée à la lumière ; enfin, même phénomène chez les créatures des deux autres règnes de la vitalité, qui sont en rapport de constitution entre elles et avec celles de l'humanité.

Visiblement, c'est pour entrer en relation entre elles, pour agir et réagir entre elles, que les créatures affectent ces formes de la matérialité, spontanément, sans doute, d'instinct ; car, à leur avénement au monde, aucune d'elles n'est douée d'intelligence ; c'est sous l'empire d'une finalité, irrésistible pour toutes, qu'elles agissent. Ainsi le monde s'est fait et se refait sans cesse à tout instant, en l'actualité tel qu'il était en l'antériorité, sous l'unité de cause, l'entéléchie.

Je devrais donc imposer le même titre à quatre sous-divisions de cette seconde partie de mon discours, où j'ai l'intention d'étudier les évolutions de ce phénomène de la matérialité chez la personnalité ; chez les autres règnes organiques, le végétal et celui de l'animalité ; chez l'atomicité, enfin, pour me servir du nom que les philosophes de la science chimique s'accordent à donner aux créatures du quatrième règne.

Mais de l'examen que nous allons faire de cet extérieur de toutes les créatures, il ressortira (je le dis d'avance) cette vérité, que, comme elles sont toutes en rapport de matérialité, à leur extérieur, elles sont toutes constituées, à leur intérieur, par un principe d'action d'où procède la finalité dont je parlais tantôt, un principe directeur de l'activité dont elles sont toutes douées. C'est une réalité attestée par l'entendement, agissant suivant la loi à laquelle il est soumis.

Nous excepterons de cette nomenclature des créatures de constitution celles de coalition, qui leur ressemblent, mais ne sauraient tromper l'œil du philosophe philétien. En elles, il ne saurait voir un véritable intérieur. L'activité de leurs éléments a été amortie, éteinte même, par les actions et les réactions qu'ils ont exercées et subies ; elle a été terrassée par l'inertie.

Mais nous nous convaincrons qu'il y a, chez les

créatures, un intérieur et un extérieur, comme tons les tissus de l'industrie ont un endroit et un envers. Mais il y a cette différence, entre le produit de la nature et le produit industriel, qu'en l'un c'est par l'intérieur que le produit subsiste, tandis qu'en l'autre toute sa valeur est au dehors.

Si grande est l'importance de l'intérieur subjectif, dans le règne de l'humanité, qu'en son organisme repose celui d'un monde tout entier : le monde moral. Il est ainsi dénommé, parce que les créatures dont il est composé sont en relation entre elles par les mœurs, et avec l'Auteur commun par leurs croyances, par leurs sentiments.

En cet intérieur est la source de ces affections et de l'humaine connaissance dont nous venons d'étudier la nature, la valeur, la portée.

C'est le département de l'âme, de cet être, de nature métaphysique, dont l'existence et les qualités nous sont manifestées, comme toutes les réalités de la création, par ses opérations ; celles de la pensée surtout, qu'il est impossible d'attribuer à aucun des dynamismes de l'organisme physiologique, pas même à leur ensemble.

A un autre intérieur bien autrement puissant, mais pas autrement visible, si ce n'est par ses actes, il faut attribuer et nous attribuerons cette harmonie qui règne dans cette immensité de phénomènes de matérialité, dont l'impuissance et celle de l'ensemble, pour la produire, sont manifestes comme la lumière du jour.

Dans ce procès, au travers des études du phénomène de la matérialité, on voit apparaître l'immense champ de la nature métaphysique, où prend la plus large des places la réalité suprême, celle de Dieu ; tout peuplé d'ailleurs de ces créatures de constitution, qui existent et dont la persistance s'explique par l'assistance, en elles, dans leur intérieur, de ce principe, de nature métaphysique, auquel elles doivent leur activité, leur force et leur finalité respectives.

Ce discours nécessitera donc un complément, que j'y ajouterai, sous le titre de monde moral.

La division naturelle de cette seconde partie pourrait porter les titres de monde physique et de monde moral : le monde physique et le monde métaphysique.

Mais l'objet est une unité indivisible.

C'est l'objet d'une notion par laquelle cet être pensant, cet infiniment petit, que Leibnitz qualifiait de monade, si puissant par sa nature métaphysique ; d'une notion qu'il a composée d'une foule de rapports recueillis en des myriades d'observations pour se réprésenter, à tous les moments de son existence et discerner, dans l'acte de perception, ce qui est de soi de ce qui est d'autrui ; les créatures et le créateur ; la réalité des illusions auxquelles sa nature est sujette ; penser le vrai et se garder de confondre le phénomène avec le noumène, la matérialité avec la matière ; de faire de cette abstraction une réalité, de la diversité d'effets, une cause, une cause absolue.

Ces résultats d'une observation scrupuleuse, constante, soutenue au travers de la multitude de faits que je vais citer à mes honorables confrères, leur apparaîtront, comme à moi, j'espère, propres et pourront servir à dissiper les illusions de l'idéalisme et les doutes du scepticisme.

Le monde physique.

Nous débuterons, dans les études de la matérialité par un examen rapide de l'organisme de la personnalité, en faisant usage des données de la physiologie, que les auteurs de la science ont recueillies jusqu'en ces derniers temps.

LA MATÉRIALITÉ EN L'ORGANISME DE LA PERSONNALITÉ.

Nous y voyons toute une série d'organes disposés pour concourir à l'opération de l'effet esthétique. Afin de le produire, ils semblent se concerter, pour ainsi dire, avec les créatures de l'extérieur.

D'une part, c'est le système nerveux, qui, de tous les points de la périphérie, étend à l'intérieur, jusqu'à un point central encore indéterminé, ses ramifications en nombre infini, disposées en branches, en rameaux, pour recueillir les excitations produites sur les parties internes et externes de l'organisme qui peuvent intéresser la sensibilité de la personnalité.

D'autre part, vous voyez, en relation avec cet organisme de l'innervation, ceux des cinq sens si connus : le toucher, la gustation, l'olfaction, l'audition, la vision. Je parle ainsi pour ne pas laisser confondre les organes avec le tact, le goût, l'odorat, l'ouïe, la vue. Gardons-nous de transformer l'effet en cause ou de laisser prendre pour l'opérateur un simple auxiliaire.

1º Généralement l'organisme de la sensibilité est disposé pour produire et propager, à l'intérieur, un effet de contiguïté : le toucher, par le concours de papilles nerveuses, composées de nervules et de vaisseaux sanguins, pointant à la surface d'une couche adipeuse. Celle-ci est étendue à la périphérie du corps sous la protection de la peau. Cet organe, protecteur aussi, se fait voir composé d'un derme au-dessous et d'un épiderme au-dessus.

Mêmes dispositions à l'intérieur du corps et sur tous les points d'où doivent procéder les effets de contiguïté du toucher.

2º La gustation est desservie par de pareilles expansions nerveuses, placées sous la protection d'une membrane muqueuse qui s'étend, dans la bouche, jusqu'aux lèvres, et, de cet organe, sur la face interne du tube digestif, jusqu'au fondement.

N'ayant pas la prétention de composer un traité de physiologie, je passerai sur les détails de cette organisation de l'appareil digestif. C'est un véritable laboratoire de chimie, servi par de nombreux auxiliaires produisant eux-mêmes les réactifs nécessaires à la décomposition de la matière alimentaire. Tels sont la salive, le suc gastrique, la bile, l'humeur pancréatique, concourant tous, chacun suivant sa qualité spécifique, à rendre cette matière propre à la nutrition.

Mais je dois dire que l'un de ces auxiliaires, la

salive, est aussi destiné à servir à la gustation. Avec une bouche sèche, pas de goût.

3º Pas d'odorat non plus, sans la coopération d'une membrane muqueuse, vasculaire, où aboutissent et sur laquelle se répandent les filets du nerf olfactif. Elle est chargée de secréter le liquide, la mucosité dissolvante des matières odorantes, pour les rendre accessibles au nerf olfactif.

Pour amplifier la puissance de ce nerf, la membrane muqueuse l'épand sur les parties saillantes et dans les anfractuosités des fosses nasales. A cette hauteur apparaît le nerf, sous forme de cordon.

4º L'audition concourt aussi à opérer le contact, recherché par l'hôte de l'intérieur subjectif, avec son extérieur ; il y concourt par une autre ramification du système nerveux autrement disposée, telle que l'exige la nature de la substance dont les communications sont désirées. Cette substance est un fluide vibratile, l'air atmosphérique, mais l'air agité par des instruments sonores.

Aussi ce long labyrinthe de l'oreille interne, où est relégué le nerf acoustique, baignant dans un liquide dont cette partie de l'organe est remplie ; ce long labyrinthe est une espèce de boudoir, où sont reçues les communications avec les ondes sonores, par l'intermédiaire d'une espèce de vestibule. Ici s'arrêtent les ondulations aériennes provoquées par les corps.

Ce vestibule est la partie moyenne de l'oreille. Elle est conformée en tambour, soustendue par la membrane vibratile du tympan, où viennent résonner les corps sonores, par continuité.

Les autres dépendances de l'oreille, dirigées à l'extérieur, sont de simples organes collecteurs des ondulations sonores, de simples auxiliaires de la fonction principale.

5° L'appareil de la vision présente des dispositions analogues à celles de l'olfaction, de l'audition, de la gustation, destinées à mettre en contact le système nerveux avec les agents de l'extérieur que le sujet a intérêt à connaître; mais elles sont différenciées, en raison des qualités propres à l'hôte qu'il s'agit d'accueillir et de mettre en communication avec l'être occupant l'intérieur de l'organisme.

Cet hôte est un fluide, comme l'est celui que le pavillon de l'oreille externe est chargé d'accueillir, mais autrement actif que l'air, même porté à l'état de vibration : c'est la lumière. Pour en recueillir les rejaillissements, le globe de l'œil est disposé à la manière de ces jouets de physique, si connus sous le nom de chambre obscure. Au fond de cette chambre, pénètre le nerf optique, en forme de cordon. Mais, au lieu de s'éparpiller, comme celui des autres sens, il va, immédiatement après son entrée dans cette loge, s'épanouir en forme d'entonnoir sur la paroi interne du globe, tapissée de noir par la membrane choroïde. C'est la rétine. Cette disposition accuse très-nettement cette finalité d'accueillir et de fortifier, même par le contraste, les effets d'irradiation de la lumière, qui doit arriver de l'extérieur, en partant du point opposé du globe.

Les dispositions extérieures de l'appareil de la vision sont assez connues pour que je me dispense d'en parler. Mais je dois faire remarquer l'interposition, entre la rétine et l'ouverture de la cornée transparente, ménagée à l'avant, sur la convexité de la sclérotique, dans le blanc de l'œil, l'interposition à la cornée et à la rétine, d'un véritable instrument d'optique : le crystallin d'abord, en forme de lentille, puis l'humeur vitrée. Leurs noms en font pressentir les fonctions.

C'est par là que doivent et que peuvent passer, en raison de leur diaphanéité, tous les rayons lumineux, en nombre infini, qui divergent de tous les points réflecteurs de l'objet soumis à la vision. C'est là qu'ils doivent subir une discipline, sans laquelle ces rayons divagateurs seraient impuissants à produire l'effet objectif attendu par l'entéléchie, qui est l'auteur de ces dispositions.

Ces milieux diaphanes, du crystallin et de l'humeur vitrée, laissent passer et aller à leur destination les rayons accueillis par la cornée; mais, en raison de leur densité, supérieure à celle de l'air atmosphérique, d'où les rayons émergent, ils les font se briser, se dévier vers un même point de la rétine, proportionnellement aux distances qui les séparent, en leurs points respectifs de réflexion, vers la normale du point d'incidence.

Ces rayons, ainsi disciplinés par la force d'attraction des milieux diaphanes de la vision, vont docilement peindre, sur la rétine, un tableau coloré, dessinant les formes de l'objet réflecteur, mais réduit suivant des proportions que l'art humain, éclairé par la science, est obligé d'admirer.

Le phénomène de réfraction, qui produit ce merveilleux résultat, est identique à celui que tout le monde connaît , de l'image d'un bâton émergeant, brisée, de l'eau dans laquelle cet objet est plongé.

Par la combinaison des effets de réfraction et de réflexion de la lumière, que ce fluide est soumis à produire dans les milieux divers où il exerce sa force vibratile, sans s'écarter jamais de sa course rectiligne, soit avant, soit après avoir subi l'action de la cause ; grâce à la combinaison, dis-je, de la réflexion et de la réfraction, apparaît, sur la rétine, une miniature de l'objet, dessinée par le pointillement des myriades de rayons lumineux que réfléchit l'objet vers l'organe de la vision ; tous diversifiés par leurs directions et leurs forces d'impulsion respectives. On comprend ainsi comment la surface ombrée se peint sur la rétine autrement que la face de l'objet, éclairée directement par le foyer lumineux.

C'est un artifice analogue qu'emploie la brodeuse représentant la figure de l'objet , en différenciant les faces sur sa toile à l'aide de ses fils versicolores qu'elle y répand diversement. Le phénomène de la vision est un effet de pointillement produit sur la rétine par les rayons lumineux que réfléchit l'objet et qui sont réfractés par les humeurs de l'œil. Rien de plus n'aboutit à la conscience. C'est une circonstance à remarquer, parce qu'elle est caractéristique de la différence qui existe entre la sensation et la réflexion, entre sentir et percevoir.

Le fait de cette opération photographique a été rendu indubitable par l'expérience qui a été exécutée sur un œil de bœuf disséqué, mais resté pourvu de toutes les pièces nécessaires à la production de ce phénomène d'optique, purement physiologique.

Assurément, c'est d'instinct que procède l'entéléchie, quand elle compose, pendant le développement du fœtus, l'organisme de la vision; qu'elle l'approprie, le coordonne aux allures du milieu dans lequel elle est destinée à se développer; de manière à en recevoir les informations nécessaires à l'accomplissement de sa finalité. Dans cette phase de son existence, elle a commencé le cours de ses opérations embryogéniques, qu'elle continuera durant les autres. Mais le développement intellectuel n'est pas encore commencé. Il faut se garder de confondre celui-là avec celui-ci.

C'est dans l'organisation de la vue, dans la transformation du phénomène physiologique en phénomène intellectuel, métaphysique ; c'est dans la production du sens de la vue que se fait le mieux voir l'agent que la personnalité recèle en son intérieur; l'agent qui opère sur la matérialité, qui la plie à ses exigences; l'auteur de la pensée.

N'allez pas croire que l'épreuve photographique recueillie par la rétine est transportée à l'encéphale, convoyée par l'expansion nerveuse de la vision : nullement, car l'objet apparaît renversé sur la rétine, tandis que le sujet pensant se le représente dans le sens vertical, tel que cet objet existe dans la nature.

Le redressement de l'objet de la vision est l'une des premières opérations du sujet en voie de construire son intelligence, après s'être donné un organisme. L'expérience pratiquée par Cheselden ne laisse planer aucun doute sur ce point. On sait généralement, et je crois l'avoir dit, que l'aveugle-né, à qui cet opérateur philosophe procura l'usage de la vision, dont il n'avait jamais joui, avait été obligé d'apprendre à voir.

Comme se fait la vue, se fait l'entendement.

L'expérience nous a appris ce que contenait de vérité la conjecture de Locke et de Berkeley, qui donna lieu à tant de débats, à cette époque-là. Ni Reid ni Voltaire, qui nous ont transmis ces débats, aucun d'eux n'en a connu la cause. Condillac seul, depuis lors, y a mis le doigt. Mais il ne l'a pas énoncée, préoccupé qu'il était du phénomène de liaison des idées, réel, mais mal exprimé, en ce que le phénomène se manifeste dans la liaison des sensations aussi bien que dans celle des idées. C'est le concept qui, en agissant sur les premiers éléments de la pensée, en produit les mixtes, ces notions qui, par réflexion, procurent à la conscience du sujet la faculté de lier le présent au passé et au plus lointain avenir; de voir les objets par la représentation des rapports existant entre eux.

Le concept est l'une des manifestations les plus éclatantes de la force de l'entéléchie qui réside chez le sujet pensant.

Grâce au concept, toutes les excitations accueillies par les organes de la sensibilité, provenues d'un objet, transformées en sensations, deviennent des notions qui en représentent les qualités et la manière d'être. Le toucher fait se redresser la représentation objective que le jeu de la lumière avait renversée; il donne du corps aux couleurs et même aux ombres répandues par la lumière; aux odeurs, aux saveurs, aux sons émanés des solides, des liquides, des substances gazeuses; mais c'est grâce au concept, à sa puissance de réflexion, que le sujet accumule tant d'éléments dans une représentation objective; qu'il pense par la vue les qualités révélées à la sensibilité par les autres sens.

Mais généralisons cette observation, et disons qu'il n'est pas un des organes de la sensibilité qui ne serve d'excitateur aux effets de sensibilité produits par les autres, sur la conscience subjective, toujours grâce à la puissance réflexe du concept qui les a reliés.

Grâce à cette puissance, l'effet euristique est sous la dépendance de l'esthétique, provenu de l'excitabilité organique du système nerveux que je vais faire entrer en scène.

Avec raison, ce semble, on a dit que les excitations produites sur les sens externes étaient des variétés, mieux encore, des espèces du toucher.

Ce sont effectivement tout des phènomènes résultant du contact de diverses substances avec celles de l'organisme.

Généralement, toutes les excitations organiques internes et externes, dès qu'elles sont arrivées à la conscience, ayant été converties en sensations, deviennent des phénomènes complexes de la sensibilité, sous l'action du concept. Et grâce au concept, qui les rend réflexibles l'une par l'autre, les résultats de la conception deviennent des éléments de la pensée, des notions objectives.

Mais retenons cette observation, déjà faite et

bien vérifiée, que les notions mises en jeu par les sens du sujet exercé à la perception sont l'œuvre de l'entéléchie. Les sensations elles-mêmes sont les produits de son activité. Elles n'éclosent pas à la périphérie de l'organisme. Elles naissent et s'agitent dans les hautes régions du système nerveux, auprès de la substance sensible; au sein de sa conscience, où s'organisent les représentations objectives. Sensation, conception et réflexion sont des actes impraticables par l'organisme physiologique. Pour de telles œuvres il faut un ouvrier, comme pour une édification il faut une main qui mette en œuvre les matériaux, après les y avoir appropriés.

Mais passons actuellement à la considération du système nerveux, pour savoir si les organes de l'innervation se comportent entre eux, s'ils agissent, à la manière des objets externes, comme les substances électrisées en sens contraire, dans leurs communications; ou bien, si ce phénomène d'excitation, produit ou subi, est dû à l'interposition d'un fluide particulier, préposé à cette fonction; communiquant lui-même de l'extérieur objectif avec l'appareil de la sensibilité; un fluide auquel celui de l'innervation servirait de véhicule.

Creusons le phénomène; nous le pouvons, à la faveur des données que possède la physiologie; ne souffrons pas que les faits en soient dénaturés et que l'ordre des faits physiques soit confondu avec celui, très-distinct, très-différent, des faits métaphysiques, produits par l'activité de la substance qui opère sur la matérialité. Sachons comment s'opère le phénomène de la pensée, pour nous garder d'être ridiculisés par des suppositions telles que l'idéalisme les propose à la crédulité publique.

II

Pour apprécier sainement le phénomène de l'innervation, il ne suffirait pas de se borner à la considération de la fonction de sensibilité; il y faut joindre l'étude de celle de motilité.

Les deux sont exercées, de la même manière, par des expansions nerveuses, projetées vers des points d'arrivée différents : celles de la motilité vers le système musculaire, où elles sont répandues, au terme de leur trajet, dans le tissu de ce système, tandis que les autres courent de bas en haut vers la région où réside la sensibilité.

Les phénomènes de motilité sont plus facilement observables que ceux de sensibilité, parce qu'ils se manifestent par des mouvements de préhension, de locomotion, et par d'autres intra-locaux, dont le mécanisme, très-observable, a été bien observé. Les membres qui exécutent ces mouvements agissent d'abord machinalement, à suite des connexions établies entre eux par l'innervation. Mais, lorsque la pensée intervient, la plupart d'entre eux, notamment ceux de la vie animale, les mouvements machinaux, deviennent des actes réguliers, des actions volontaires, dont la constance, la durée, manifeste l'origine à l'être qui dispose de la puissance du concept.

Certains organes de la sensibilité usent d'une

pareille motilité, analogue à celle de la vie végétative : l'œil s'ouvre ou se ferme suivant que la lumière est faible ou trop forte ; l'iris exécute de pareils mouvements d'expansion ou de contraction dans des circonstances pareilles ; le tympan se tend ou se relâche proportionnellement aux degrés d'intensité des sons ou des bruits qui frappent cette membrane.

Généralement, le phénomène de motilité provient de l'excitation du tissu musculaire par les expansions du système nerveux : l'un est excité par l'autre à l'exercice de la contractilité qui lui est propre. Par une pareille disposition, les parties de l'organisme intracérébral, vouées aux fonctions de la sensibilité, s'excitent à concourir à la production des sensations. Nous verrons tantôt quels sont ces organes, et nous nous convaincrons que l'innervation est un système de communication qui s'étend de la périphérie au centre et du centre à la périphérie, pour exercer cette fonction au service de l'être qui préside à l'exercice de toutes les fonctions vitales, celles physiologiques et celles de la pensée.

On ne sait pas encore s'il y a quelque différence organique entre la partie du système qui exerce la fonction directe d'excitation de la périphérie au centre et celle qui pratique la fonction réflexe. Mais, en raison de la différence des points de départ, les actions de la fonction réflexe sont distinguées des autres par le nom d'incitations.

Les deux sont de purs phénomènes physiologiques, de communication de l'action externe au centre et de l'incitation interne, en l'intérieur, à tous les points de l'organisme.

Ce ne sont pas seulement les organes de la motilité qui sont ainsi incités à agir, mais encore tous les appareils de l'économie vitale, qui sont encouragés à exercer leurs fonctions physiologiques. Cet influx est-il direct, provenant de l'action de présence des organes de l'innervation, ou médiat, moyennant l'intervention d'un fluide qui serait un agent de communication, un intermédiaire de la plus vaste portée? C'est une question que nous avons déjà fait pressentir, et que nous tâcherons de résoudre plus loin, à la faveur des données que nos infatigables investigateurs des fonctions vitales ont obtenues des pratiques de l'observation et de l'expérience. Mais retenons toujours cette distinction très-fondée, de la fonction physiologique et de la fonction intellectuelle. C'est en la négligeant qu'on a cru pouvoir être autorisé à prétendre que le cerveau secrétait la pensée, comme le foie secrète la bile, ou le pancréas l'humeur pancréatique : une véritable balourdise.

Sachant actuellement en quoi consiste la pensée, il est évident pour nous que l'organisme est impropre à accomplir cette fonction; impuissant à produire le développement du moral de la personnalité; seulement capable d'y servir, comme l'œil aux opérations intellectuelles de la vue.

Passons à l'examen des infiniments petits de l'organisme de l'innervation, et poursuivons notre justification de la distinction du physiologique au moral, du physique au métaphysique.

Les nervules d'abord. Ce sont des filaments qui

communiquent entre eux par l'intermédiaire de cellules, de matière nerveuse aussi. Ce petit appareil affecte la forme d'une anse à panier. Le milieu de la longueur est marqué par la cellule. C'est le point d'excitation ou d'incitation de la fonction nerveuse.

Le jeu de billard peut figurer les mouvements internes de l'anse nerveuse. Seulement, quand, dans le jeu physique, la bille est laissée libre et n'obéit qu'à l'impulsion reçue de la main du joueur, dans l'anse nerveuse, le mobile est contenu dans son mouvement, par le névrilemme, et dirigé suivant la direction des bras de l'anse.

A connaître l'anse nerveuse, c'est les connaître toutes. Je ne me répéterai donc pas. Je me bornerai à faire connaître à mes honorables confrères un mode d'extension de ce petit système, d'où résulte un appareil infiniment grand, par la multiplication indéterminée de l'élément infiniment petit. Comme sont liées, dans une nationalité, la ferme au hameau ou au bourg, et à la ville la bourgade ; comme ces centres de population le sont à d'autres, tous par des voies de communication, de même, dans le système nerveux, il n'y a pas un point qui puisse rester indifférent à l'action excitative ou incitative des autres, grâce aux ramifications des nervules en anses et des anses entre elles.

III.

L'encéphale est ainsi composé. C'est un système d'organes divers destinés aux communications physiologiques.

Ses expansions s'étendent en dehors du crâne ; elles remplissent ce long tube que laissent régner, d'une extrémité à l'autre, les vertèbres de la colonne dorsale. Certains physiologistes les considèrent comme un prolongement du crâne jusqu'au coxis, et le crâne lui-même comme une vertèbre.

Pour accueillir les expansions du corps encéphalique, ces pièces de l'ossature du cou et du buste sont perforées, de l'une à l'autre, dans le sens longitudinal, et découpées latéralement pour laisser s'épandre, dans le buste, les cordons nerveux qui émanent du corps rachidien.

Le corps encéphalorachidien apparaît, à la vue, comme une masse de chairs mollasses, dont on peut voir la conformation et la couleur en celles des animaux, dans les ateliers de charcuterie. Ce serait un vrai fouillis, si les parties intimes dont la masse est composée ne se faisaient connaître et distinguer, à l'expérimentateur, par la voie commune à toute connaissance, la manifestation de leurs qualités spécifiques.

Toutes les parties du corps encéphalorachidien reçoivent, aux yeux de l'expérimentateur, cette consécration de leur réalité, par la durée, dans l'unité respective de leurs qualités.

Les deux grands départements de l'encéphale revendiquent, de même, la reconnaissance de leur individualité par des fonctions distinctes : le cerveau, à l'avant du crâne, le cervelet, à l'arrière. Ils sont unis entre eux par des pédoncules, et, avec la partie rachidienne, par une moelle analogue à celle dont la colonne vertébrale est remplie. Elle porte le nom de moelle allongée, en raison de son interposition aux deux corps pour les unir. Si j'en parle, c'est pour continuer de poursuivre la distinction que j'ai entreprise de la fonction physiologique à la fonction intellectuelle ; car je n'ai pas à faire ici un cours de physiologie, que mes lecteurs trouveront ailleurs fait de main de maître.

Reprenons la revue des grandes parties de l'ensemble du système nerveux. A cette étude Flourens doit sa célébrité, et nous devons à ses travaux la lumière qui nous éclaire dans la vue de cet intérieur physiologique de la personnalité.

En dehors du corps encéphalorachidien se présente, au devant de ses expansions latérales, dans les cavités thoraciques et splanchniques, un petit système uni à l'autre suivant la forme affectée généralement par l'appareil de l'innervation, par des cordons nerveux. Ce n'est plus le nervule, le filament du chanvre ; c'est le fil formé par la filandière, abaissant les filaments du haut de sa quenouille, chargée de cette matière textile. Nous verrons bientôt d'autres grossissements de la complexion simple du nervule.

A même fin, même moyen. C'est à la solidarisation des parties de l'économie vitale de la personnalité qu'est évidemment consacré le système nerveux. Il sert merveilleusement à cette fin par une vraie canalisation de l'influx vital répandu, de toutes parts, par la substance métaphysique, qui n'a jamais cessé d'agir sur la matérialité dès qu'elle a abordé l'ovule, au moment de la fécondation. C'est une autre opération de l'entéléchie.

Ce petit système, dont je viens de parler, porte

le nom de nerf grand-sympathique. Cette dénomination implique une erreur, d'après laquelle on pourrait croire que ce petit système est chargé de communiquer, aux autres dynamismes auxquels il est relié, leurs affections respectives. Sans doute il sert à les faire sympathiser entre eux, mais en ce sens de la communication des excitations ou incitations auxquelles ils sont propres. Encore une fois, ce ne sont que des organes de communication.

Quand le plaisir ou la peine ébranle l'organisme tout entier; que l'une ou l'autre de ces puissantes sensations étend ses incitations jusqu'aux organes de la digestion et de la respiration, pour appeler leurs excitations dans le concert de celles provoquées par la volonté; pour obtenir un redoublement des forces nécessaires à l'exécution de ses résolutions; lorsque la personnalité a voué son amour ou sa haine à un objet extérieur; alors elle s'est livrée au courant de la pensée, par la voie des représentations, elle ressent ce qu'elle a senti, mais plus puissamment; elle renforce sa volonté, élargit le cercle de sa pensée. Mais ces phénomènes, auxquels sont appelés à concourir les organes du tronc, par l'intermédiaire du nerf grand-sympathique, ne sont que des suites des opérations initiales de la pensée, une continuation du phénomène; l'émotion n'est perçue que lorsque, en la conscience, cette pléiade d'excitations diverses a été convertie en sensations. Telle est la pensée. J'en cite ici très-volontiers un exemple de fait.

On comprendra, par ce simple croquis du système nerveux, dont Flourens a tracé la carte topographique, comment s'opère la correspondance des appareils de la vie végétative, de la vie animale et de la vie intellectuelle; comment s'opère l'unité des trois, en celle de la personnalité, sous l'action de l'entéléchie. C'est cet être qui imprime la sienne à ces diversités des fonctions physiologiques.

Ce vaste système d'innervation est purement mécanique, destiné à opérer des mouvements mécaniques de la périphérie au centre et du centre à la périphérie; tous au service de l'entéléchie, qui transforme les excitations en éléments de la pensée, et les incitations en mouvements volontaires, à son usage; convertissant : les excitations en sensations, et les incitations en volitions.

Il nous reste à voir comment concourent, à ces effets de la vie subjective, quelle part y prennent les grandes divisions du corps encéphalorachidien.

IV.

Je puis affirmer, de l'autorité de la science, que les excitations à la sensibilité ne se produisent ni dans la substance grise, ni dans la substance blanche du système nerveux. Ainsi a été partagée en diversités l'unité de substance de ce corps en raison de la différence de coloration sous lesquelles se présentent, à la vue, ses deux parties. En ce sens, les deux sont également insensibles. M. Béclard, professeur de physiologie à la Faculté de médecine de Paris, dont j'ai consulté le traité pour connaître le dernier état de cette science, m'autorise à ces affirmations. Je trouve, de plus, dans la dernière édition de son livre, au sujet de l'un de nos sens, cette distinction, que j'ai faite pour tous, de la fonction physiologique et de la fonction intellectuelle. Elles appartiennent à des causes différentes, dont les effets conjoints en imposent à l'attention. Le savant professeur distingue la tactilité en phénomènes du toucher et ceux du tact : ceux-là dus au contact de la périphérie avec l'extérieur de l'organisme, et ceux-ci à la perception objective préparée par la conception.

Pour concourir à l'opération des phénomènes d'excitation et d'incitation de la vie subjective, la matière nerveuse paraît former une masse homogène, qui se développe de l'encéphale au fondement; de la haute région à la basse, par l'intermédiaire de la moelle allongée, jusqu'au coxis, et qui se ramifie dans les cavités haute et basse du tronc, dans toutes les parties du corps, enroulée dans l'enveloppe des nervules et ses cordons nerveux.

Afin de distinguer des fonctions si diversifiées par l'intervention d'une foule d'agents, aussi divers de formes sinon de matière, l'observateur philosophe, désireux de connaître la raison d'être des choses, a dû reporter son attention sur les sources pour éclairer, au moyen de l'expérience, cette complication, en explorant les organes des deux grandes fonctions de la vie, et surtout leurs départements principaux.

Dans cet examen se sont produites des divergences dans les opinions des physiologistes. Elles existent encore. Avec elles doit compter le philétien, qui, sans esprit de parti, souhaite s'édifier sur la réalité des choses métaphysiques.

Sans doute, la moelle allongée est un canal de communication des actions qui s'exercent dans la partie inférieure de l'organisme, par l'intermédiaire de la moelle épinière et de l'innervation affluente, d'une part; et, de l'autre, celles qui se produisent, dans le cervelet, à l'arrière du crâne, et, dans le cerveau, à l'avant.

Les communications qui existent entre ces deux grandes parties de l'encéphale ont été mises en évidence.

Le cervelet paraît être affecté au service de la motilité, et le cerveau au service de la sensibilité.

Si le partage du cervelet en deux lobes a paru plutôt symétrique que fonctionnel, il n'en a pas été de même du cerveau.

Dès longtemps, on sait que les lobes cérébraux sont une doublure l'un pour l'autre. Ils exercent les mêmes fonctions, mais d'une manière croisée : celui de droite irradie son action à la partie gauche de l'organisme, et l'autre à la droite.

La moelle allongée, par ses subdivisions en pédoncules cérébraux et cérébelleux, servirait, dit-on, à unir, d'un côté les fonctions du cervelet, et de l'autre celles du cerveau.

C'est ainsi que les fonctions physiologiques répondent, par l'aménagement des organes, aux nécessités de la vie subjective.

On dispute aujourd'hui sur la réalité de certaines fonctions, que l'illustre Flourens s'était cru autorisé, au moyen de ses habiles vivisections, à attribuer aux principales parties de l'encéphale, distinctement. Il avait pourtant fait parler l'expérience avec la plus grande netteté.

Suivant lui, le cervelet est un organe de coordination des incitations, en mouvements, en actes, en actions.

Effectivement, l'état de repos existe, lorsque les pédoncules, en leur nombre normal, chacun dans son état d'intégrité, se font équilibre l'un à l'autre : ceux de l'arrière à ceux de l'avant. C'est l'état statique. En ce sens, l'habile vivisecteur les distinguait par les noms d'antéro-postérieurs et de postéro-antérieurs, indiquant la direction de l'avant à l'arrière, ou de l'arrière à l'avant, que suivait l'impulsion invariablement imprimée aux deux couples.

L'expérience lui en avait fait découvrir une troisième, de forme circulaire. C'est une espèce de bracelet qui embrasse la moelle allongée dans son trajet du cervelet au cerveau. C'est encore une couple de pédoncules, antagonistes l'un à l'autre, produisant l'état statique, dans la direction latérale, par leur antagonisme, et, par suite, un mouvement latéral dans la direction affectée à chacun d'eux, quand l'un est dégagé de l'opposition de l'autre.

Evidemment, cette partie de l'organisme cérébral est le clavier de la motilité, soumis à l'action du principe automoteur ; lui permettant de verser ses incitations au mouvement dans tous les sens ; cet effet se produit par la compression de la touche contraire, qu'exerce l'expérimentateur, pour laisser agir l'autre sur les dépendances du service de la motilité.

Ce fait de dynamisme est en rapport avec une foule de phénomènes de motilité, et de l'innervation en général, pourrait-on dire ; d'où il est permis d'induire cette notion positive des fonctions physiologiques. Elles forment un immense clavier, placé sous la main d'un grand artiste, l'auteur de tous les phénomènes de la vitalité, suivant l'ordre conçu par lui, voulu, dans les cas où l'intervention de son intelligence est nécessaire.

Mais il faut en conclure que c'est bien cet être, l'entéléchie, qui vit, pense et agit, et dispose de l'organisme comme d'un instrument. L'inversion, commise par les idéalistes dans l'explication de la vitalité, est évidente. Ils ont affirmé hardiment ce qu'ils n'avaient pas vu, et ils n'ont pas observé ce qu'ils auraient dû voir.

Sans contredire les assertions du grand explorateur du système nerveux, M. Béclard reconnaît que le cervelet est un organe d'équilibration des organes de la motilité. C'est donner, ce me semble, un assentiment tacite aux assertions de Flourens.

Ce serait donc pour propager les incitations à la motilité, pour les étendre partout où l'action physiologique ou volontaire se doit produire, que s'interpose, d'abord, la moelle allongée ; qu'à sa suite se présentent la moelle épinière et ses expansions si nombreuses.

Nous allons voir tantôt que le service de l'excitation se fait de la même manière. Mais les physiologistes ont commis, dans la détermination de la cause des opérations intellectuelles, cette même méprise, et ils sont tombés dans la même confusion dont je parlais tantôt, de l'action physiologique avec l'action métaphysique.

V.

M. Béclard dit hardiment que les « hémisphères cérébraux sont le siége de la perception et de la volonté ». Je cite ses paroles. Mais, au point de vue noologique, elles nécessitent une correction à la forme, motivée sur la confusion dont je viens de parler, que l'éminent professeur a commise ici, et qu'il avait évitée en traitant de la fonction de tactilité, par la distinction du toucher et du tact.

Sous la même influence, notre professeur continue, en disant qu'on n'a pas encore réussi à localiser le centre des diverses perceptions, le centre de la pensée, aurait-il pu dire, et il l'eût dit, s'il s'était préoccupé des données de la noologie ; mais il aurait craint peut-être d'être accusé d'empiètement. Je suis loin, on le voit, d'accueillir une telle crainte, car j'use largement des données de la physiologie.

L'idée d'une telle circonscription de l'organisme des facultés intellectuelles dans le cerveau est le germe du système crânologique, que Gall a émis et que Flourens a renversé. Gall était un physiologiste, raisonnant en physiologiste, et ne tenant pas compte, non plus, des données que l'observation et que l'expérience ont amoncelées au service de la noologie.

On ne réussira jamais à découvrir le siége de la pensée, à l'aide du scalpel, du microscope, de la loupe; on pourra seulement assigner le point intracérébral, la touche sur laquelle l'auteur de la pensée s'appuie pour en produire les phénomènes, à l'intérieur, dans sa conscience ; et, à l'extérieur, par l'intermédiaire du clavier de la motilité. Mais on n'ira pas plus loin.

L'esprit de recherche, qui a donné naissance à la science positive de nos jours, et qui continue de l'animer, de la pousser à de nouveaux progrès, la philétie, a mis dans les mains des explorateurs du système nerveux, avec le scalpel de Flourens, les instruments d'optique, ceux de cet art si nouveau de la photographie, qui permettent à l'observateur de fixer la représentation des infiniment petits du cerveau, mis par la dissection à la portée de l'art optique.

Admirable concert de la science et de l'art ! Heureuse l'humanité, s'il s'étendait aux divers objets de l'humaine connaissance ! Un tel concert appartient à la pratique de ce système de communication universelle, que le Créateur lui-même a imposée à l'humanité, en soumettant ses membres à un régime de diversité, qui leur rend nécessaires les services d'autrui et de tous à autrui. Heureuse l'humanité, si elle entrait ainsi pleinement dans la voie à elle ouverte par la Providence !

Le livre du docteur Luys, auquel je me suis ensuite adressé pour connaître les derniers progrès de la science, nous fait faire connaissance avec ces infiniment petits du cerveau, avec ces touches de la pensée, dont l'âme fait usage pour connaître le monde extérieur et celui de sa pensée, dans l'intention de se connaître elle-même. Ce livre est

récent, car il était à sa secon   édition en l'année
dernière. A picorer ainsi '   productions d'autrui, c'est engager le procl   à la picorée. La
science y gagnerait.

La cellule, dont l'existence n'a jamais été dé-
mentie, se produit aujourd'hui, grâce aux artifices
dont la science a obtenu l'usage de la part des
arts, comme un véritable réseau, « organisé d'une
façon spéciale... Il est constitué par des fibrilles
très-délicates, entrecroisées comme le treillis d'un
panier de jonc... Elles tendent à s'agglomérer
vers le noyau de la cellule, qui devient ainsi un
véritable point de concentration... Ce noyau lui-
même n'est pas homogène. Il est doué d'une
structure spéciale, d'apparence radiée ».

Ainsi, à la place du nucléole, qu'un instrument
d'optique trop faible avait fait concevoir par l'observateur, une loupe plus puissante lui a fait reconnaître que la cellule était divisée en filaments
secondaires à l'infini. Cette unité apparente, que
l'on considérait, avec quelque raison, comme le
trait d'union de toutes les parties du système par
les nervules, est effectivement une multiplicité *sui
generis*. Les précédentes affirmations ne sont pas
démenties par la dernière ; mais nous apprenons
encore par celle-ci quel est le mode de communication de l'extérieur objectif avec l'intérieur subjectif. De plus, par les voies ouvertes au mobile
chargé d'entretenir ces relations, nous pouvons
conjecturer quelle est la nature de celui-ci. Ces
voies sont infiniment petites, et le mobile ne peut
qu'être un fluide, celui dont je parlais tantôt.

Dans cette région cérébrale, on ne rencontre que

des canaux ouverts à cette circulation, communiquant entre eux par des péages, par des carrefours.
Telles sont constituées les parties principales, tel
est l'ensemble. Il s'est offert aux dernières observations comme un composé de trois couches.

1º La première présente, à l'œil nu, « une lame
de substance grise onduleuse, repliée un grand
nombre de fois sur elle-même, et formant ainsi une
série de sinuosités multiples qui n'ont d'autre but
que de multiplier sa surface ».

Ainsi se manifeste l'esprit de finalité de l'organisateur de l'appareil, Au moyen de ces enroule-
ments multipliés de la bande de matière nerveuse
dont se compose la couche corticale, il réussit à
loger, dans l'étroit espace du crane dont il dispose, les organes de communication dont il a besoin, en quantité suffisante. Sa substance molasse,
« amorphe en apparence, renferme de merveilleux
détails ».

« C'est toujours la cellule nerveuse » avec ses
attributs variés et ses configuration définies....
« mais ce sont encore des fibres nerveuses, du
tissu conjonctif et des capillaires ».

L'organisme tout entier se nourrit du liquide
sanguin, et il faut aussi, au cerveau, des vaisseaux
pour le lui apporter. Mais remarquez ces dispositions, que notre savant docteur nous fait connaître, l'agencement de ces touches infinitésimales de
l'organisme de la sensibilité. L'entéléchie se les est
procurées ; elle seule est capable d'avoir fait cette
acquisition, pour discerner, au moyen de ces éléments infiniment petits de ses conceptions, les
plus légers accidents des objets avec lesquels elle

est appelée à entrer en relation. Je laisse parler notre docteur.

« Qu'on se figure une série de petits corps pyramidaux, disposés en bandes parallèles, l'une à côté de l'autre, se donnant en quelque sorte la main, à l'aide d'un reticulum intermédiaire, et, de plus, stratifiées régulièrement, formant ainsi des couches successives, étagées, comparables aux couches de l'écorce terrestre ».

Ajoutons à ces traits de l'écorce corticale du cerveau, « que les fibres nerveuses entrent en conflit avec ces réseaux de cellules, et qu'elles vont insensiblement se perdre dans le reticulum ambiant ». Nous aurons ainsi une confirmation de mon assertion de tantôt, de l'universalité du régime de communication qui existe dans le système nerveux. C'est la canalisation du fluide, appelé à établir l'unité d'action de l'auteur de la personnalité, sur l'universalité des pièces de son organisme.

Pour mieux caractériser ces dispositions et le but, j'ajouterai ce dernier trait, que notre docteur m'offre en parlant de ces cellules, « qu'elles sont pour ainsi dire attirées vers les régions superficielles, comme une série d'*aiguilles aimantées* dans la direction du pôle; si bien que les bases sont toutes parallèles entre elles, et tournées du côté de l'arrivée des fibres nerveuses ».

On ne saurait mieux représenter, à la vue, cet influx du fluide, que certains observateurs croient être l'électricité, et à qui ils attribuent cette fonction générale de communication qui s'opère en la vie de la personnalité.

Les cellules de la substance corticale émettent, comme les autres, « de leur substance, une sorte de chevelu radiculaire très-délicat, qui s'effile peu à peu, en formant, de tout côté, un reticulum ambiant ».

C'est assez en dire pour faire comprendre cette disposition du lien. « Elle est telle que toutes les molécules sont aptes à vibrer à l'unisson ».

Dès lors on ne saurait plus mettre en doute la qualité physiologique, mécanique, des actions exercées dans la plus haute des régions du cerveau. Le philosophe métaphysicien en accepte la croyance, à titre de fait vérifié par des observateurs sérieux ; mais il ne peut y voir que des dispositions physiologiques destinées à provoquer l'action noologique.

Est-il nécessaire de rapporter ce que dit notre docteur de la fonction des fibres nerveuses ? Ce sont les traits d'union de la substance corticale avec les régions centrales du cerveau... Elles naissent d'abord à l'état de filament... comme dérivation médiate ou immédiate du reticulum propre de chaque cellule... ; puis, progressant entre les rangées des cellules, elles s'élargissent ; leur gaîne s'épaissit ; la substance grasse interposée devient plus abondante... ; elles passent insensiblement de l'état de fibrilles grises à l'état de fibrilles blanches.

Bref, les cellules ouvrent leurs bras l'une vers l'autre, et elles produisent, par elles-mêmes, de leur propre substance, leurs moyens de communication, qu'elles universalisent à l'organisme, dont l'entéléchie doit faire usage pour agir sur l'extérieur et en recevoir les actions et réactions.

Inutile de dire, ce semble, que la disposition des cellules en zones et la superposition des zones l'une à l'autre, est propre à former les actions nerveuses en ondulations vibratoires, se propageant de proche en proche, suivant la direction du substratum organique qui les supporte, soit dans le sens transversal, soit dans le sens vertical, des zones superficielles aux régions profondes.

2° Continuant ainsi l'exhibition des fonctions exercées, par les organes intérieurs de l'appareil cérébral, d'une façon très-rationnelle; montrant leurs formes et leurs dispositions réciproques, notre docteur nous introduit dans la couche interne, médiane, située en dessous de la couche corticale; il nous fait jouir d'un spectacle nouveau pour la plupart de ses lecteurs. C'est une doublure des appareils de la sensibilité extérieure. Nous la croyions simple, cette organisation; désabusons-nous.

Elle consiste, à l'intérieur, « en une série de petits noyaux, isolés, disposés en file, à la suite l'un de l'autre, dans une direction antéro-postérieure ».

C'est celle des sens externes, dont le premier, à l'avant, est celui de l'olfaction, et le dernier, à l'arrière, celui de l'audition.

Deux bandelettes, de substance grisâtre, tapissent les faces internes du troisième ventricule; elles sont en continuité de tissu avec les réseaux de la substance grise de la moelle épinière, qui remontent ainsi jusque dans l'intérieur du cerveau. C'est assez dire quel rôle elles vont jouer dans cet habitacle des agents de la sensibilité externe.

Quoique notre docteur ne nous le dise pas, on ne saurait douter que ces appendices de la moelle épinière ne fassent partie du contenu que les physiologistes qualifient de moelle allongée, en ce qu'elle prolonge le cerveau vers l'épine dorsale. On pourrait la considérer aussi comme la continuation de celle-ci vers le cerveau.

Ces noyaux de la couche interne « forment, à la surface, des tubérosités qui lui donnent l'apparence multilobulaire d'un ganglion congloméré ».

Si l'expérience n'était intervenue pour rendre apparentes les fonctions de ces organes internes de la sensibilité extérieure, le scalpel eût suffi pour les manifester.

Le noyau antérieur « est relié, directement, par une série de fibrilles curvilignes... à un amas de substance grise situé à la base du cerveau, recevant lui-même, directement, la racine externe du nerf olfactif ».

Le noyau subséquent à celui-là « est manifestement en continuité de tissu avec les racines grises des nerfs optiques ».

Les noyaux suivants, dans le même sens antéro-postérieur, sont en relation : le troisième, avec les organes des excitations sensitives ; le quatrième, avec ceux de l'audition ».

Quoique notre docteur ne nous le dise pas, on se trouve, d'après ces manifestations, enclin à croire que la couche intérieure du cerveau est disposée ainsi pour renforcer et tamiser les excitations physiologiques recueillies du dehors par les sens, et les transmettre aux noyaux où elles sont élaborées, rendues propres à agir nettement sur la conscience subjective.

On lui a donné, par métonymie sans doute, le nom de couche optique, en raison de l'importance du sens de la vue, auquel ce mot, d'origine grecque, fait allusion ; mais la couche tout entière est effectivement un carrefour ouvert, au milieu de la substance cérébrale, à l'accès de toutes les excitations émanées du bas de l'organisme de la sensibilité.

Notre docteur, continuant sa description de cette région cérébrale encore peu connue de nos jours, ajoute : « Ces noyaux des couches optiques sont des départements indépendants pour chaque classe d'impressions sensorielles, et la destruction de chacun d'eux peut amener la disparition ou l'altération de la fonction à laquelle chacun d'eux est spécialement attaché ».

Oui, ce sont les filtres des excitations objectives reçues de l'extérieur par les organes de la sensibilité, par les cinq sens.

C'est probablement sur ces corps que Flourens pratiquait ses vivisections, avant que les instruments d'optique perfectionnés lui eussent permis de distinguer ces particularités organiques, que notre intéressant docteur nous fait connaître.

Il ajoute cette explication, aussi intéressante, de l'origine de la substance grise centrale qui tapisse les parois internes des couches optiques : « Cette substance représente une élongation, dans le cerveau, de la substance grise centrale de la moelle épinière ».

Mais continuons de suivre les explorations de notre docteur, et bientôt apparaîtra, à notre conception, une notion exacte, positive, de cet immense organisme de la vie et de l'intelligence de la personnalité.

Il s'agit ici d'un autre appareil de jonction des parties de cet organisme, dans la même région cérébrale. Il est connu sous le nom bizarre de *corps strié.* « Il se présente sous la forme d'un amas gris-rougeâtre de consistance molasse. Il est situé en avant des couches optiques et s'étend, en s'amincissant d'avant en arrière, jusque vers leur région postérieure ».

Cette autre dépendance de la région interne du cerveau semblerait être un manchon de la suivante, dans le sens antéro-postérieur. Mais notons ce que dit notre auteur de la correspondance de cet ensemble avec la moelle épinière : « Tandis que les couches optiques...... sont groupées sur le prolongement des faisceaux postérieurs de l'axe spinal..., les corps striés sont situés sur le prolongement des faisceaux antéro-latéraux ».

Or, « dans la moelle, les régions sensitives occupent le plan postérieur, tandis que les régions essentiellement motrices occupent le plan antérieur ».

Le concert du bas avec les hautes régions du corps encéphalorachidien est ainsi bien manifesté, par les dispositions relatives des parties entre elles. Ce sont leurs dispositions topographiques qui décèlent leurs actions dans les deux grandes fonctions de la vitalité, l'excitation et l'incitation.

Rendons grâces aux explorateurs qui nous ont

fait connaître ainsi, à ce degré de précision, cette configuration du système nerveux, de la disposition des touches de la sensibilité et de la motilité. Sous l'action de l'âme, cet organisme cérébral permet à cet être de se procurer un entendement pour gouverner sa personnalité dans ce monde terraqué. Et, si bien cette personnalité s'y gouverne, quand elle respecte les lois de la nature accessibles à sa connaissance, qu'elle parvient à se concilier les autres êtres de la nature, à faire servir leurs qualités, leur activité respective pour l'accomplissement de sa finalité. On est frappé d'admiration à la vue des particularités de cette harmonie.

Sous la main de l'entéléchie, l'organisme ainsi constitué par le système nerveux est un immense clavier, dont elle obtient toutes les excitations dont elle a besoin pour concevoir et agir, pour sentir et ressentir; pour réagir sur son extérieur, d'après les résolutions inspirées, par sa pensée, à sa volonté.

Je n'ajouterai rien de ce que l'honorable docteur nous dit des grandes cellules nerveuses polygonales, à prolongements multiples, dont le corps strié est composé; des éléments, de volume plus petit, qui se trouvent, en une autre région, répandus en grande abondance; ni de leur configuration, ni de leurs fonctions particulières. Je laisse à ceux de mes lecteurs, qui seraient curieux de tels détails, le plaisir de les lire dans le livre du docteur Luys. Mais, poursuivant mon but, de montrer, par la manifestation de faits scientifiques, que c'est l'âme et non l'organisme qui

pense ; que, des deux opérateurs du grand phénomène de la pensée, le second n'en est que l'instrument, un moyen de communication de la substance physique avec la substance métaphysique,
vivant en la personnalité, je rapporterai quelques
autres faits cités par l'honorable docteur, complétant la notion du rôle que joue le cerveau pour
opérer les relations du sujet pensant avec son
extérieur.

En agissant, par des moyens mécaniques, sur
les circonvolutions de l'écorce corticale, on a fait
mouvoir à volonté : « les yeux, la langue, le cou
de l'animal » soumis à l'expérience.

« Il y a, dans le réseau de la couche corticale,
une série de petits centres moteurs, indépendants,
pouvant être sollicités à l'action et communiquant,
par des conducteurs indépendants, aux différents
segments du système musculaire »,

Des faits pathologiques ont manifesté les mêmes
relations organiques chez l'homme.

« Il existe donc un ordre spécial de fibres nerveuses, irradiées des différents départements de
la substance corticale, allant se distribuer dans
des territoires isolés de la substance grise du corps
strié, laquelle se trouve ainsi associée à tous les
ébranlements qui s'opèrent dans les réseaux des
cellules cérébrales ».

Mais il me semble impossible de méconnaître,
à ces termes de l'analyse physiologique présentée
par notre honorable docteur, l'existence, en ces
parages, d'une voie ouverte aux incitations provenant de la partie supérieure du cerveau, et de
ne pas nettement concevoir comment la partie

haute et la partie basse du système nerveux réus-
sissent à s'intéresser réciproquement à leurs ébranlements respectifs. On voit, en général, comment
une partie quelconque ébranlée communique ses
mouvements, ses vibrations à toutes les autres.

« On a reconnu, continue de dire notre docteur,
que les communications du cervelet avec le corps
strié s'opéraient au moyen de fibrilles d'origine
cérébelleuse, qui se disposent sous forme de filaments rayonnés jaunâtres, s'effilent, s'accolent
aux fibres blanchâtres spéciales qui viennent s'é-
panouir dans les régions correspondantes du corps
strié ».

Notre docteur signale ici une lacune que l'observation laisse subsister relativement au mode de
combinaison des éléments indirects « qui représentent, dans le cerveau, l'activité du cervelet ».
Mais si le *comment* est encore inconnu, le fait est
certain : « l'innervation cérébelleuse... est associée intimément aux phénomènes de la vie du
corps strié ».

Conséquemment, vie propre et en quelque sorte
indépendante dans toutes les parties du système
neryeux; fonctions distinctes chez chacune d'elles,
et principalement chez les dynamismes principaux, dont le docteur Luys nous a fait faire la
revue; mais relations intimes entre eux par voie
d'excitation et d'incitation.

Tel est le clavier dont le doigté nous fait admirer
l'artiste qui l'a conçu et le pratique si habilement.

Comme le dit le docteur Luys, « le corps strié
et la couche optique sont un terrain commun
dans lequel viennent se confondre, s'anastomoser,

pour ainsi dire, l'activité cérébrale, l'activité cérébelleuse et l'activité spinale ».

C'est un carrefour par où arrivent, de tous les
points de l'organisme de la personnalité, auprès
de l'entéléchie, toutes les excitations, et d'où par-
tent les incitations, après que ces phénomènes physiologiques ont reçu le cachet de l'Auteur de la vie.
C'est là que se transforment les excitations en sensations, les sensations en conceptions, et que les
conceptions, devenues des notions générales, permettent au sujet pensant de planer, par sa connaissance, sur tous les détails de son intérieur, de
son extérieur, et de cette immensité d'objets parmi
lesquels le sien n'est qu'un point mathématique.

C'est là que le toucher se transforme en tact,
que l'olfaction devient odorat; la vision, vue; l'audition, ouïe; que la dualité se transforme en unité;
que se corrigent les vices des organes de la sensibilité; que se corrigent leurs aberrations. « Quand
l'eau brise un bâton, ma raison le redresse », disait le bon la Fontaine. Oui, c'est là que se fait la
connaissance du sujet avec l'objet, la vraie connaissance, nette, positive, dépouillée des appa-
rences de la sensibilité. Et c'est là que l'entéléchie
apprend à ne plus douter d'elle-même, à ne pas
s'en laisser imposer par des fantômes que l'idéalisme secoue vainement sur sa vue.

C'est à regret que je me sers ici des termes de
transformation. Il n'y a pas transformation, mais
production, et même création. C'est un fait analogue à celui de la fructification végétale ou animale. Comme le fruitier nous gratifie de son fruit
en raison de la force dont il dispose, l'entéléchie

se gratifie elle-même de la vie, de la pensée, en y faisant servir sa sensibilité et sa force conceptuelle.

C'est tout ce que je puis trouver de réel, de positif dans la suite du discours de l'honorable docteur Luys, et je dois rejeter cette idée de l'arrivée au carrefour, dont je viens de parler, « de l'influx de la volition... au moment où il émerge de la profondeur des centres psycho-moteurs de l'écorce cérébrale ; qu'il fait une première halte ; qu'il entre en relation avec le substratum organique destiné à opérer ses manifestations extrinsèques ; qu'il se matérialise, en un mot ».

Voilà le mot prononcé, et il manifeste les préoccupations de l'auteur. Pas plus je ne puis admettre cette fantasmagorie « de l'influx de la volition, qui entre intimément en conflit avec l'innervation irradiée du cervelet,.. ; déjà il n'est plus lui-même ; il n'est plus le simple stimulus purement psycho-moteur du début ; il se trouve associé à cet influx nouveau, qui lui donne la force *somatique* et la continuité dans ses effets. Il sort donc du cerveau à l'aide des fibres pédonculaires, combiné avec un élément nouveau ; et, poursuivant son cours centrifuge, il va s'étendre çà et là en mettant en branle les différents groupes de cellules de l'axe spinal, dont il éveille ainsi les propriétés dynamiques ».

« ...... Réparti comme un courant électrique dans les différents départements qu'il anime, il va tantôt produire des mouvements phonomoteurs..., tantôt déterminer, dans les différents groupes musculaires, des mouvements d'ensemble ou des mouvements partiels..., suivant qu'il est distribué dans tel ou tel groupe de cellules, satellites, tributaires habituelles de ses sollicitations excitomotrices ».

« Les éléments des couches optiques épurent, transforment, par leur action *métabolique* propre, les ébranlements irradiés du dehors, qu'elles lancent, en quelque sorte, sous une forme spiritualisée, vers les différentes régions de l'écorce corticale. Les éléments du corps strié, au contraire, ont une influence inverse sur les incitations parties de ces mêmes régions de la substance corticale. Ils les absorbent, les condensent, les *matérialisent* par leur intervention propre : et, sous une forme nouvelle, après les avoir amplifiées et incorporées de plus en plus avec l'organisme, les projettent vers les différents noyaux moteurs de l'axe spinal, où elles deviennent ainsi une des stimulations multiples destinées à mettre en jeu les fibres musculaires ».

J'estime infiniment les données que nous devons à l'honorable docteur Luys, en ce qu'elles complètent celles de l'illustre Flourens sur le système nerveux. Je montre le cas que j'en fais par l'usage auquel je les destine, et par les citations minutieuses du texte de l'auteur, même de ces dernières parties, que je réprouve. Mais quelques égards que je lui doive, celui dû à la vérité l'emporte et me force à contredire l'explication forcée que notre docteur nous présente du grand phénomène de la pensée.

Ce phénomène ne résulte pas d'une épuration qui se ferait dans les couches optiques des excitations introduites par les organes externes de la sensibilité, ni des transformations opérées, par leur action *métabolique* simple (de ces organes internes), des ébranlements irradiés du dehors. Le corps strié non plus n'exerce pas une action propre sur les incitations parties de la substance corticale; il ne les *matérialise* pas; il n'y a pas plus de matérialisation en bas, que de spiritualisation en haut. L'agent des communications de l'extérieur avec l'intérieur subjectif reste le même dans son trajet; il ne se passe, dans le système nerveux, que des phénomènes physiologiques, jusqu'à ce que l'être intéressé à ces communications, les recevant, en informe sa conscience et éclaire ce phare si puissant, qui lui permet de discerner tous les détails de son intérieur et de son extérieur, de diriger ses volitions, de délibérer ses actes, de vouloir et d'agir. Aucun des agents de l'organisme n'est changé, et bien moins dénaturé. Mais une organisation est commencée, et, en se continuant, elle aboutira à la création de l'entendement chez la substance sensible. L'âme aura ainsi la faculté de la pensée. Le seul *métabolisme* qu'il soit possible d'admettre est celui de ce fluide dont il a été si souvent parlé; qui, poursuivant son cours centrifuge (centripète aussi)..., va mettre en branle les différents groupes de cellules de l'axe spinal (et des autres régions qu'il doit parcourir), dont il éveille les propriétés dynamiques. Ce métabolisme est comparable au mouvement de la bille que le joueur frappe sur le tapis vert du billard, intelligemment, dans l'intérêt du gain de la partie qu'il dispute avec son adversaire. Mais passons actuellement à la considération de l'ensemble des conditions du phénomène de la pensée, pour compléter l'évidence de l'existence, en nous, de l'âme, auteur de la vie, consciente, responsable de ses actions envers elle-même, envers le monde moral et envers Dieu, le juge suprême. Nous avons actuellement toutes les données nécessaires pour concevoir l'explication de ce grand phénomène et l'opérer, sans composer un roman physiologique pareil à celui du docteur Luys, ni un roman idéaliste : une fiction matérialiste ou spiritualiste; nous pouvons en produire une notion positive. Attendons que la lumière soit faite sur la nature de la causalité et des créatures qui exercent cette activité, dont les actions ont donné lieu aux erreurs du matérialisme et du spiritualisme.

VI.

C'est en cédant aux impulsions de l'âme que le fluide, dont la nature est encore indéterminée, va imprimer la direction aux dynamismes dont l'intérieur physiologique est peuplé, grands et petits, aux cellules elles-mêmes, desquelles il éveille l'activité. C'est en revenant de ces communications avec les parties de l'organisme, qu'il va informer la sensibilité de l'âme de ce qui se passe dans les dépendances de son empire. On croirait volontiers que cet agent des communications vitales de l'organisme est, pour le dynamisme de celui-ci, ce qu'est le sang artériel pour la vie des organes physiques en général.

En preuve de l'intervention de l'âme, au moyen du fluide vital, dans la direction des dynamismes physiologiques, je citerai les exemples fréquents des hésitations de la personnalité à l'établissement de ses habitudes durant l'enfance, et aussi dans la formation des pratiques du restant de sa vie.

Véritablement, il faut tout l'empire que peut exercer sur l'esprit la préoccupation d'un système préconçu, pour faire méconnaître l'existence de l'âme et ses actions si variées dans la vie de la personnalité ; pour les dissimuler à un philosophe qui manifeste son habileté et sa sincérité dans ses études et ses recherches, relatives à une science à laquelle il a voué sa vie. Cette préoccupation du physique est la seule cause qui ait pu éloigner l'honorable docteur Luys de reconnaître l'intervention de la nature métaphysique dans les phénomènes de la vitalité. Il n'est pas le seul à témoigner de ces préoccupations ; son collaborateur, le professeur de physiologie à la Faculté de médecine de Paris, les partage, et bien d'autres encore. Leur excuse commune est dans l'habitude d'expliquer les phénomènes de la vie tout par l'usage du scalpel et des instruments d'optique; jamais au moyen des données de l'observation et de l'expérience dont les sciences morales disposent. Mais revenons aux fruits recueillis des études physiologiques, et n'encourons pas le blâme de partialité en raison des critiques que je me suis permis d'adresser à ces honorables docteurs ès-sciences physiques. Justifions ces critiques.

Ce cerveau, si bien exploré jusqu'à présent, est le champ principal sur lequel est appelé à faire ses évolutions, à exercer son métabolisme, ce fluide, maintes fois nommé par notre honorable docteur, et dont l'existence a été reconnue par d'autres physiologistes. Par ses allures, on peut conjecturer sa nature. A un fluide tel que l'électricité ou l'éther, que M. Fizeau nous a si bien fait connaître, s'il n'y a pas toutefois identité entre les deux; d'après la constitution infinitésimale de l'éther, il est possible de lui attribuer légitimement ces impressions sensitives si minutieuses, qui avertissent l'âme des particularités objectives infiniment petites, et lui permettent de produire ces incitations fort minutieuses de la vie végétative; de former, en sa conscience, ces pointillements dont elle compose ses notions, et au moyen desquelles l'être pensant produit en soi la représentation des plus vastes tableaux. C'est l'éther qui, dans l'action, permet à cet être de mettre en jeu les contractions des fibres musculaires si nombreuses; desquelles il est possible d'imaginer la complexité, en considérant les pratiques des arts, celles surtout des plus savants, l'élocution et la musique.

A un fluide tel que l'éther, il est permis d'attribuer la merveille d'un pareil métabolisme entre la substance pensante et celle de son organisme. Mais, moyennant cette donnée, on s'explique l'exercice des actions et les effets produits par la collaboration des organes cérébraux; on conçoit comment et pourquoi les ébranlements subis par les sens externes se propagent vers ceux de la périphérie corticale, après avoir mis en éveil divers territoires de cellules interposées ; comment elles sont distribuées à des centres distincts, répandus dans la substance certicale ; comment, etc... Ces correspondances et une foule d'autres analogues de sensibilité et de motilité sont évidentes. Mais cette dissémination de dynamismes est une preuve de l'intervention du tiers, opérateur du métabolisme, d'où résultent ces effets d'unité dont la vie nous offre des exemples si nombreux. Ils impliquent tous l'action centralisatrice de l'entéléchie.

Ce peut être dans la section du *sensorium commune*, ainsi qualifiée par les physiologistes ; dans ce carrefour si nettement tracé par le docteur, que s'opèrent ces concentrations ; que les impressions sont transformées en idées appropriées à leur provenance ; qu'elles mettent en jeu la sensibilité, l'émotivité..., qu'elles s'associent, grâce au *reticulum* organique à travers lequel elles évoluent.

Ces explications peuvent être acceptées moyennant quelques corrections de style, mais en restreignant leur sens, au point de vue physiologique. J'engagerais l'auteur à compléter sa pensée, par les données que nous devons aux auteurs des sciences morales ; en associant les données de la science métaphysique à celles de la science physique, on aurait l'expression positive de la vérité du phénomène intellectuel.

Au demeurant, notre auteur nous fait bien connaître, d'après les recherches qu'il en a faites,

ces éléments de la substance blanche qui serven
de fils conducteurs à chaque groupe de cellules
avec lesquelles ils sont en connexion; comme le
fil électrique qui exporte l'agent impondérable
que secrète la pile avec laquelle il est uni».

L'existence du mobile est ainsi bien reconnue,
et nous aurons le droit de lui attribuer ce métabolisme dont notre auteur accuse l'existence; le
droit, par suite, de maintenir, aux agents des phénomènes de l'intérieur subjectif, leur invariable
unité de substance et de qualité. Notre docteur
s'accorde d'ailleurs, avec les autres physiologistes,
à reconnaître la constitution des fibres par trois
éléments: l'un, central, de nature nerveuse, qui,
«la plupart du temps, entre directement en connexion avec le reticulum intime de la cellule nerveuse»; l'autre, extérieur, le névrilemme, et l'autre,
interposé aux deux précédents, « une substance
graisseuse, oléo-phosphorée, très-réfringente», que
notre docteur qualifie de myéline. L'innervation
a lieu par la substance centrale de la fibre. Cette
substance existe à l'état de nudité dans la cellule,
et elle est habillée, comme je viens de le dire, en
l'organe de communication du fluide, chez cet intermédiaire, qui met en relation les éléments physiologiques du sujet et son extérieur objectif.

C'est ainsi que les fibres de la substance blanche
permettent, au sujet pensant, de soumettre à
l'unité la pluralité des impressions, rapportées
simultanément des parties homologues du cerveau: les hémisphères et les corps opto-striés.
Notre docteur entre dans bien des détails à ce
sujet, que je crois inutile de rapporter, parce que

je ne fais pas un cours de physiologie ; mais je rapporterai encore un fait, cité par notre docteur, caractéristique du rôle que joue le corps encéphalo-rachidien, et particulièrement l'encéphale, dans la production de la pensée. C'est un fait probant de cette assertion que j'ai si souvent émise, qu'à l'âme seule sont dues les fonctions vitales et que l'organisme n'était que son coopérateur, son instrument. Avec raison on a dit jadis que la personnalité consistait en une âme servie par des organes.

Ce fait, accueilli par le docteur Luys, est celui de l'existence, « parmi les éléments qui entrent dans la structure de l'écorce cérébrale, d'une substance puissante, la névroglie, qui y joue un rôle de premier ordre ».

« C'est une trame d'une délicatesse extrême. Irradiée des parois de la gaîne des capillaires des membranes cérébrales...., dont les prolongements.... plongent de toutes parts dans la masse de la substance corticale », elle forme un réseau de plus en plus ténu..... « où sont encastrées les cellules nerveuses du tissu fibreux blanc, qui les enchâsse de toutes parts ».

Cette comparaison est très-propre à faire connaître la fonction de la névroglie, en raison du rapport ainsi signalé avec le zeste de la grenade ou de la noix.

La névroglie « constitue cet immense réseau de substance conjonctivé, partout continue à travers les appareils nerveux, depuis la moelle jusqu'au cerveau, servant de support à tous les éléments anatomiques, individuellement..... constituant, pour eux, un véritable ciment pour les souder, les unir...., en même temps qu'il leur sert de support et de moyen de nutrition ».

« La névroglie est un appareil de protection et d'isolement, qui tamise en quelque sorte les sucs nutritifs irradiés des méninges » Si l'auteur a emprunté ce terme à la langue italienne, il a bien représenté par la désinence un fouillis de filaments nerveux, servant à la contexture du système et à l'alimentation de toutes ses dépendances, même les plus ténues.

On pourrait croire aussi que la névroglie sert de communication aux autres fluides qui mettent le cerveau en action; ceux que les capillaires lui apportent, et l'auteur lui-même du métabolisme reconnu par notre docteur.

Le voilà donc bien disséqué, décomposé en ses parties principales et en celles infiniment petites ; analysé comme le mixte chimique, réduit, par l'action des réactifs, aux individualités atomiques qui s'étaient coalisées pour le produire; le voilà émietté, ce vaste corps, que l'auteur de la pensée a sous les mains, et qu'il manie si habilement pour exécuter ses concerts intellectuels. Ses touches, de grandeur infinitésimale, de même dimension que les éléments des corps de l'extérieur objectif, sont, comme on voit, bien disposées pour entrer en relation avec ceux-ci : la lumière, les effluves odorantes et sapides, les fluides et les gaz. Ces impondérables peuvent se jouer avec les substances infinitésimales de l'intérieur, par l'intermédiaire d'un fluide impondérable aussi. Les deux partis peuvent faire acte de présence l'un envers l'autre, médiatement ou immédiatement.

Nous connaissons le comment de ce mystérieux phénomène, car la physiologie ne nous laisse plus rien à désirer ou bien peu, à son point de vue, celui de la matérialité; et la noologie nous a dit comment l'excitation mécanique est transformée en sensation de nature métaphysique, par la vertu de la sensibilité dont l'auteur de la pensée est doué ; puis comment les sensations sont travesties en conceptions et en représentations des scènes de l'extérieur; comment, enfin, la conscience de la personnalité est avertie, instruite de ce qui se passe en son intérieur subjectif et en son extérieur : ces métabolismes sont les résultats de l'action de présence, de laquelle j'aurai à parler plus tard.

A l'extrême simplicité d'une sensation pure, voilà que succèdent, en la conscience, des complexités de plus en plus grandes, celles de la pensée. Et celle-ci est représentée, en la parole, par la proposition, par la période, par le discours. Devant ces représentations, le dynamisme de la motilité ne recule pas pour exécuter les actes, les actions résolues par la volonté, pas plus que celui de la sensibilité n'a faibli dans la représentation du mixte intellectuel. Ce sera l'opéra, composé par le maëstro, et à l'exécution duquel il conviera une foule d'exécutants; ce sera l'oraison de l'orateur romain, défendant auprès de ses juges le droit de cité disputé à un ami; ce sera l'œuvre d'un Newton ou celle d'un Laplace, détaillant les pièces dont l'immense mécanique céleste est composée.

A ce travail de synthèse, comme à tout effet qui se produit au monde, il y a une cause. Et ici cette cause s'accuse elle-même. C'est l'âme, qui exécute le travail d'analyse et de synthèse, dans l'intérêt de sa personnalité. Elle y laisse empreint son cachet, et offre, à quiconque veut prendre la peine de regarder, cette preuve de paternité ; devant cette preuve, le criminaliste ne recule jamais pour reconnaître l'auteur du crime : l'intérêt de celui qui en profite : *cui prodest !*

Ce cachet est appliqué sur toutes les productions de l'esprit humain. Considérez-les, et vous reconnaîtrez qu'à la touche de la personnalité se joignent celles des individualités du genre humain. Pour le service de toutes, ces produits de l'intelligence ont été mis à jour et recueillis dans les encyclopédies des sciences. J'ai montré, en noologie, que toute science se composait, outre une partie théorique, d'une partie pratique, à l'usage de l'humanité. Tous ses membres pensent de la même manière, sous l'inspiration d'une finalité identique.

Ne disputons donc plus de l'existence de l'âme et de ses opérations vitales et intellectuelles : l'organisme en est incapable ; il ne peut en être que le coopérateur, l'exécuteur dans le champ de la matérialité, après en avoir été le produit. Ce champ a été ouvert, par la Providence, comme à l'humaine entéléchie, à toutes celles qui agissent dans l'univers. Et toutes concourent à le remplir de ces phénomènes de matérialité.

En preuve, s'il le fallait, je citerais Démosthène

courbant son organisme vocal au service de son génie oratoire.

Il n'y a que l'entéléchie, créature immédiate de Dieu, qui, douée, ainsi que nous la voyons, de sensibilité, de conception et de réflexion, soit capable d'exécuter ces phénomènes de concentration qu'implique la pensée, aux points de vue physique et métaphysique. Si Vaucanson a réussi à construire un flûteur, jamais le mécanicien le plus habile ne parviendra, comme il n'est pas encore parvenu, à construire un compositeur de musique, un maëstro, un orateur, un poëte. Trêve à ces plaisanteries : on ne se joue pas ainsi avec la réalité.

VII.

Si, sans se détourner de leurs travaux respectifs, les collaborateurs de l'humaine connaissance, sentant les devoirs que leur impose ce titre, se communiquaient les résultats par chacun d'eux obtenus, ou se les demandaient ; la conscience publique ne serait pas affligée de ces affirmations, prononcées par des personnalités imposantes. Elles le sont ; mais étant préoccupées de leurs fonctions respectives, de couleur matérialiste pour les unes, spiritualiste pour les autres, ces personnalités savantes produisent des opinions sur lesquelles déteignent ces préoccupations du matérialisme ou du spiritualisme ; également fausses, parce qu'elles impliquent la violation de cette loi de l'entendement, qui le condamne à être le trucheman de la nature ; qui lui fait un devoir de ne pas tronquer les communications qu'il en a reçues.

Que les coopérateurs de l'humaine connaissance se forment en congrès, sans aucune autre préoccupation que celle de faire briller la vérité, devoir commun à tous ; et la quadrilogie, dont je poursuis l'examen, ressortira et se répandra dans le sens commun de l'humanité. Comme il y a une âme en chacun de ses membres, responsable de ses actes parce qu'elle a été douée pour en avoir la conscience, il y a, au ciel et partout, un juge commun, en même temps qu'un Père commun à tous les mortels. Ces vérités ressortent toutes, par la même évidence, des effets de causalité ; celle qui fait ressortir, de la considération de ses œuvres, l'existence de l'entéléchie ; celle de l'humaine société, pour mettre les membres de l'humanité en relation de services entre eux ; celle du christianisme, pour l'animer, la moraliser. Ces deux œuvres, avec tant d'autres, manifestent la main du Tout-Puissant, de l'Eternel. L'exploration du fait conduit toujours et partout l'entendement à la connaissance du droit : le phénomène manifeste le noumène.

Mais passons actuellement à la considération des autres données, que nous tenons de la physiologie, sur le mobile ou l'agent de ces communications, dont l'existence est démontrée par le fait lui-même. Nous y joindrons les conjectures de la science sur le siége probable de l'entéléchie en son organisme encéphalorachidien.

1º Sur ce dernier point, l'illustre Flourens, à qui je suis allé faire hommage des deux premiers

volumes de mon traité de *Noologie*, et m'entretenir avec lui de ce sujet, m'avait paru accepter
cette conjecture, que le nœud vital, ce point central des fonctions vitales intellectuelles et physiologiques, pourrait bien être emplacé à la commis-
sure du cerveau, du cervelet et de la moelle allongée.

Les données de l'honorable docteur Luys don-
neraient lieu à une conjecture analogue, et auto-
riseraient l'idée de la réalité d'une localisation ;
mais quand nous aurons considéré, comme nous
allons le faire, cet intermédiaire commun à toutes les fonctions exercées par les dynamismes qui
agissent dans la nature; que nous aurons recueilli les données de la physique et de la chimie, nous pourrions bien nous laisser persuader
que le mode de communication et d'action est
universel. C'est l'action de présence qui détermine, à l'acte propre à son activité, l'auteur de
l'action. Ainsi l'action et la réaction, liées entre
elles par la qualité même des agents, peuplent de
phénomènes la nature, et la peupleront aussi
longtemps qu'une telle force ne sera pas neutrali-
sée par telle autre. Encore, en ce cas, il y aura
simplement équilibre, un phénomène de statique succédant au phénomène dynamique ; mais
jamais et nulle part, pas de destruction, par
anéantissement de quelque produit que ce soit
du Tout-Puissant.

N'allons pas croire que l'humaine entéléchie
puisse être logée dans quelque cellule nerveuse.
L'auteur, le directeur des actes de la vie est indépendant de ses auxiliaires, comme le dignitaire

l'est des personnes qui lui font cortége. Si elles in-
fluent sur sa marche, elles subissent l'influence de
son action : entre eux il y a réciprocité d'action,
mais diversité d'effets, aussi grande que l'est celle
de nature.

En notre siècle, où abondent les observations
recueillies dans l'étude du physique et du métaphysique, nous pouvons espérer de réaliser une
entente des esprits, si désirable en toutes choses,
mais surtout sur cette quadrilogie, d'où dépend
l'existence, dans le présent et dans l'avenir, de la
personnalité et de l'humaine société, son existence
morale et leur bien-être physique.

2° L'anse nerveuse peut être considérée, avec
certitude, comme l'unité de la constitution si variée du système nerveux, et, plus simplement, la
fibrille qui en émerge ou y pénètre pour opérer
l'innervation. C'est le résultat final de ces dispositions à produire l'excitation ou l'incitation physiologique. C'est dans la considération de cette
unité-là que se peut faire concevoir ce mobile que
nous cherchons à connaître, que peut se dévoiler
le secret de communication de l'entéléchie avec
son organisme, et, par celui-ci, avec l'extérieur.

M. Béclard déclare nettement que « le nervule
est un conducteur ». C'est par son canal que passent et arrivent à leur destination l'excitation à la
sensibilité et l'incitation adressée à la motilité. A
ce sujet, le savant professeur de physiologie, sans
contredire ses collaborateurs à la science, est plus
explicite qu'eux. Il nous apprend que le diamètre
du nervule a pour mesure deux centièmes de mil-
limètres. Malgré cette extrême petitesse, c'est dans

là matière nerveuse centrale seulement qu'a lieu la circulation du fluide. D'après le même professeur, cette matière, conductrice de l'innervation, présenterait la même réaction que la fibrille. Impossible de l'analyser par le moyen des réactifs chimiques ; inutile même, car ce serait la rendre impropre à sa fonction, et, par suite, rendre le mode de celle-ci méconnaissable.

Tout ce qu'on peut dire, c'est que ce conducteur de l'innervation est un principe immédiat de l'organisme, qui n'admet, dans ses relations, que des coopérations organiques. On a peine à concevoir cette prodigieuse finesse de tissu.

Cependant, si les éléments de l'axe du nervule ne se laissent pas voir, ils se laissent concevoir par les actions qu'ils exercent. Entre eux s'opèrent ces effets de contact ou de présence auxquels se réduit l'influx nerveux, l'excitation ou l'incitation. A ce point de vue, on les pourrait comparer aux éléments de la matière métallique, entre lesquels se font les communications télégraphiques, s'opèrent les métabolismes de l'électricité.

Les collaborateurs de l'humaine connaissance, ces philétiens jaloux de connaître la raison d'être des choses, ont poussé fort loin leurs investigations sur ce phénomène de communication nerveuse. M. Béclard en rapporte de fort curieuses, que je reproduirai ici.

Les fibres destinées au service de la sensibilité paraissent distinctes de celles de la motilité, en ce qu'elles cheminent séparément. Cependant aucune différence anatomique ne s'est encore révélée entre elles, et MM. Gluge et Thernesse, voulant in-

terroger sur ce point l'expérience, n'ont pu intervertir l'une ou l'autre fonction en soudant un seg-
ment du nervule de celle-là au corps de celui-ci.

Le nervule pourrait donc, comme le dit M. Béclard, être considéré, au point de vue général,
comme le conducteur d'un mobile dont la nature
est à déterminer, mais dont le moteur nous est
actuellement bien connu, l'entéléchie.

VIII.

Bien des recherches ont été faites et des conjectures émises au sujet de ce mobile. J'en emprunte la relation à M. Béclard.

Le physiologiste Walker a remarqué que « l'excitation des nerfs, séparés des centres nerveux
auxquels ils aboutissaient, s'affaiblit, disparaît
peu à peu, en procédant du point de leur termi-
naison périphérique». L'origine de l'influx était
donc centrale, comme l'est l'écoulement des eaux
d'une source, qui tarissent, se dessèchent, en progressant du point de décharge à celui de l'écoulement.

Autre remarque. Les actions de l'anse, l'une
directe, l'autre réflexe, ne sont accompagnées,
même dans la branche vouée à la sensibilité, d'aucun mouvement visible. C'est un effet pareil à ceux
de la télégraphie. Les deux phénomènes de communication, également réels et incontestables, se
font concevoir et accepter, quoique invisibles, en
raison de leurs résultats alléloleptiques. C'est le
métabolisme de l'action de présence. J'emploie

volontiers cette expression du docteur Luys, en ce qu'elle rend remarquable et caractérise nettement la communication télégraphique de l'électricité qui se fait dans le temps, sans mouvement, sans déplacement dans l'espace.

La preuve de l'existence d'un courant, de nature électrique peut-être, produisant les phénomènes de l'innervation, se déduirait encore des faits suivants.

La moelle nerveuse et son contenant doivent se trouver dans leur état d'intégrité pour que la communication ait lieu; il doit y avoir continuité dans les tubes; la contiguïté des parties ne suffirait pas pour que la transmission se fît.

Le nerf n'agit plus, quand il est divisé ou soumis à une ligature.

Il y a longtemps que l'illustre Flourens a constaté ce fait, de l'interception du courant, par la section du nerf, dans son trajet de la périphérie au centre.

D'où la conséquence que le siége de la sensibilité et le point de départ des incitations volontaires à la motilité sont dans l'encéphale. Je rapporte les paroles de M. Béclard. Flourens ne parlait pas autrement. Mais ne perdons pas de vue le caractère métabolique de cette communication, parce qu'il en explique la rapidité.

On pourrait qualifier d'hallucination cette prévention que la sensibilité est à la périphérie, car sa fausseté est démontrée par l'expérience que fit Rey-Régis sur cet hémoplégique auquel il donnait ses soins, et qu'il observait en véritable philétien; comme l'opérateur anglais, inventeur du procédé d'abaissement de la cataracte, étudiait l'effet métaphysique produit par l'opération sur l'aveugle-né auquel il procurait la vision. Cet hémiplégique, en perdant la motilité, devint, par ce fait seul, incapable de localiser, à son extérieur, les impressions de la sensibilité qu'il recevait, par communication, de l'autre fonction restée intacte. C'est donc par l'exercice de la motilité qu'il avait acquis, et que nous suivons tous, cette habitude de rapporter à la périphérie la sensation qui se produit, à l'intérieur de l'organisme, en la conscience. C'est une vraie hallucination, j'ai bien raison de le dire.

Ce fait prouverait en faveur de la dualité de la fonction nerveuse, que les expériences ci-dessus citées semblent contredire. Mais laissons ces particularités pour nous attacher à la détermination de la nature du mobile, dont l'importance se fait sentir dans l'explication des phénomènes de communication en général, dans les métabolismes de la nature physique et métaphysique.

M. de Bois-Reymond a reconnu la nature de l'électricité dans les courants nerveux, quand il les a étudiés à l'aide d'instruments d'une grande sensibilité.

M. Béclard semblerait vouloir écarter cette idée ; mais les considérations contraires qu'il présente ne me paraissent pas autoriser l'exclusion de ce fluide comme agent de l'innervation.

L'innervation est une espèce. de télégraphie, avec des différences motivées par la diversité de nature des agents. Ainsi s'explique cette circonstance, que les actions propres de la moelle et des centres nerveux ne peuvent être surexcitées que par une action organique. Mais il existe un rapport entre les actions des deux ordres de molécules, qui est constant et implique l'unité de nature : c'est une action de présence commune aux deux, l'action telle qu'elle est reconnue en chimie. Ainsi s'explique la rapidité de l'effet qui s'opère dans le temps, sans déplacement dans l'espace.

L'opinion de M. de Bois-Reymond est donc acceptable.

Ce sont les molécules elles-mêmes de l'axe du nervule qui exécutent la transmission, en exerçant et subissant l'action de présence opérée par le mobile des communications nerveuses; en opérant le métabolisme dont j'ai parlé. L'âme, qui en est le point d'arrivée et de départ, en scelle les effets du sceau métaphysique à elle propre. Elle fait de la pensée et de la volonté, à la manière dont les dynamismes de la nature opèrent les effets à eux propres, en agissant, chacun d'après ses qualités, dans le concert universel des créatures de l'immense dynamisme de l'univers.

L'entéléchie fait de l'incitation en dirigeant son action, tantôt sur telle touche du clavier nerveux, tantôt sur telle autre : là, pour se procurer les informations dont elle a besoin ; ici, pour appeler à son aide, par l'intervention du système musculaire, tantôt la fonction de la digestion, tantôt celles de la respiration, de la sanguification, de la circulation du sang, et, en particulier, celle des organes composant ces appareils. De là ces modalités de l'innervation, que la science constate et distingue dans leurs phénomènes infiniment petits. Le jeu de ce vaste dynamisme s'explique par l'immixtion du système nerveux au système musculaire, et par l'éparpillement de la qualité contractile de celui-ci, qui va répandre la motilité sur tous les points où s'exerce l'excitabilité du système nerveux. Tous ces phénomènes physiologiques impliquent l'intervention du même noumène, l'âme, qui les ramène à sa finalité ; qui, de ces diversités phénoménales, fait résulter l'unité, la vie de la personnalité.

Il importe de considérer ici, dans l'intérêt des études noologiques de l'humaine connaissance, cet à-propos de tous les actes de vitalité et leur tendance à un but voisin, immédiat; puis, après qu'il a été atteint, l'emploi fait du résultat comme moyen d'en atteindre un autre, qui sera, à son tour, après réalisation , employé à un pareil usage : indéfiniment, de proche en proche , jusqu'au dernier souffle de la vie de la personnalité.

L'entéléchie est donc bien le nom propre, technique, du principe qui anime la personnalité. Ce sont ses actes qui le lui valent.

Si elle ne se laisse pas voir, elle se fait concevoir, soit par ses actes, soit par le dynamisme dont elle fait usage et dont nous devons la connaissance aux philétiens de la physiologie; l'humaine entéléchie témoigne de sa confiance en une destinée bien plus haute que celle de la vie de sa personnalité en ce monde ; une destinée au regard de laquelle le déploiement tout entier de sa finalité en celle-ci n'est qu'un moyen. Mais revenons sur un point au sujet duquel je n'ai dit qu'un mot et qu'il importe de connaître avec plus de

détails , en ce que nous y apprendrons comment
l'entéléchie fait son ménage , à l'intérieur de son
organisme, avec la fonction de motilité,

IX.

L'étude de la fonction de motilité est intéressante, d'ailleurs , en ce qu'elle ouvre à l'attention
la vue des rapports avec des scènes de l'extérieur ;
des rapports qui permettent de juger de l'unité de
la nature au milieu de laquelle l'humanité est
appelée à vivre. Quand nous passerons à l'observation de ces scènes de l'extérieur objectif, nous
reconnaîtrons que la création tout entière est
coordonnée avec le régime auquel est soumise
l'entéléchie. Il y a unité dans les relations de
toutes les parties de ce vaste ensemble.

La substance musculaire, avec qui celle des
nerfs est mise en relation pour produire les actions vitales, est constituée, disposée pour sentir
l'influx nerveux et y obéir, par l'exercice de sa
qualité propre, la contractilité.

Voyez ce produit industriel de la matière textile
se contracter ou se relâcher, gagner en un cas
en grosseur ce qu'il perd en longueur, et, dans
l'autre, s'allonger en s'amincissant, sous l'action
des fluides répandus dans l'atmosphère. En ces
variations des produits de la corderie, vous avez
l'exemple de ce phénomène qui s'accomplit dans
le tissu musculaire sous l'excitation de la substance nerveuse. Les mouvements de contraction
et d'extension du tissu musculaire deviennent des

actes, des actions visibles à l'extérieur, quand le muscle s'applique aux pièces de l'organisme, et notamment aux pièces de l'ossature.

Ce simple phénomène de contraction se diversifie, à l'extérieur de la personnalité, en ces multitudes de pratiques que la science inspire aux arts,

C'est ainsi que le levier se transforme en des multitudes de rouages, que l'art-mécanique utilise en pratiquant les lois de la nature.

D'après cette raison, que décèlent les rapports du mécanisme de l'intérieur de la personnalité avec son extérieur, on voit comment se fait le ménage de la sensibilité avec la motilité, sous la direction de l'entéléchie. Au point de vue chimique, c'est de la distillation, pour la production de liquides nécessaires au travail de la mastication, de la formation du bol alimentaire, de sa dissolution en suc nutritif, etc. C'est de la mécanique, dans le déploiement vermiculaire du tissu musculaire de l'œsophage et des intestins, C'est de l'hydraulique, pour le mouvement de projection des liquides : du sang noir vers le cœur, et, de ce point pour la projection vers les poumons, où le liquide altéré par les fonctions vitales doit être vivifié par l'aspiration de l'air atmosphérique ; et, de là, par le même agent de projection, le cœur, vers lequel il retourne, pour être répandu à toutes les parties de l'organisme, qui aspirent à jouir de ce *pabulum vitæ*, comme dit le docteur Luys.

Mais, dans ce grand acte de la nutrition, on remarque des phénomènes qui n'ont d'analogues que chez les créatures de constitution, vivant aussi sous le régime d'une entéléchie ; des phénomènes que la science est impuissante à expliquer. Consultez les maîtres de la science chimique, et ils vous répondront que la chimie organique est bien supérieure à leurs pratiques, en puissance et en uberté; ils vous affirmeront que l'acte de nutrition est un phénomène vital qui ne s'explique pas autrement que par des tautologies.

C'est un fait primitif, analogue à celui du levier et à tant d'autres, qui se font voir ou juger par la manifestation de leurs qualités. Tel est le phénomène de conscience, qui répand partout la lumière sans se laisser voir, autrement qu'en se produisant en la substance de l'humaine entéléchie.

La vie est la gymnastique de l'âme, par laquelle elle manifeste son existence à quiconque a des yeux pour voir. Aveugle est quiconque ne la voit pas. Tout le monde la peut voir, en s'informant de la nature de l'humaine connaissance et en la pratiquant.

« L'homme, dit M. Béclard, n'entretient sa vie que par un échange incessant, avec le dehors, des choses du dedans.

» Depuis le moment de sa naissance jusqu'à celui de sa mort, il prend à la nature et il rejette dans son sein les éléments de ses organes ».

Cuvier, le Grand (George), avait fait cette observation, qu'il considérait comme une loi de la nature. Il qualifiait de tourbillon vital ce mouvement de matières organiques entre la personnalité et son extérieur. L'illustre Flourens, son élève, a prouvé que ce tourbillon existait, même dans l'ossature, et que la personnalité tout entière était soumise à des rénovations périodiques totales.

La personnalité seule reste immuable au milieu de la versalité de son organisme, sur le roc iné-branlable de son entéléchie. Quelle meilleure preuve de l'existence et de l'immuable immorta-lité de cet être faudrait-il au sceptique pour le convaincre ?

Quelle que soit la qualification qu'on veuille donner à la substance de l'âme, on peut dire d'elle, avec certitude, qu'elle est, comme on a fait dire au Créateur, se définissant lui-même : Je suis celui qui est.

Mais si elle est, on ne saurait dire d'elle, comme du Créateur, qu'elle subsiste par elle-même. L'afflux du sang dans tout son organisme, celui des autres fluides, celui encore que vient de nous faire connaître le docteur Luys, sécrété par la névróglie pour le service particulier, ce semble, du système nerveux, sont des conditions néces-saires à la subsistance de la personnalité : ce sont les pièces du mécanisme que fait mouvoir son en-téléchie, de concert avec les autres dynamismes qu'elle s'est procurés en exerçant son activité sur les autres créatures ; en provoquant l'action de présence sur elles et entre elles par le mou-vement imprimé par elle à l'ensemble ; en pro-duisant une foule de phénomènes de matérialité. Mais ne confondons pas l'être avec ses fonctions. L'un existe par sa substance, les autres par son action première de matérialité sur les créatures de son milieu. Ainsi s'expliquent les phénomènes dont parle ensuite notre auteur :

« La soustraction du sang amène, chez les ani-maux supérieurs, la disparition presque instantanée de la sensibilité et de la force incito-motrice ».

L'animal meurt, en ce sens que les fonctions de la vie végétative ont cessé de s'exercer; mais, continue de dire M. Béclard, à qui je fais tous ces emprunts, si, après cette rude épreuve, « on injecte du sang dans les artères du patient, et qu'on entretienne la respiration artificiellement, la force excito-motrice reparaît ».

Mais, cette réapparition est un phénomène purement physiologique. L'entéléchie n'est pas rentrée en possession de sa fonction vitale. Le savant physiologiste ajoute ces mots : « La sensilité ne reparaît pas, car ce serait une résurrection de l'animal ».

Ce qui reste du produit de l'action de matérialité, exercée par l'activité animale sur le milieu de l'individualité, est un mécanisme plus parfait que ceux de l'art; et, quand il est abandonné par son principe auto-moteur, il est impuissant à opérer les phénomènes de la vie. Encore une fois, c'est l'entéléchie qui vit et qui fait vivre l'organisme physiologique : ce n'est pas le corps qui fait vivre l'âme. Gardons-nous des métalepses de la rhétorique en matière scientifique. Observons les faits pour concevoir les lois de la nature et en livrer la représentation à l'entendement.

Ce qui est vrai de l'animal l'est également de l'homme. Il n'y a plus de personnalité dans un cadavre abandonné par l'âme.

C'est à l'âme, encore une fois, à l'être pensant, qu'est dû le sens du tact dans les phénomènes

du toucher; de la vue auprès de ceux de la vision;
de l'ouïe traitant ceux de l'audition ; de l'odorat
agissant sur ceux de l'olfaction; du goût sur ceux
de la gustation ; pour informer la conscience de
la personnalité. Et, plus de conscience, quand la
substance consciente s'est évanouie.

Le caractère métaphysique de ces phénomènes-
là, si nettement distinctif de ceux-ci, mérite
d'être remarqué, car il signale la nature de l'âme.

A elle seule, il est possible d'emplacer dans le
temps les phénomènes de la vie.

Plus de vaine curiosité! Cessons de rechercher
quelle est l'essence de cette source de phénomènes.

Dieu seul a les clés de cette source et en connaît la nature.

Aussi, ces philosophes philétiens, qui ont
exploré la vitalité dans les régions organiques,
disent-ils résolument aujourd'hui que la vie procède de la vie : *Omne vivum a vivo.* Ils ont soufflé
comme sur de vains rêves, et définitivement pros-
crit les prétentions des hétérogénistes. Le fait
bien constaté de l'immuabilité des espèces est un
indice puissant de la forme sous laquelle la vie
s'y introduit, dans les champs du temps et de
l'espace; c'est celle de l'entéléchie, déclarée par
Aristote et encore mieux précisée par Leibnitz,
sous le nom de monade, notion acceptable moyennant la correction que j'ai proposée.

Flourens, corrigeant la définition de la vie formulée par Bichat, avait dit que la vie ne consistait pas en une force de résistance à la mort;
qu'elle était encore une cause se manifestant par

de nombreux effets à elle propres, les phénomènes de vitalité.

Un physiologiste allemand, dont je parlerai
tantôt, rassemblant tous les traits caractéristiques
de l'être automoteur, prononce le nom de substance.

X.

L'observation du mode suivant lequel cet être
se ménage la coopération des dynamismes dont
l'organisme physiologique se compose, pour produire les phénomènes de la vie, en dirigeant leurs
communications avec soi et entre eux ; cette étude
présente le plus grand intérêt, en ce qu'elle vous
apprend quel est le point central, et s'il existe
effectivement un nœud vital autre que l'entéléchie. Nous allons l'entreprendre. Elle est même
nécessaire au moment où nous nous disposons à
aborder l'examen de l'aménagement des fonctions
physiologiques du cerveau, d'où résulte le phénomène de la pensée. L'état actuel des sciences
physiques et physiologiques nous permet de creuser cette question de l'opération de matérialité de
l'entéléchie, appliquant son activité et sa finalité
à l'organisation du mécanisme de la pensée.

La chimie nous a ouvert la voie à ces manifestations de la substance métaphysique, en nous
apprenant la manière dont les individualités atomiques communiquent entre elles, s'enlacent, semblent s'absorber, et, pourtant, conservent leur

puissance de combinaison; maintiennent ainsi le mixte auquel elles ont donné naissance. Mais il faut estimer surtout cette donnée de l'action de présence, que nous devons à cette science de notre immortel Lavoisier.

Ces données de l'admirable science, si bien cultivée jusqu'à nos jours par les illustres successeurs du grand homme, sont d'autant mieux acceptables que, comme nous venons de le voir, le ménage de l'intérieur subjectif ressemble fort à celui que pratiquent, à l'extérieur, les dynamismes de la nature, ceux qui sont sous la main de principes automoteurs, analogues à l'âme, les entéléchies. Je les ai qualifiés de créatures de constitution; pour les distinguer des créatures de coalition, telles que les mixtes de l'atomicité.

Venons-en à l'objet actuel de nos études.

M. Béclard cite un fait que j'ai retenu comme étant caractéristique de l'action de présence signalée par la chimie. Il dit, en traitant de l'olfaction, que « l'organe de cette fonction est capable de déceler l'existence, dans son voisinage, de certains corps dont les réactifs chimiques seraient impuissants à faire connaître la présence ».

Ce phénomène est le type d'un rapport phénoménal qui doit exister, avec une grande variété d'effets, dans le développement physiologique de la personnalité, depuis l'instant de la conception en l'ovule, à l'état de fœtus, jusqu'à celui de son plein développement. Je vais plus loin, et je proclame l'existence de ce même phénomène dans toute l'étendue de la vie végétative de la personnalité.

Remarquez que cette vie embrasse les phénomènes de matérialité causés par l'entéléchie dans l'exercice de la pensée.

Mais les communications qui ont lieu généralement dans la nature ne diffèrent de celles de l'intérieur de la personnalité que par les résultats et par les distances qui séparent les agents dans l'espace. La diversité des résultats est due à la diversité des qualités des agents ; qualités qui, mises en jeu par la présence de l'un de ceux-ci à l'autre, produisent ces effets métaboliques dont j'ai parlé, au sens rectifié que j'ai déterminé.

Ce rapport est immense, universel.

La distance qui est franchie est un fait concomitant de celui-là, et les deux concourent à manifester l'existence d'un fluide capable d'établir ces relations, capable d'opérer la transmission de l'action.

L'action de présence est ainsi universalisée : c'est l'action de la causalité même qui agit dans l'univers et se manifeste par des myriades d'effets particuliers, dont le rapport est représenté dans le langage philosophique par cette abstraction : *la causalité.*

On ne doute plus aujourd'hui que l'éther ne soit cet intermédiaire. Si ce fluide a un coopérateur, leur parité de constitution nous autorise à mettre sur le compte du premier les opérations dont l'observation a recueilli les faits chez le second.

Ces communications, généralement pratiquées

14

dans la nature, en vertu de la loi de mutuel soutien, diffèrent par les résultats et par les distances qui séparent les agents au moment de l'action. Mais elles s'accordent, par le fait, à accuser l'intervention de l'éther.

C'est l'atmosphère qui établit la relation fécondante entre le palmier et le dattier, séparés par de grandes distances. On ne doute plus aujourd'hui que l'éther ne soit, de son côté, l'agent du métabolisme universel des créatures, l'un d'eux du moins, le plus puissant de tous. C'est, pour les créatures de l'univers, qui sont toutes plongées dans ce fluide et même pénétrées par sa substance, un agent pareil à celui que les chimistes appellent une « menstrue ». Les créatures agissent effectivement en ce fluide universel, comme les éléments du cristal en formation dans le liquide ou le fluide qui les tient en dissolution En l'éther s'opèrent les phénomènes de la chaleur, de la lumière, de l'électricité, du magnétisme peut-être. Ces quatre espèces de phénomènes pourraient bien n'être que des phases diverses, les plus prononcées, les plus saillantes, de la motilité de ce fluide éminemment élastique; répondant à toutes les incitations des créatures répandues dans son milieu, et les propageant à ses entours, dans le milieu atmosphérique dont notre globe terraqué est entouré. Mais je laisse aux maîtres ès-sciences physiques le soin de vider cette question d'unité ou de pluralité de la substance impondérable et incoërcible. Elle dépasse la compétence du noologiste.

Mais l'existence et les qualités principales du fluide éthéré étant bien avérées, il sera affirmatif sur ce point, qu'un tel intermédiaire est capable de faire apprécier, par la conscience subjective, ces diversités de mouvements si fines, si délicates, si variées, qui sont accueillies par les organes de la sensibilité, et lui sont apportées par les canaux de l'innervation, de dimension infinitésimale aussi. Ce fluide, à l'état de molécule, ou décomposé en ses éléments, est capable d'engager l'entéléchie, par sa présence, à frapper de son attention les communications d'origine interne ou externe reçues par son organisme des objets correspondants, pour les convertir en sensations, et employer celles-ci, par conception et réflexion, au service de la pensée. On croit le voir agir, ce fluide, dans cette névroglie et ces complications du système nerveux, si bien exposées par le docteur Luys.

Ces communications, que le fluide éthéré entretient, à l'intérieur de la personnalité et entre elle et son extérieur, il en est l'agent commun pour toutes les créatures. Nous savons bien que, par lui, parviennent aux organes de la vision les rayonnements lumineux du grand astre ; que, sans lui, les irradiations de la lumière et de la chaleur, dont le soleil est le foyer, ne seraient pas à la portée d'un myope placé auprès de son orbite ou d'une population contiguë.

Quand nous aurons considéré de plus près la constitution de la personnalité et celle des autres créatures organiques, nous concevrons pleinement ce vaste concert de communications, qui s'étend jusqu'aux dernières limites de la création, et la présente comme étant l'œuvre incontestable d'un Dieu unique, tout-puissant, seul capable de concevoir et d'exécuter ce chef-d'œuvre d'unité; de le conserver, de l'éterniser pour l'accomplissement de ses fins adorables.

L'agent physique d'une communication si vaste mérite bien une attention particulière. Je crois devoir en parler d'une manière spéciale, dans la division suivante de ce discours. Mais l'immense synthèse au service de laquelle il est affecté est l'œuvre de Dieu. Il a été donné à l'homme de la concevoir, par l'usage de ses facultés intellectuelles, pour organiser, dans la partie assignée à l'humanité, le monde moral, y établir l'humaine société, et fonder, dans ce temple, l'adoration du Créateur par ses créatures intelligentes, où elles devront invoquer de Lui les inspirations, les secours dont elles ont besoin.

XI.

L'intervention du fluide éthéré, à l'intérieur de l'organisme, pour établir les communications de l'entéléchie avec les organes de sa pensée, justifiée, d'abord, par un fait principal, est confirmée par des observations très-nombreuses faites sur des cas de dislocation de la fonction intellectuelle, telle que l'unité de la pensée serait brisée, si un agent, de la nature de l'éther, n'intervenait pour la rétablir et la maintenir sur d'autres bases, remédier ainsi à la dislocation des organes de cette fonction.

Ces dislocations sont dues au sommeil, au somnambulisme, à l'anesthésie artificiellement produite. Ce dernier cas est une véritable expérimentation. L'évidence se fait ainsi, et l'on ne doute plus que le fluide éthéré n'opère la soudure du dynamisme de la pensée et ne rétablisse l'unité troublée naturellement ou artificiellement.

1º L'état magnétique, chez la personnalité, est l'une des espèces du somnambulisme dont je parlerai tantôt particulièrement. Il consiste en un sommeil partiel de l'organisme dans lequel, comme le dit M. Béclard, le rêve est accompagné de mouvements de l'appareil de locomotion.

2º Dans l'état de somnambulisme, le sujet ne voit ni n'entend, parce que les organes de la vision et de l'audition sommeillent.

Cependant le sujet agit, grâce au fluide qui rend possible la volition, en entretenant les relations de l'entéléchie avec les organes de la motilité.

Les révélations du docteur Luys, sur l'aménagement des parties internes de l'organisme des cinq sens et de leurs relations avec les parties intimes de l'organisme cérébral, rendent parfaitement concevables ces dislocations des organes de l'entendement et des soudures de ces dynamismes par l'intervention de l'éther.

3º Le somnambule n'a pas le sentiment de la réalité, par l'effet de la dislocation de ces dynamismes de l'intelligence.

S'il en est privé, c'est visiblement, parce que

l’effet esthétique, qui est l’une des conditions principales de ce sentiment, ne se produit plus en sa conscience, du moins avec le degré d’extension habituel à la sensibilité subjective, comme en la veille.

Néammoins, le somnambule est capable de certains actes dépendant du dynamisme de l’euristique de la pensée. Si les organes externes endormis refusent à la conscience leur concours habituel, l’entéléchie fait jouir sa personnalité des acquisitions qu’elle a faites, par conception, et dont cet être pensant ne saurait être dépouillé, puisqu’elles résident en sa substance.

Peut-être aussi l’action euristique implique-t-elle, pour s’exercer sur la conscience, le concours de certains organes internes de la pensée, qui, n’ayant pas été engourdis par le sommeil, continuent leur concours à l’entéléchie.

Peut-être encore le concours de tous les organes qui ont introduit, en la conscience, les éléments de l’effet euristique, est-il nécessaire pour l’y reproduire.

La pensée est un calcul.

L’effet euristique constate l’accomplissement de l’opération intellectuelle, comme on la voit constatée dans les fonctions du jaugeur, du mesureur, par l’usage de la numération et de l’unité de mesure. Le rapport de quantité est senti, en ce cas, par la conscience, par voie d’énumération, comme les autres rapports que la pensée a la mission de constater, avec cette seule différence qu’introduit, dans le calcul, la diversité des éléments.

Si le somnambule se trompe dans son jugement sur·la réalité des choses, c'est parce qu'il tient pour complète l'énumération, qui ne l'est pas, des éléments de la représentation objective.

Conséquemment, l'effet de dislocation du dynamisme de sa pensée lui fait exécuter, par réflexion, une foule d'actes volontaires résolus, pratiqués en l'état de veille, mais qui souvent sont en discord avec l'état d'actualité où il se trouve. Il confond l'un avec l'autre, mentant à sa conscience, parce que l'opération intellectuelle est tronquée.

Vous le verrez exécuter sur le papier des opérations mentales, difficiles, dont il aurait été incapable dans l'état de veille, parce qu'il rencontre, sous les mains, papier, plume et encre, conformément à ses habitudes, et qu'il obéit à l'action euristique.

Cependant, il n'a pas le sens de la réalité. En preuve: il franchira, sous l'impulsion de sa volonté incomplètement éclairée, un abîme qui se présente menaçant, prêt à l'engloutir; il le franchira avec pleine assurance, tandis que vous le verrez s'y précipiter, transi d'effroi, au moment où une intervention malencontreuse, réveillant ses sens engourdis, l'avertira du danger, pour l'en garder.

Par ces exemples de dislocation et autres que j'ai encore à citer, on jugera de la complexité du phénomène de la pensée, et l'on concevra avec vérité le mode de production, ce que j'ai appelé la gymnastique de l'âme, exerçant son activité sur son organisme et réussissant à se procurer le sens de la réalité.

La perception de la réalité tient à la plénitude

de l'effet esthétique, concourant avec l'euristique
à composer la représentation pleine et entière de
l'ensemble des effets alléloleptiques qui ont concouru à la composition des notions objectives,
devenues aussi propres à en représenter les objets
en la conscience et à éclairer, par perception, la
volonté de la personnalité, dans ses pratiques avec
l'extérieur, dans le courant de sa vie.

Grâce à l'observation et à l'expérience, nous
pouvons ainsi nous représenter l'entéléchie dans
l'exercice de la pensée, voir l'âme penser.

On nous fera bien, à l'avenir, grâce de ces inventions de l'idéalisme que la pensée est une sécrétion
du cerveau.

C'est le produit de l'activité d'un être qui défie
celle des agents les plus puissants de la nature
physique. Mais reprenons notre nomenclature.

4º Les substances anesthésiantes produisant,
à volonté, des effets analogues à ceux du somnambulisme, ont été employées comme moyen d'expé-
rimenter et de concevoir avec vérité le mode
d'aménagement du dynamisme, de l'organisation
de la pensée, dont l'entéléchie fait usage pour disposer de ses organes de la vie intellectuelle. La
pensée d'une telle expérimentation est fort heureuse, en ce qu'elle nous a procuré des lumières
sur le phénomène métaphysique qu'il est impossible de répudier, en ce qu'elles ont leur source dans
les pratiques même de la réalité.

Comme les substances anesthésiantes agissent
diversement, conformément à leurs qualités respectives, sur des organes divers intra-cérébraux,
on peut juger, par la diversité des effets de présence,

quel a été l'organe affecté et décider de la fonction à laquelle il est préposé.

Les progrès de l'anesthésie ont été observés. D'après M. Béclard, le sens de l'audition s'endort le dernier. Le patient entend ce qu'on dit, quand il ne voit que confusément l'opération qu'il subit; il n'a pas la conscience de ce qu'on lui fait souffrir, la conscience de la douleur.

On s'expliquera ces différences par la dispersion des organes internes de la sensibilité qui s'espacent, d'après le docteur Luys, de l'avant à l'arrière, dans la région moyenne du cerveau, où celui de l'audition occupe le dernier poste de ces veilleurs sur l'extérieur objectif; celui de la vue le second, et celui des sensations affectives une place moyenne.

Le rapporteur de cette expérience significative de l'état de dispersion des conditions physiologiques du phénomène de l'humaine connaissance continue ainsi sa narration: « L'anesthésié semble exprimer de la douleur par des cris et des contractions dans les muscles du visage; cependant, il ne se souvient pas, à son réveil, d'avoir souffert ».

Rappelons-nous que l'absence du souvenir implique le défaut d'attention, et l'absence de l'attention, un défaut de correspondance de l'entéléchie à l'excitation à elle adressée par les organes de la sensibilité. Ces remarques rendent visible, observable, la raison du fait que l'expérience laisse cachée.

La dispersion des dynamismes de la vitalité, et particulièrement de ceux de la vie intellectuelle, et la nécessité du concours de cette pluralité pour assurer la plénitude de ces fonctions auxquelles préside l'entéléchie, sont donc des faits indéniables, auxquels je vais ajouter d'autres citations, qui ne permettent pas de douter que le grand phénomène de la pensée ne provienne de l'action de l'unité de substance éminemment active que la personnalité porte en elle. C'est l'entéléchie qui plie à l'unité de fonction cette collectivité, et qui frappe du cachet de son unité tous les rapports signalés à sa conscience par son organisme physiologique; les convertit en notions ou les applique à ses perceptions, comme le mesureur prononce le nom du nombre à l'instant où il a fait l'énumération des unités de mesure.

5° S'il en était besoin pour compléter la conviction de mes honorables confrères, je leur citerais les observations que chacun de nous a faites ou peut faire sur le sommeil, celles sur le magnétisme et l'éthérisation. Ces diversités d'effets de l'engourdissement de la totalité ou d'une partie des dynamismes de la sensibilité sont dues à celles des circonstances ou à celles des agents de l'anesthésie : la fatigue, qui a brisé les forces des dynamismes de la vitalité; l'action diverse des fluides ou de la substance anesthésiante.

Dans le sommeil, la fonction intellectuelle persiste avec plus ou moins d'amplitude, mais brouillée plus ou moins par le rêve.

Suivant que le sommeil est plus ou moins profond, que l'anesthésie est plus ou moins générale, le rêve agit avec une énergie moindre ou plus forte, en raison inverse de celle de l'anesthésie, et

il fait se confondre en la conscience la fiction avec
la réalité. Dans tous les cas, la personnalité ne
résiste pas à l'illusion. Des effets esthétiques se
produisent, puisqu'il reste des souvenirs plus ou
moins profonds chez le sujet, à son réveil, des
sensations qu'il a éprouvées dans la durée de son
sommeil. Les organes de la fonction esthétique
sont engourdis en plus ou moins grand nombre
et à divers degrés, mais l'entéléchie veille. Elle
exerce ses fonctions vitales en des proportions
moindres, corrélatives au nombre des agents dont
elle dispose encore. Bien des touches du clavier
par lequel elle produit et répand au loin ses
harmonies lui font défaut; mais, quoiqu'elle vive
et ne cesse de disposer de la vie animale, elle est
impuissante à opérer des énumérations complètes
et elle fait, sur l'actualité qui lui est présentée, de
faux calculs, tels que ceux de l'idéaliste, qui prend
la pensée pour une sécrétion du cerveau ou
les phénomènes de la matérialité pour de la matière, etc.

Ces phénomènes de dislocation des dynamismes
de la vie intellectuelle ont donné lieu à bien d'autres illusions de l'idéalisme, dont certaines sont
encore méconnues : celle des archées, dont le
temps est passé; celle du système de Gall, passé
aussi; celle du principe vital, qui dure encore
dans la science. On fait de ce principe imaginaire
une force indépendante de celle de l'entéléchie,
ou à elle subordonnée; mais, comme le serait à
un fonctionnaire indolent, sa doublure.

Chimères que tout cela, pures chimères !

L'entéléchie suffit à ses fonctions, et, en les

exerçant, elle sert la personnalité qu'elle s'est donnée, pour entrer en relation avec les autres créatures, avec ses congénères, afin de fonder l'humaine société et faire du monde moral un temple où le Créateur daignera, aimera assister aux hommages que lui adresseront ses enfants, reconnaissants des bienfaits qu'il ne cesse de répandre sur eux.

· XII.

Passons à la considération particulière des phénomènes du magnétisme. Nous y trouverons le complément de l'étude que nous avons commencée de faire sur les agissements de l'éther. Ce fluide ne s'interpose pas seulement aux relations des dynamismes de la vitalité chez une créature organique quelconque ; il établit de pareilles communications entre les dynamismes disjoints de l'immense univers, pour les faire servir, chacun suivant sa qualité, à l'accomplissement du plan du Créateur, à la pratique de ses sublimes volontés.

Les faits de communication du magnétiseur avec le sujet magnétisé sont assez nombreux et assez bien vérifiés, pour qu'il ne soit plus permis de douter que la pensée de l'un ne puisse passer toute formée en la conscience de l'autre. La communication se fait, soit par des attouchements, soit à distance : on le sait généralement ; mais, pour nous qui avons étudié le *comment* des relations intracérébrales des organes synergistes conspirant à établir en la conscience subjective la représentation des choses existant à l'intérieur ; pour nous, qui avons vu penser l'entéléchie, il n'y aura pas lieu d'hésiter sur la reconnaissance du rapport existant entre le phénomène de la pensée chez le sujet et celui de communication entre le magnétiseur et le magnétisé, d'une action pareille à celle de sensation, de conception et de réflexion.

En dehors comme en dedans de la personnalité, la menstrue universelle, dans laquelle sont plongées toutes les créatures, exécute constamment, fidèlement, la fonction à laquelle elle est vouée et appropriée, une fonction de répercussion analogue au phénomène de l'écho produit par l'élasticité du fluide atmosphérique.

Plus délié encore, le fluide éthéré est disposé à mettre en présence les dynamismes de la nature, à les faire agir l'un sur l'autre et à produire toute espèce de métabolisme, à supprimer les intervalles et à abréger les temps d'opération.

Les faits de communication magnétique, dont j'ai d'abord douté, sont devenus croyables pour moi, et j'y ai cru ensuite, lorsque je les ai vus s'opérer devant moi, et que les mystères des communications intracérébrales m'ont été expliqués. Toutes les personnes qui ont assisté avec moi aux expériences du magnétisme animal, sans aucune préocupation, mues par le seul désir de s'assurer, qui nous entraînait, de reconnaître la réalité du fait, tous les assistants en ont été convaincus.

En mon particulier, me fondant, comme toujours, sur les rapports manifestés par les phéno-

mènes pour en induire des réalités nouménales ,
je me suis fondé sur la réalité des communications magnétiques pour croire à un mode universel de communication entre les dynamismes de
la nature, qui s'opérerait par l'intermédiaire du
fluide éthéré, universalisant l'action de présence
dont le fait est bien reconnu.

Les communications télégraphiques offrent un
exemple de ce mode de communication.

Son existence et ses opérations à l'intérieur de
la personnalité avaient été pressenties par les
physiologistes, qui conçoivent les diversités de la
sensibilité externe comme des modalités du toucher; en d'autres termes, estiment que le toucher est un analogue des autres sens, différant
d'eux et tous entre eux par leur conformation
seulement; afin de correspondre aux diversités de
qualité régnant parmi les agents du mouvement
universel de la causalité, et de les rendre accessibles à la conscience du sujet pensant.

J'ai fait remarquer maintes fois les ressources
que l'art, agissant dans la même voie, avait ajou-
tées à celles de la nature, notre bonne mère.

L'organisme de la sensibilité serait donc un
toucher varié et variant avec les qualités objectives, que le fluide éthéré a charge de mettre en
relation, au service de la conscience de l'entéléchie.

Ainsi, par quelque voie que l'excitation organique lui parvienne, cet être n'aura qu'à discerner,
à apprécier les frémissements que l'éther lui
envoie, de l'extérieur de l'organisme ou de l'intérieur physiologique, pour les traiter en fonctions

de sa conscience par l'effet d'un dernier métabolisme.

Passons actuellement aux autres faits qui me restent à citer, pour justifier aux yeux de mes honorables collègues la vérité de mon assertion, que l'humaine connaissance résulte d'un immense concours d'actions diverses, exercées sur la conscience de l'entéléchie par l'intermédiaire du fluide éthéré, et des réactions de cet être exercées sur ces données pour y démêler les rapports existants entre les phénomènes, et en déduire les réalités nouménales, s'édifier enfin sur sa condition en ce monde et sa destinée.

XIII.

M. Paulmier, dans son livre intitulé *le Sourd-muet*, rapporte un fait très-significatif des errements de la pensée, que je viens de signaler, et démonstratif de l'intervention du fluide éthéré, pour établir les relations internes et externes auxquelles l'entéléchie est obligée de recourir pour pratiquer la vie intellectuelle et celle de l'animalité. Un paralytique, nommé Giudicelli, devenu tel après avoir longtemps fait le commerce, avait conservé ses pratiques, quoiqu'il eût été réduit par la maladie à l'état végétatif que je vais dire : Il avait maintenu le fonds intellectuel par lui acquis pendant l'état de santé ; il en faisait usage et y ajoutait même de nouvelles acquisitions, quoiqu'il fût réduit à un état d'immobilité et d'insensibilité presque général. Il recevait les communications qui lui étaient faites par un lambeau du toucher circonscrit à sa face, et il y répondait en agissant sur la motilité des organes vocaux, seuls restés disponibles pour sa volonté de toutes les dépendances de cette fonction.

Les communications de l'extérieur lui étaient faites par des signes graphiques de la langue parlée que traçaient à sa face les personnes avec lesquelles il était en relation, et il y répondait par la parole.

À défaut d'ouïe, il percevait la parole venant du dehors au moyen des traits de l'écriture dont se composaient ces espèces de télégrammes, comme le font les voyants, par substitution du toucher à la vision. Il en concevait le sens par une double traduction, celle des signes graphiques en sons articulés correspondants, et celle de la parole, procédant de l'effet euristique, pour se donner des représentations objectives.

Giudicelli pensait donc, quoique privé de la presque totalité de ses organes de relation. Il reconnaissait son identité entre le temps passé et l'actualité; il fixait avec précision les rapports existant entre les objets de ces conceptions et ceux de ces perceptions dont il avait à s'occuper en l'actualité; il pensait et faisait exécuter ses résolutions par autrui, comme il eût fait lui-même, malgré cette prodigieuse réduction du nombre des organes de sa vitalité.

Par cet exemple, on peut estimer combien est simple le mécanisme de la pensée, cette gymnastique de l'âme si complexe dans son état luxuriant de l'actualité des dynamismes intellectuels dans leur plénitude. Et l'on est forcé de reconnaître que l'une des conditions de la survivance de la pensée à cette débâcle de l'organisme est l'intervention de l'éther, reliant les dynamismes restés sains au centre d'impulsion, à l'entéléchie. L'autre condition est bien évidemment aussi la persistance de cet être au milieu de la débâcle de son organisme.

Cet exemple est riche en' d'autres enseignements divers, que mes honorables collègues se donneront à eux-mêmes. Il confirme, en l'expliquant, cette pensée formulée depuis longtemps, que la personnalité consistait en une âme servie par des organes.

On trouvera, dans la relation que nous a laissée Lamartine de son voyage en Orient, un fait analogue à celui cité par Paulmier et que je me dispenserai de rapporter, parce que l'un ne diffère de l'autre que par des particularités, notamment celle-ci, que l'organe des communications externes était une autre des parties de l'organisme du toucher.

Je n'ajouterai plus rien à ma nomenclature. Elle me semble assez longue pour manifester la nature, la forme et l'existence de l'auteur de la pensée. La pensée est un calcul exécuté par un calculateur habile, procédant, par analyse, au moyen de sa conscience, sur les données des organes de la sensibilité mis en action, — excités par les objets avec lesquels la personnalité est appelée à ouvrir, à entretenir des relations; procédant ensuite par synthèse, pour concevoir ces objets et les livrer, par représentation, à sa pensée, pour déterminer les devoirs à accomplir, dans ses pratiques, par la personnalité avec autrui.

Cette vérité me semble justifiée par l'analyse noologique et par la vue que la physiologie et l'expérimentation nous ont ouverte sur la gymnastique de l'âme.

C'en est assez dit de ces opérations de l'humaine entéléchie, s'exerçant sur son extérieur et produisant cette infinie diversité de phénomènes de la matérialité. Passons à l'étude des actions opérées par les autres dynamismes de la création, agissant dans le même but que celui de l'humanité, produisant des phénomènes de matérialité analogues, toujours pour l'accomplissement de leurs finalités respectives.

Nous verrons l'entéléchie se manifester partout.

Continuons notre revue par l'individualité atomique, qui remplit le monde de la matérialité des produits de son activité.

Elle en a une, cette substance infinitésimale. On va le voir.

LES PHÉNOMÈNES DE MATÉRIALITÉ PRODUITS PAR L'INDIVIDUALITÉ ATOMIQUE.

Ce n'est pas sans raison, je crois, que j'ai qualifié de phénomènes de matérialité, en prenant le mot en son sens radical, ces innombrables formes qui apparaissent dans le monde, servant de couvert aux créatures dont il est rempli, produits de leur activité; car, dans l'étude qui précède on a pu voir le principe auto-moteur agissant, distinctement, séparément de ses auxiliaires dans l'opération des phénomènes de la pensée.

Dans les études suivantes, nous verrons les agissements de ce même principe, et apparaître les autres créatures de la vitalité par la voie de l'embryogénie; s'y développer et y jouer, chacune, un rôle déterminé, approprié à sa finalité, en appelant à soi des auxiliaires pris à son extérieur, exclusivement dans le dernier règne de la nature. C'est celui où ce caractère de matérialité est le plus prononcé et semble exclusif de toute activité, celui qui, trompant l'œil de l'observateur, lui a fait croire à l'existence de la *matière*. Observons-le tout d'abord.

C'est une apparence trompeuse. Ce rapport du développement phénomenal de matérialité par l'activité des créatures de constitution, si prononcé dans les trois règnes de la vitalité, existe encore, quoique d'une manière moins frappante, chez les créatures du dernier règne. De là l'erreur du matérialisme, si funeste à la moralité sociale.

Les créatures des quatre règnes sont également actives, quoique à divers degrés, et leur activité diffère par leur finalité. Elle n'est plus personnelle, comme chez les créatures de l'humanité, ni disposée, chez celles de l'atomicité, comme en celles des deux autres règnes organiques, à recourir à la coopération d'autrui ; astreintes à l'attendre pour se développer et jouer chacune son rôle en conservant sa constitution originelle. Les créatures de l'atomicité agissent pour produire des mixtes au service de celles de la vitalité qui en ont besoin pour se fixer et se développer dans le monde; qui se les passent, en quelque sorte, de main en main pour les approprier à ces services, et les employer, au titre de principes immédiats, à la composition de leurs organismes respectifs.

Tous ces faits méritent d'être considérés avec la plus grande attention, pour quiconque veut acquérir une notion exacte, positive, de la constitution de l'univers. L'idéalisme, toujours avide d'inventions, pour s'épargner les peines de l'étude, a fait, d'un simple phénomène, la notion d'un fait positif, type d'un rapport immense, d'après lequel il n'existerait dans l'univers rien que de la matière agissant en Protée, même dans la vitalité, alternativement actif et passif; une véritable monstruosité qui ne peut être accueillie, caressée que par des passions ennemies du monde moral, ou heurtée que par l'ignorance, l'inadvertance.

Laissons l'orateur confondre l'effet avec la cause, pour embellir son discours avec des métalepses; recourir à des métaphores et autres fleurs de la rhétorique, parce que son but est de plaire, de persuader, sans considérer la qualité de l'objet de la persuasion, serait-ce une erreur; le philosophe, animé de l'esprit de philétie, ne saurait se permettre tant de liberté dans son langage. Il ne doit user que de termes propres, représentant des notions conçues en la présence de l'objet, de véritables onomatopées; ou de termes bien définis par l'usage. Il doit parler, en matière philosophique, comme en celle du calcul, se souvenant que telle est la nature de la pensée.

Ce n'est pas matière qu'il faut dire, en parlant

par métalepse, faisant entendre comme cause ce qui n'est qu'un effet, un pur phénomène; mais matérialité, en parlant des opérations exécutées par les principes actifs de la nature, pour se constituer et accomplir leur finalité.

C'est à ces principes que j'ai restitué le nom d'entéléchie, composé par Aristote pour représenter leur finalité, qui caractérise leurs actions. Ce sont des agents, les opérateurs des phénomènes de matérialité.

Je disais tantôt que l'individualité atomique était l'entéléchie à l'etat de nudité, l'une des espèces, ou plutôt l'un des genres, au nombre de quatre, qui opèrent dans l'univers. J'ai demandé à la chimie la justification de mon assertion. Je vais rapporter les données que cette science m'a procurées. Plus loin je rapporterai celles que m'ont présentées les sciences de la vitalité. J'espère faire ainsi l'évidence sur les causes qui produisent cette immensité de phénomènes de matérialité, et bannir définitivement de la science ce nom de matière et la notion intruse qu'il représente.

Alors nous pourrons aborder l'étude du monde moral, étant libres de tous engagements malsains avec l'idéalisme.

La chimie mériterait un autre nom, car elle est bien loin d'être ce qu'elle a été à son début, la connaissance des pratiques de la lixiviation des mixtes, pour découvrir et utiliser leurs principes constituants. Cette belle science s'en est attiré un autre qui lui a été donné, et dont je me permettrai d'user, en l'appelant stœchologie. ou science des principes. Elle nous offre la connaissance de la population atomique, de ces créatures invisibles de l'atomicité.

Dans la revue que nous allons faire des données de cette science, nous aurons donc à considérer : 1º l'atome dans les opérations pratiques de la stœchologie; 2º l'atome au point de vue physique de son individualité.

I.

L'atome dans ses relations stœchologiques.

En s'adonnant à la recherche des éléments, la stœchologie a recueilli de nombreuses données qui lui ont permis, par la connaissance des lois qui régissent le dernier règne de la nature, celui de la matérialité, de se procurer une partie pratique, dont les règles sont aussi sûres que celles des sciences mathómatiques. Ses formules valent celles de l'algèbre.

Dans ce monde que nous allons considérer, nous reconnaîtrons que la stœchologie a un double caractère d'utilité, celui de l'utilité matérielle et celui de l'utilité morale : elle éclaire la personnalité et lui prête de nombreux moyens d'action.

Dans le monde moral, où nous vivons, la personnalité ne vit pas seulement de pain; elle vit surtout de la connaissance de la raison d'être des choses, qui lui permet d'user des moyens dont elle a besoin pour accomplir sa finalité.

A ce point de vue de la moralité, la stœchologie nous a fait faire connaissance avec les plus petits êtres de la nature. Ce sont des êtres actifs ; quoique invisibles, et, en aucune manière, perceptibles autrement que par celle de leurs effets alléloleptiques, cette science en a constaté les qualités. Quant à leur nature, c'est la simplicité au lieu de l'insécabilité que les philosophes de l'antiquité lui avaient attribuée, en la considérant comme le dernier terme de la divisibilité d'une matière naturellement divisible; c'est l'imputrescibilité, la persistance de la créature au travers des siècles.

En procédant ainsi, suivant la méthode péripatéticienne, la stœchologie a ouvert à la science morale de puissantes inductions : sur l'immortalité de l'humaine entéléchie; sur son union au corps qu'elle anime; sur le mode d'exercice de la vitalité de cet être en son organisme; sur les rapports du moral avec le physique de la personnalité, etc.

Entre les mains de l'idéalisme, la solution de ces importantes questions n'aurait pas plus de valeur que ces bulles de savon insufflées par l'enfance, pour se donner le spectacle de la coloration de l'arc-en-ciel. Pour celles de l'induction, dont la pensée fait un usage rationnel, autorisé par la philétie, cette puissance de représentation trouve, dans le vaste champ exploité par la stœchologie, des rapports, pratiqués par la nature, capables de livrer, à la noologie, des notions positives sur la qualité de l'âme, son immortalité; sur le mode de ses relations avec son organisme, et la manière dont communiquent entre elles les créatures du monde physique.

La lumière se fait, en matière métaphysique, comme en toutes les matières de l'humaine connaissance, par la recherche, dans le vaste champ des deux mondes, et par la détermination à opérer, dans le cours de cette enquête, des rapports qui s'y manifestent dans les mouvements de la causalité. C'est ainsi que parle la nature à la pensée, qui lui doit servir de trucheman auprès de la personnalité.

Ce sont ces rapports que l'entendement a la mission de constater, régnant entre les faits qui se produisent à l'attention, et promettant leur survivance en des analogues. Toute représentation de ces rapports, en l'entendement, est une notion positive qui, livrée à la réflexion, fait la force de la pensée, alimente l'induction et rend l'entendement ce qu'il doit être, le trucheman de la nature.

En procédant ainsi, Wenzel a inauguré, dans le XVIIIᵉ siècle, la stœchologie, la connaissance vraie des allures de la population atomique, celle du quatrième règne. J'allais dire ses mœurs, car les pratiques de ces individualités sont plus régulières et constantes que celles des individualités du monde moral. La notion d'équivalence proclamée par le novateur, comme étant une loi de la nature, a été précisée et formulée, numériquement, par ses successeurs, avec une telle rigueur que la pensée d'équivalence n'a pas eu besoin de subir de profondes modifications pour devenir la notion d'atomicité qui règne aujourd'hui. Wenzel cherchait l'expression numérique de la force de combinaison qu'exerçaient les agents chimiques dans leurs actions et réactions. Leur finalité consiste à composer des créatures de coalition du dernier règne. Ainsi, cet esprit primesautier a entraîné ses successeurs à reconnaître, à constater, en cette partie du monde de la matérialité, l'existence d'individualités infinitésimales, en qui réside cette force de combinaison et de décomposition dont les effets sont sous nos yeux. Ces mouvements ont leurs lois, comme les mouvements sidéraux sont régis par celle de la gravitation. De plus, ces individualités atomiques sont constituées par des entéléchies, comme les autres créatures qui produisent les phénomènes de la matérialité. C'est chez moi une conviction. Je souhaiterais fort la faire partager par mes honorables confrères. A ce point de vue, la création apparaît dans sa grandiose unité, et le Créateur dans tout l'éclat de sa puissance, de sa majesté.

Je l'ai rencontrée, cette vérité, exprimée au moins partiellement chez le docteur Hoffman, traitant de la puissance de combinaison dont jouissent les atomes. Il l'a déclarée hautement, en chaire, au milieu d'une brillante assemblée, en l'Institution royale de Londres. Il y disait que « des considérations théoriques nombreuses et de nombreuses recherches expérimentales conduisaient inévitablement à ce résultat (la reconnaissance de l'individualité atomique), qui est maintenant une vérité généralement reçue ».

Il ne faut pas confondre l'atome avec la molécule, le composant avec le composé, le simple avec le mixte. La molécule est une véritable construction, exécutée par les individualités atomiques, coalisées pour l'élever. C'est souvent une construction savante. Les constructeurs s'emploient à l'œuvre comme architectes et comme moellons. Quiconque serait curieux de jouir du spectacle de cet art architectural, d'une créature réputée inerte par l'idéalisme, pourrait l'observer, à l'aide du microspe solaire, dans la recomposition d'un cristal dont les éléments seraient tenus en dissolution par une menstrue ; ceux, par exemple, du chlorure de sodium (le sel marin) dissous dans l'eau. En ce cas, ce sont les molécules que l'on voit agir, mais indubitablement, par une dérivation de la puissance de combinaison du chlore et du sodium.

Cet art architectural est évidemment exercé par l'individualité atomique, obéissant à une finalité à elle propre, particulière, qui fait voir en elle la qualité d'entéléchie. Aucune d'elles ne regimbe jamais contre sa finalité. En l'exerçant, elle pourra céder à un obstacle insurmontable pour sa force ; mais si la molécule est difforme, l'œuvre imparfaite, elle ne manifeste pas moins l'action de l'ouvrier.

Le chlore et le sodium, mis en présence, produisent du sel marin, comme le fruitier son fruit, sous sa forme spécifique. Remarquons ici, ce que l'on remarquera partout, la spécialité de l'agent.

La cristallographie, ainsi fondée sur des observations théoriques, est un art qui a répandu l'illustration sur un nom justement célèbre par les bienfaits dont jouit encore une classe de l'humanité, disgraciée par la nature. En la créant,

Haüy traçait une dés parties pratiques de la stœchologie.

C'est pour arriver à la détermination de cette force de combinaison que Wenzel avait instinctivement cherché à composer les nombres proportionnels de l'équivalence. Ce sont les expressions numériques des forces suivant lesquelles les agents chimiques se balancent, équivalent l'un à l'autre dans la production de la molécule, dans l'opération de l'unité d'effets, au milieu du champ des actions alléloleptiques.

L'idée de Wenzel avait bien une autre portée. Elle est connue aujourd'hui sous le nom de poids atomique, assez impropre à mon avis. Il ne signifie rien de plus que la proportionnalité numérique, exprimée en nombres entiers, constants, de la quantité pondérale, suivant laquelle les corps sont appelés à entrer en combinaison pour produire l'effet, le phénomène de matérialité; suivant laquelle ils exécutent effectivement la construction moléculaire, la destruction ou la décomposition de la molécule préexistante pour agir à nouveau, en ce dernier cas.

La raison d'équivalence ou d'atomicité est fondée sur ce fait, que ce n'est pas l'individualité atomique qui exécute seule l'œuvre de coalition, mais toujours en concours avec des congénères, en quantité déterminée par le poids, et avec des digénères en quantité pareillement pondérable. Voilà, je crois, la raison pour laquelle cette proportionnalité a pris le nom de poids moléculaire. Mais encore faut-il rechercher ce qu'est le poids et quelle est la raison de son autorité réglementaire dans les opérations de l'atomicité. Or, c'est à la recherche d'un autre rapport que nous allons courir. Peut-être mes honorables confrères ne me sauront pas mauvais gré de les y avoir engagés. Il s'agit de la raison d'être, en une matière de la plus haute importance.

Le poids est une des formes de la quantité; il est, en cette espèce, l'expression des forces déployées par les constructeurs de la molécule, ou, en général, par les opérations du phénomène stœchologique. Mais à quel titre est-ce que le poids régit le déploiement des forces de l'individualité atomique?

Il ne faut pas se le dissimuler, la constitution entéléchique de cette individualité est la vraie raison de sa puissance de coalition.

Un illustre chimiste, dont la parole fait autorité, en est venu à conclure, dans le cours de son immense pratique, que tous les poids atomiques étaient des multiples de celui de l'hydrogène. Suivant M. Dumas, un rapport numérique bien déterminé règne entre toutes ces assignations de poids faites aux agents des phénomènes de la matérialité. L'unité se manifeste déjà.

Il y aurait donc lieu de concevoir l'individualité atomique comme une unité parfaitement définie par sa constitution entéléchique; tellement qu'il y a identité de qualité entre les congénères et que les diversités sort spécifiques; qu'elles peuvent servir de fondement à la taxonomie scientifique. Tel est le fait, et il s'explique ainsi. Là doivent s'arrêter les investigations de la science. Rechercher quelle est la nature de la substance entélé-

chique, ce serait remonter ..u temps de la scholastique, où l'on ignorait la nature de la pensée;
tandis que nous savons' qu'elle consiste en la
représentation des rapports qui règnent entre
les phénomènes de la nature. Là, il n'y a aucun
fait de décomposition analytique qui puisse servir de type à la représentation de la nature intime de la substance. Nous ne la connaissons que
par les qualités qu'elle déploie dans le courant
des opérations alléloleptiques auxquelles elle concourt.

L'individualité des entéléchies de l'atomicité
n'en est pas moins indubitable; elle existe parce
qu'elle agit. Nous allons en avoir des preuves.

Les forces combinées de ces individualités sont
le ciment de leurs constructions moléculaires: il
n'y en a pas d'autres.

Dégageons les opérations stœchologiques de ces
circonstances de poids, de pesanteur, dont elles
s'accompagnent naturellement dans les phénomènes de matérialité, produits par l'atome conspirant avec des congénères et avec des digénères,
pour produire l'effet chimique de composition ou
de décomposition. L'existence de la pesanteur
chez le produit n'en implique pas la nécessité
chez les agents. A ce sujet, l'expérience a parlé.

Chacun connaît ces expérimentations pratiquées dans les cabinets de physique sur cette qualité généralement connue sous le nom de densité.
Elles consistent en la comparaison de substances
fort diverses au point vue de la pesanteur: la
plume, le plomb, l'or, par exemple. On se souvient
de ce fait historique du mathématicien Archi-

mède, qui devint fou de joie pour avoir trouvé, dans un bain où il était plongé, le diagnostic de cette qualité, et qui en sortit criant, en plein état de nudité, je l'ai trouvé εὕρηκα. Il est aujourd'hui fort connu, et la densité est devenue le caractère le plus sûr de la qualité spécifique d'une substance.

La densité est proportionnelle, dans ses diversités, à la quantité de substance que les corps comparés enserrent dans l'unité de volume; les deux quantités se comportent dans ce phénomène en raison inverse l'une de l'autre. La densité est d'autant plus grande que la quantité des éléments contenus sous l'unité de volume est plus forte. Elle est plus faible dans le cas contraire.

On voit déjà agir, dans ces effets, la puissance de combinaison des individualités atomiques, qui s'étreignent, dans la construction moléculaire, proportionnellement à cette puissance. Mais il apparaît, en même temps, et se présente à l'attention une qualité de cette individualité qu'on ne soupçonnerait guère en elle, son immatérialité.

Nous voyons ici un exemple de la nature de ces forces qui agissent dans l'univers et y opèrent les phénomènes de matérialité, chacune suivant sa constitution entéléchique.

L'individualité atomique n'a pas d'étendue; mais elle a sa place dans l'étendue et y occupe un lieu proportionné à sa force de combinaison et à celle de ses congénères, avec qui elle entre en conflit dans la construction de la molécule.

La preuve en est encore dans cette autre expérience, que tout le monde a vu faire dans les cabinets de physique, de corps différents de densité qui, enfermés sans égard à la diversité de densité pondérale, dans un tube vidé d'air au moyen des aspirations de la machine pneumatique, livrés ainsi également à l'action toute nue de l'attraction terrestre, tombent avec la même rapidité vers le point d'appui opposé à celui sur lequel ils reposaient, à l'instant où l'expérimentateur le leur fait perdre en renversant le tube.

La gravité des corps est donc la même, malgré la diversité de leur densité, en la présence de l'attraction terrestre.

D'après ces données, il est permis, ce me semble, de conjecturer que l'individualité atomique est dépourvue de pesanteur. On pourrait se la représenter sous la figure de ces corpuscules flottant dans l'air atmosphérique, visibles accidentellement quand un rayon solaire pénètre dans une pièce privée de lumière.

La pesanteur serait un phénomène résultant de l'activité atomique, agissant pour établir une molécule, un mixte.

La pesanteur serait un phénomène de quantité; de quantité numérique, résultant de l'exercice des forces de combinaison existant chez des individualités.

La densité pourrait bien provenir des diversités du rayonnement de ces forces, que déploient les éléments dans la composition du mixte.

Le docteur Hoffman, dont je parlais tantôt, rendait sensible, par des figures, cette diversité de rayonnement, à l'auditoire auquel il adressait les paroles que j'ai citées, en l'Institut de Londres, où il traitait, en l'année 1866, ce sujet de la force de combinaison des atomes. Il permettait ainsi à son auditoire de compter le nombre des expansions propres à chaque espèce d'individualités. Ces nombres sont invariables entre congénères. Ils varient entre digénères et servent à les distinguer l'un de l'autre, à caractériser l'espèce d'une manière fixe, invariable.

Encore dans ce règne, comme dans les autres, on rencontre ces phénomènes de rapports et de diversités dans les produits de l'activité des créatures, fixité dans les deux ordres de ces phénomènes; ce qui implique, à mon avis, la présence de l'entéléchie, l'action continue d'un principe invariable dans sa constitution, quoique divers, par son espèce, à celle d'un autre. L'entéléchie de la personnalité est bien différente de celle de l'individualité atomique; mais il y a réalité des deux côtés, réalité partout, dans tous les règnes organiques.

Depuis lors, M. Wurtz a publié son beau traité de philosophie chimique. Il vaut, pour la connaissance de la population du règne inférieur, ce que valent, pour l'histoire du règne de la vitalité, les récits de Buffon, de Linné et autres célébrités scientifiques. L'atomicité possède actuellement son histoire, et, grâce aux travaux des successeurs de Wenzel, nous pouvons voir l'intérieur de la créature de coalition et juger des qualités des éléments qui leur donnent la forme.

II.

L'atome au point de vue physique de son individualité.

La science physique a contribué aussi à rassembler les traits caractéristiques de l'individualité atomique, exerçant des fonctions autres que celles dont la stœchologie traite particulièrement ; en sorte que nous pouvons aujourd'hui faire comprendre la physiologie de cette individualité.

Animé par l'esprit de philétie qui le distinguait, Newton le Grand, on le sait, imagina de dissoudre un faisceau de lumière en éparpillant ses éléments, à l'aide du prisme, sur un écran. C'était aussi pénétrer dans l'esprit de la population atomique ; car c'est de ces individualités que se compose le fluide éthéré, la menstrue universelle, qui se prête également aux exercices de la qualité physique comme à ceux de la qualité chimique. Et, depuis lors, en continuant cette œuvre du génie, les physiciens sont parvenus plus avant, au point de sonder les deux marges du spectre solaire, en franchissant les lignes latérales où sont posées les limites de la coloration. Ils ont trouvé dans les espaces latéraux, au moyen du thermomètre et de la plaque daguérienne, qui rendent concevable ce qui est invisible ; ils ont trouvé que la partie lumineuse du rayon solaire était escortée, d'un côté, par des rayonnements calorifiques, et, de l'autre, par des rayonnements de

16

substances chimiques. Mais, attendez : ce ne sont pas là toutes les merveilles de ce monde des infiniment petits, du monde des créatures de la matérialité atomique.

Ces créatures, de grandeur infinitésimale, privées de pesanteur, mais douées d'activité et d'autres qualités que la philétie nous a fait connaître; ces créatures, devenues visibles par la vertu de l'art, ont toutes la même allure; mais cette unité de forme est encore affectée de diversités infinies, conformément à la grande loi qui régit les mouvements de la causalité générale de la nature.

Ces créatures ont, pour caractère commun, la motilité : elles commandent à celles des autres règnes. Quel démenti donné à l'idée creuse de l'inertie! Il y a de l'inertie, sans doute, dans le monde physique, comme il y a de la matérialité, à titre de phénomène.

La motilité des créatures de l'atomicité a été constatée par l'expérience, chimique d'abord, physique ensuite. Voici ce que celle-ci nous a appris :

Le phénomène, expérimenté par Newton et ses successeurs, est purement mécanique. Cette motilité consiste en des vibrations du véhicule qui les apporte à notre vue. Ces vibrations traduisent celles qui s'opèrent dans le corps en ignition, dans le grand astre; dans le fourneau culinaire ou celui du chimiste, comme à la lampe du modeste travailleur nocturne. C'est ce phénomène de métabolisme, dont j'ai déjà parlé, qui, dans les fonctions de la vie intellectuelle, aboutit à la transformation en sensations, dans la conscience de la personnalité, des excitations subies à l'extérieur de son organisme.

Voilà, parfaitement définie par l'expérience, la nature des objets de la sensibilité, d'une espèce, du moins, mais que l'induction universalise. Ceux de la vision sont des vibrations du fluide éthéré. Ces phénomènes de la lumière, de la chaleur, de l'électricité, devant lesquelles le public s'émerveille, sont des ondulations propagées dans l'espace et nées dans les agitations chimiques des créatures de l'atomicité exerçant leurs fonctions; des ondulations convoyées par la menstrue universelle, le fluide éthéré.

Le nombre des vibrations en l'unité de temps a été déterminé, compté à l'aide du chronomètre. Cet instrument a aussi la vertu de rendre concevable ce qui est invisible et de rendre tributaire de la pensée l'inconnu, quel qu'il soit, physique ou métaphysique.

Cette espèce de motilité est devenue une quantité spécifique.

Les nombres qui ont été ainsi établis sont tellement fixes qu'ils sont devenus les diagnostics les plus sûrs des variétés de la coloration. Je veux en citer quelques-uns, de ces nombres proportionnels : le rouge correspond à 500 et le bleu à 650 billions de vibrations exécutées dans une seconde.

L'on compte, d'un côté du rayonnement coloré, des vibrations en nombre d'environ 65 billions, et, de l'autre, des rayonnements au nombre de 100 billions exécutés dans la même unité de temps, la seconde; tous invisibles, mais accessibles aux réactifs chimiques, justiciables du critérium de la réalité.

Ce sont des exemples à noter, pour n'avoir pas à douter de la réalité de l'action de présence, mais encore pour concevoir la manière dont cette action s'exerce et se produisent les effets.

C'est un métabolisme dans lequel les agents exercent leurs qualités l'un sur l'autre, sans· se dénaturer, en se modifiant physiquement dans cette mutualité d'actions et de réactions.

Il n'y a pas de meilleure pierre de touche de la réalité que cette preuve de l'effet alléloleptique.

Ainsi apparaissent, non-seulement la qualité, mais encore le mode d'action du fluide éthéré pour établir la communication, d'où résultent ces effets alléloleptiques. Cette organisation des dynamismes qui agissent dans l'univers me semble pleinement justifiée. Nous pouvons voir comment chaque entéléchie établit l'unité d'action parmi ceux de son organisme, et comment l'unité se fait entre les créatures de constitution de l'univers.

Le point de départ de ce concours d'actions, auquel le fluide éthéré prête sa qualité vibratile, est dans l'activité de l'individualité atomique, s'exerçant avec des congénères et des digénères, groupés, de part et d'autres, en molécules bien définies par la quantité pondérale exprimée mathématiquement. Par ce concert des forces atomiques réparties à des myriades d'individualités, se produisent des mixtes dans le laboratoire du stœchologiste, dans ceux de la nature, en celui du grand astre ; des mixtes coopérant, suivant leurs qualités respectives, à cet immense dynamisme de la création, pour accomplir la finalité de l'œuvre totale, immense, infinie, comme l'est le divin Auteur.

En présence d'un tel phénomène métaphysique de coordination, dont l'opérateur n'est nulle part dans les produits, ni dans l'ensemble, on souffle sur ce fade sentiment d'admiration qui éclate partout, en la conscience, et on le remplace par celui de la Foi. On devient chrétien, si on a le malheur de ne l'être pas.

Si Newton avait pu être ébranlé, dans la profession de ce sentiment, par les dissidences religieuses de son époque, ce grand homme, taillé à la mesure des enfants de Dieu, fût redevenu ce que nous savons qu'il a été, un vrai croyant.

Revenons à notre étude du monde infinitésimal de l'atomicité.

III.

Ces préalables me semblent suffisants pour concevoir le plan tracé par le Créateur et le mode d'exécution.

On s'explique la rapidité des communications intellectuelles qui s'opèrent, à tout instant, chez la personnalité, en son intérieur et avec son extérieur; on conçoit les relations des créatures de constitution dont ce vaste extérieur est rempli.

L'existence de la substance entéléchique devient indubitable, et, de plus, concevable.

C'est autre chose que de l'étendue. Vous en pouvez juger par l'atome, qui n'en a point, et qui la pose dans l'espace en y exerçant ses forces. L'étendue est un phénomène de matérialité produit par l'atomicité.

Les qualités physiques de l'atome se font nettement concevoir dans les relations des dynamismes du système nerveux. L'excitabilité organique serait inutile, malgré les dispositions infinitésimales de l'organisme, sans l'intervention d'un agent infinitésimal dont l'activité est prodigieuse ; impuissante pour produire des résultats de sensation, de conception, de perception, tels que les comporte l'exercice de la pensée, malgré la puissance intellectuelle que possède l'humaine entéléchie, faute de substance pour l'exercice de la pensée, en l'absence de tout acte de conscience. Jugez-en par ces exemples-ci.

On sait qu'il faut user de certains artifices pour discerner, dans la région lumineuse du spectre solaire, les nuances qui s'interposent aux couleurs magistrales, et que, sans la sensibilité du thermomètre et de la plaque daguérienne, nous ne saurions rien de ce qui se passe dans les régions de la chaleur et de l'électricité. L'organisme de la sensibilité subjective n'est pas pourtant indifférent à ces rayonnements, exercés sous la forme vibratile, et l'entendement parvient à les concevoir par la voie des rapports de qualités, que signalent les effets alléloleptiques, de l'activité générale de la nature ; mais il les conçoit, grâce à l'intervention du fluide éthéré, parmi les dynamismes du système nerveux. C'est l'opérateur des phénomènes de la sensibilité en la substance de l'entéléchie , l'auteur du dernier métabolisme.

Il y a rapports dans les trois modes de rayonnement du spectre solaire. Cette unité est due à celle de la qualité de l'agent. Ainsi se manifeste l'individualité de l'atome parmi les diversités du règne.

Les diversités sont dues à celle des degrés de vitesse que les individualités affectent dans l'unité de temps. Mais cette quantité de mouvement est la représentation, par la menstrue, de celle des substances qui agissent en son milieu.

On pourrait dire ainsi que le fluide éthéré est, pour les membres de l'humanité, et généralement pour les autres créatures de la vitalité qui y baignent, un bureau d'information où elles viennent s'inspirer de la réalité des choses.

L'univers apparaît aussi comme un immense dynamisme dont les parties sont reliées entre elles par cette menstrue, qui en traduit les actions par des mouvements proportionnels.

Si l'on se demandait quel est le rapport de nature qui existe entre l'éther et les autres individualités atomiques du dernier règne, on pourrait conjecturer que les éléments du fluide sont des molécules, tandis que l'individualité est une substance simple, douée de qualités spécifiques, comme le sont toutes les autres individualités de l'atomicité. D'après sa qualité, elle produirait, en vertu de sa force de combinaison, la molécule éthérée, dont les qualités sont largement déterminées aujourd'hui par l'expérimentation scientifique. L'état moléculaire du fluide expliquerait les phénomènes qui s'y passent, de l'électricité et du magnétisme.

Il n'y aurait donc, dans ce vaste règne inorganique, rien que des individualités, comme dans les trois autres ; des atomes éminemment actifs, tous doués d'une puissance de combinaison très-variée, mais déterminée de manière à dessiner une finalité spécifique pour chaque individualité.

En l'exerçant, cette population atomique produit les phénomènes de matérialité dont nous sommes témoins, et qui s'étendent de la production des corps pondérables jusqu'à celle des fluides impondérables et incoercibles : les phénomènes de l'étendue, de l'inertie et de l'électricité.

Le rapport d'unité est manifeste dans la constitution de ce règne, comme dans celle des règnes organiques.

On croit à cette unité en considérant le diagnostic qu'a valu à la stœchologie l'observation de la constance des mouvements vibratoires des individualités atomiques, en rapports de quantité numérique dans leurs relations avec ceux des individualités moléculaires de l'éther. Ces quantités de mouvement sont d'ordre spécifique, comme les autres rapports qui règnent chez les autres créatures de l'univers.

Ainsi s'est dédoublée la stœchologie sous le nom de photochimie. Le mode de vibratilité propre à chaque espèce atomique est si bien connu aujourd'hui, la pratique de ce diagnostic est devenue telle que le rayonnement coloré, observé sur l'écran, produit par le rayon solaire traversant le prisme, est considéré comme le plus sûr dont le chimiste puisse user, pour discerner la qualité des agents qu'il emploie à ses opérations.

A la faveur de la photochimie, l'existence de substances inconnues sur notre globe a été révélée ; des rapports de constitution existant entre notre globe terraqué et les autres sphères célestes se sont signalés par des rapports photométriques ; l'unité de composition des grands corps dont l'immensité est parsemée nous est apparue ; les diversités sont devenues discernables ; toute la puissance de la conception intellectuelle s'est révélée dans ces perspectives de l'infini et des infiniment petits de la création, qui se sont posées devant la conscience de l'entéléchie.

Je ne vois pas, au monde, de définition de la nature de la pensée, préférable à cette manifestation de la puissance du sujet pensant.

Si Newton réapparaissait, étant témoin de ces résultats noologiques auxquels il a si puissamment coopéré, son génie s'élèverait à la hauteur de la connaissance de Dieu, et nous ferait estimer la nature du Grand-Être, auteur de ces harmonies de la pensée avec les objets de celle-ci.

L'Être suprême est comme le soleil, visible pour quiconque veut bien le voir, des yeux de son entendement, seul organe de l'humaine connaissance. De Lui on peut répéter, et avec plus de raison, ce mot d'un homme célèbre : «Aveugle est celui qui ne le voit pas»! Malheur à lui, car il a pu le voir.

Disons quelques mots de la photochimie, avant de passer à l'étude des phénomènes de la matérialité dans le monde de la vitalité.

IV.

Grâce à la photochimie et aux investigations de la science chimique, aux analyses aussi qui ont été faites des créatures de coalition, nous connaissons l'intérieur de ces créatures dont l'univers matériel est rempli. Notre vue ne s'arrête plus aux formes extérieures qu'ont produites les forces constituantes des créatures de coalition, ces phénomènes de matérialité résultés du déploiement de l'activité des entéléchies ; elle pénètre jusqu'aux individualités qui l'ont déployée. Reprenons ce point de vue de l'individualité de l'atome, qui appartient particulièrement à la physique. Nous avons d'autant plus de motifs de considérer spécialement l'individualité atomique, que, à ce sujet, ont été commises les erreurs du matérialisme,

L'illustre stœchologiste, que j'ai plusieurs fois cité, nous affirme que le nombre indéterminable de la population atomique n'a jamais décru et ne saurait décroître ; qu'il est resté tel qu'il était à l'origine des choses. C'est là un des caractères principaux de cette individualité. En preuve de l'assertion de M. Dumas, tout chimiste a sous les mains un fait très-vérifiable. C'est qu'il retrouve dans les réactions les mêmes quantités de substances qui ont été employées à l'action, d'après l'attestation du poids atomique. Une autre preuve résulte des proportionnalités invariables qui règnent dans l'action de composition chimique des mixtes. La constance de ces proportionnalités implique celle de l'unité numérique.

L'opinion d'un tel maître a une autorité suffisante pour engager le noologiste à admettre que toutes les créatures de constitution sont également établies sur la base de l'entéléchie ; que les phénomènes de la matérialité, en général, sont le produit de l'activité de cette substance.

Nous vérifions actuellement cette assertion, quand nous mettons sous nos yeux les données de deux sciences magistrales des phénomènes de la matérialité. L'existence des individualité satomiques est devenue indubitable ; leur constitution est définie par leur puissance de combinaison ; le nombre de leurs espèces est déterminé.

Le principe universel de la création, l'unité, se montre à nu dans l'étage inférieur des créatures et présente à l'entendement, pour fondement d'une vaste induction, un rapport irrécusable. Tout petit qu'il soit, ce principe de la matérialité affecte le caractère commun des créatures de constitution, en obéissant à sa finalité, docilement, comme le colossal éléphant poursuivant sa longue carrière, comme le fait la personnalité dans une carrière plus longue et plus accidentée.

La masse mise en mouvement dans un phénomène de matérialité quelconque, n'a aucune importance au point de vue de la cause. C'est une vérité qu'a très-bien sentie et qu'à voulu manifester l'auteur des *Voyages de Gulliver*, en se jouant dans les fictions d'un ouvrage de pure imagination. Ainsi procèdent les esprits sérieux de son estimable nationalité, qui, pour instruire leurs lecteurs, les amusent; à l'inverse de bien d'autres qui écrivent pour les amuser et ne rougissent pas de prostituer l'art au service de la sensualité et de l'intérêt personnel. L'Anglais a le tact de l'humaine société et la conscience des devoirs de la vie sociale. Ne doutons pas qu'ils ne se répandent en France, dès que l'instruction publique s'inspirera des abondantes données scientifiques dont elle pourrait disposer et que cette fonction cessera d'être, dans le corps enseignant, un objet de dispute entre la toge et l'habit. Mais je reprends le fil de mon discours.

Oui, il n'y a que des individualités parmi les créatures de constitution également établies sur la substance entéléchique. Nous allons nous en convaincre pleinement en poursuivant cette étude, dans l'observation des phénomènes de matérialité qui s'opèrent dans les règnes de la vitalité.

La raison de la diversité qui règne partout entre les individualités est en la nature des entéléchies elles-mêmes, constitutives des créatures. C'est d'elles qu'émane cette activité que nous voyons régner partout. Les sciences se sont suffisamment expliquées pour qu'il ne soit plus possible de douter de ces vérités. Et l'atomicité doit être entendue d'une qualité commune à l'activité des individualités, qui sert de soudure aux élé-ments de la molécule. Cette activité est persistante dans la créature de coalition qui est résultée de l'action chimique. Elle se dérobe à l'attention sous le voile de l'inertie. Mais cette apparence est trompeuse : ce n'est pas une extinction des forces atomiques, c'est une neutralisation opérée par les contraires, un phénomène de statique; c'est, pour le monde de la matérialité, ce qu'est le repos pour celui de la vitalité.

Soufflons, dès à présent, sur cette fiction idéaliste de la matière. Ne parlons plus que de phénomènes de matérialité opérés par l'activité des créatures de constitution, qu'elles tiennent de leur principe entéléchique.

L'étendue est l'un de ces phénomènes, un produit spécial aux êtres de l'atomicité.

La vie, à qui l'étendue sert de *substratum*, n'a rien de commun avec cette enveloppe matérielle : c'est un produit de celle-là. On peut voir, dans les opération de l'embryogénie, dont je parlerai tantôt, le directeur de l'œuvre, le constructeur de l'embryon, du fœtus, exercer sa force par le développement de la vie du sujet nouveau, en appelant à lui les principes immédiats provenus primitivement des créatures de l'atomicité.

De grâce, ne parlons plus de cette autre fiction de l'éternel devenir, produite par l'idéalisme au-delà du Rhin. Il est regrettable que cette population, si remarquable d'ailleurs par son positivisme, se laisse aller à ce penchant pour l'idéalisme en certaines matières, celles qui ne sont pas tangibles.

Débarrassons-nous aussi de cette autre fiction idéaliste de l'hétérogénie. Née en Angleterre, où elle n'a pas obtenu droit de cité, elle est venue périr chez nous, écrasée par les coups de massue de nos stœchologistes, M. Pasteur, M. Béchamp. Ils ont prouvé qu'il existait des germes dans la matière putrescible, des germes qui avaient illusionné les hétérogénistes. M. Béchamp a pu les laisser apparaître et agir, ou les étouffer, à sa volonté, en les mettant en contact avec un réactif chimique. L'effet alléloleptique a terrassé la fiction.

L'opinion de Cuvier, de Flourens sur l'immuabilité des espèces triomphe sur toute la ligne.

La raison de cette immuabilité avait été pronostiquée par le prince des philosophes. Honneur à lui ! Il lui était bien dû, et il lui sera rendu durant une série de siècles encore plus longue dans l'avenir que dans le passé. Les siècles se feront tous écho en contemplant et s'expliquant rationnellement les merveilles du grand œuvre de la création, par la conception de l'entéléchie ; parce que le divin Auteur ne saurait tomber en contradiction avec lui.

Il n'y a que des individualités dans le monde, diversement constituées, toutes animées d'un esprit de finalité propre à chacune d'elles.

En se laissant diriger par cet esprit, ces créatures produisent cette immensité de phénomènes de matérialité qui nous étonnent par leur nombre et leurs diversités. Produits par l'activité des entéléchies, agissant à plusieurs étapes, l'univers s'est rempli de créatures de constitution et de coalition dont l'état ne saurait changer, parce qu'il est maintenu par des principes qui reposent en la main du Créateur.

Là est cette raison de l'éternelle harmonie du Grand-Œuvre.

Croyons en cette induction, et considérons l'individualité atomique comme un de ces principes

·sur lesquels reposent l'existence et l'harmonie de l'univers.

L'atome lui-même opère le phénomène de matérialité, en se constituant en molécule avec le concours des autres créatures de la matérialité. Il agit hors de lui par vibration, en vertu de la force de combinaison qu'il possède. Il produit de l'étendue, non parce qu'il est étendu, et de la pesanteur, non parce qu'il est par lui-même pesant, mais en se coalisant avec d'autres; parce qu'il est actif et puissant.

Il est indivisible, parce que son existence réside en sa force de combinaison.

Il est indestructible, parce qu'il n'a pas la vie, et qu'il est le serviteur simplement des êtres de la vitalité.

Je dirais volontiers que l'atome est la monade de ce grand philosophe, dont j'ai si souvent cité les opinions. Je généraliserais cette conception de Leibnitz et proposerais l'admission du mot dans le langage de la science, si l'auteur n'avait répandu sur cette notion une teinte idéaliste.

La monade n'est pas une substance close. Cette individualité est ouverte, au contraire, aux communications qui lui viennent de tous les rhumbs du vent. En ce qui concerne la monade du quatrième règne, la stœchologie nous le fait voir. .

Et en ce qui concerne celles des autres règnes, nous avons déjà entrevu le mode des communications qui existent entre elles. C'est la menstrue universelle, c'est l'éther, qui les met en relation, qui leur permet d'agir à distance l'une sur l'autre.

De l'universalité des communications et de son

unité de nature, il faut induire celle de l'unité de nature des créatures de constitution.

En l'adoptant, on fera disparaître bien des questions qui obscurcissent une partie des plus importantes de l'humaine connaissance : celle de l'union de l'âme au corps, celle des rapports du physique avec le moral, des communications de l'extérieur objectif avec l'intérieur subjectif de la personnalité.

Ces questions étaient embarrassées, obscurcies par le préjugé de l'existence de la matière comme principe d'action.

J'ai été peiné de rencontrer cette opinion chez M. Béclard. Le savant professeur admet l'existence de la force, et effectivement nous rencontrons ce rapport d'action partout, en la nature interne et la nature externe. C'est un fait indéniable. « La force est ce qu'il y a de plus essentiel dans la matière », nous dit ce physiologiste. Mais il ajoute presqu'aussitôt que « la matière, en passant dans les corps vivants, ne fait que nous révéler l'une de ses deux qualités fondamentales; qu'il est dans sa destinée d'être alternativement vivante et inerte ».

La méprise est frappante. Elle est due aux préoccupations des physiologistes pour la science qu'ils cultivent exclusivement aux autres.

C'est de l'atomicité qu'il faut dire ce qu'on a dit, sans attention, d'une abstraction vaine, sans en considérer la nature : en faisant d'un rapport phénoménal, la matière, une créature de constitution, un principe constituant et opérateur des phénomènes de coalition.

Dans l'investigation de ces profondeurs de la création, c'est à la loupe noologique qu'il faut recourir. On doit laisser là reposer momentanément le scalpel et autres artifices impropres à l'observation de la nature métaphysique.

Partout, dans l'univers, on peut le dire avec vérité, l'entéléchie est la force, la véritable force qui agite la masse de la création jusqu'à ses infimes détails: *mens ugitat molem.*

Ainsi se dessinent, se manifestent les rapports qui impriment à la création son admirable caractère d'harmonie.

Ce grand œuvre se fait concevoir de lui-même, par l'observateur, dès qu'il n'est plus embarrassé de toutes ces notions creuses de l'idéalisme.

Il l'avait bien conçu, Leibnitz, quand il l'appelait le macrocosme.

Dans son vaste sein, il n'y a ni matière ni esprit; rien que d'innombrables individualités puissamment constituées, tellement qu'elles se peuvent prêter ce support mutuel que j'ai déjà fait remarquer, et que fera ressortir l'examen du monde moral auquel nous nous livrerons plus loin ; elles peuvent se le prêter à perpétuité.

Les erreurs que je viens de relever ne se seraient jamais introduites dans le cadre de l'humaine connaissance, et elles en seraient immédiatement expulsées, si les collaborateurs de cette œuvre éminemment morale, au lieu d'agir isolément, séparément, comme le font ceux de l'industrie, se communiquaient leurs observations respectives et en faisaient chacun son profit.

La loi de communication des services à laquelle

doit obéir l'humaine société, pèse sur le monde moral en entier. Si vous la violez, vous produisez des monstruosités morales, comme la violation des lois embryogéniques fait se dédoubler la science zoologique, en la forçant à traiter séparément de la tératologie ou des monstruosités du règne.

Dans l'élaboration de l'humaine connaissance, les auxiliaires se doivent tourner l'un vers l'autre, se serrer mutuellement les mains pour s'entr'aider, pour accomplir dignement cette œuvre éminemment sociale, car elle importe aux progrès de la civilisation.

Un autre collaborateur, qui n'avait de mortel que son origine en ce monde, où il est descendu pour servir de phare à l'humanité dans sa marche au travers des siècles, poursuivant l'accomplissement de sa haute finalité, l'Homme-Dieu, a manifesté ainsi la haute importance qu'il attachait à la moralisation du monde, en lui recommandant l'amour mutuel, la charité, et en lui en donnant l'exemple. J'en parlerai plus loin.

Que tous les organes de l'humaine connaissance profitent du conseil. Ils le peuvent mieux que la masse de la population, et ils le doivent, car c'est une fonction sociale dérivant de leurs qualités de savants. Ils doivent surtout aux populations l'exemple de la concorde entre eux.

La science présente le type de l'unité, comme les objets divers dont elle traite diversement. Il n'y a pas, en dehors de la partie physique, d'autre métaphysique que celle de l'ontologie ; parfaitement acceptable, en ce qu'elle traite de l'être en l'homme, en l'animal, chez le végétal, chez le minéral, en Dieu lui-même, comme créateur, comme conservateur du monde, suivant l'esprit saint qui a présidé à la création ; comme rédempteur des déviations du monde moral. La Trinité est le dernier terme, le terme suprême des actions de cette divine activité. L'effet implique l'existence de sa cause.

On croit faire de la théologie, en traitant ainsi la connaissance de Dieu. Certains esprits y répugnent, parce qu'ils ont de l'aversion pour l'ontologie en général. C'est une prévention qu'il importe de dissiper, parce que la métaphysique , dans toutes ses branches, est, comme la physique, le produit de l'observation et de l'expérience.

Les deux embrassent, dans leur indissoluble unité, l'humaine connaissance tout entière. Elle est rayonnante de vérité, pourvu qu'elle ait été traitée suivant la loi qui régit l'entendement; ne livrant à ce trucheman de la nature que la représentation de rapports dont la réalité ait été vérifiée par la pierre de touche de la durée et de l'effet alléloleptique.

Passons actuellement à la revue des phases de la matérialité dans le règne organique, et nous aurons le tableau complet des diversités de ce phénomène, exécutées par l'action des principes constituants des créatures répandues dans le monde, même dans celui de l'intelligence, où agit celui de la personnalité. Nous l'avons déjà exploré.

LES PHASES DE LA MATÉRIALITÉ DANS LE MONDE DE LA VITALITÉ.

C'est le monde occupé par les créatures organiques : celles de l'humanité, celles du règne végétal et celles du règne animal.

Commençons notre revue par le règne de l'animalité, et laissons, pour dernier terme de cette étude, celui de l'humanité, en raison de sa plus grande complexité. Les rapports sont si nombreux entre les créatures des trois, que les traits du tableau sur lesquels nous fixerons notre attention, dans le cours des deux premières sections, étant bien connus, nous serviront à fixer les conceptions nécessaires à l'entente de la dernière, et la faciliteront, en raison des nombreux rapports existant entre les phénomènes de la vitalité. D'ailleurs, c'est en l'humanité que les phénomènes de la vie sont le mieux accentués. Par cet ordre, le tableau deviendra plus saillant.

I.

Dans le règne de l'animalité, le mouvement vital présente le même caractère de finalité, sur quelque créature qu'on fasse porter l'attention : sur l'éléphant colossal ou sur le chétif microzoaire. Quoiqu'on ne puisse reconnaître les traits de la personnalité chez l'animal, même le plus élevé dans l'échelle des créatures zoologiques, et bien moins chez l'animalcule ; l'animal, généralement, le vertébré surtout, tend ostensiblement au développement de son existence, à sa conservation et à la transmission de sa vie, par l'emploi de moyens communs à tous ses congénères ; différents d'espèce à espèce, mais tous fort remarquables au point de vue de la finalité individuelle. On n'en voit aucun déserter l'œuvre de sa finalité. Tous s'y acharnent, au contraire, et affectent une des allures de la personnalité : l'égoïsme.

Ce trait, qui devrait s'évanouir chez celle-ci, sous l'influence des lumières que verse en sa conscience la connaissance de la raison d'être des choses, domine en l'animalité ; mais c'est l'une des qualités de l'instinct, gardien, chez l'animal dépourvu de raison, des dispositions faites par le Créateur pour l'exécution de son plan providentiel ; tandis que, chez l'homme, à la honte de l'humanité, l'égoïsme, encore plus individuel que chez l'animal, porte le sujet raisonnable à des actes encore plus exclusifs du regard à autrui ; car l'homme ne respecte pas ses congénères comme le fait l'animal, mais encore il ne se respecte pas lui-même, et il n'écoute que ses caprices et ses passions ; bien moins respecte-t-il son Créateur, qu'il connaît ou qu'il pourrait connaître ; il l'offense en désertant sa fonction sociale, en se suicidant. Il n'y a de suicide, en la vitalité, que dans le cercle de l'humanité. Si le suicidé pouvait espérer, dans son ignorance, une excuse à son infraction à la loi de Dieu, il ne l'y trouverait pas, en ce qu'il n'aurait pas fait usage de son activité intellectuelle pour la dissiper, pour connaître la raison d'être de sa personnalité, de celle d'autrui, et l'organisation du monde moral.

Comme le soldat ne quitte son poste qu'avec l'autorisation du chef qui l'y a placé, aucun membre de l'humanité ne doit déserter ses fonctions : il les doit exercer jusqu'à ce qu'il plaise à son Créateur de l'en retirer.

Le monde moral est une grande famille qui a Dieu pour chef.

Effectivement il y a, en l'homme, le libre arbitre, dont son Créateur l'a fait jouir, nécessaire à sa personnalité, en raison du cosmopolitisme dont il l'a doué, comme conséquence de sa constitution physiologique, mais à condition de l'éclairer des lumières de son entendement. Ces conditions sont connexes : le cosmopolitisme avec la faculté de penser. Et l'homme abuse de son libre arbitre ; il viole la loi de Dieu, quand il ne se soumet pas à la discipline du devoir.

Il en sera malheureusement ainsi tant que le devoir ne sera pas éclairé, en la conscience de chaque personnalité, par la connaissance de la raison d'être des choses, formellement des conditions do la vie sociale.

Par ces considérations, on peut juger de l'importance de l'enseignement, mais surtout en déterminer le caractère et le soustraire aux débats des partis, de ceux surtout dont le caractère politique les rend incompétents pour en juger.

Ainsi entendu, et sous son nom propre de liberté, le libre arbitre rend l'homme à la finalité de son entéléchie, et l'animal rentre dans l'ordre sous la direction de l'instinct.

En l'instinct et en la liberté, vous voyez les deux grandes voies que suit l'activité de cette substance entéléchique, à laquelle est soumis le mouvement, des créatures des règnes organiques.

Cette activité est variée, d'ailleurs, très-variée. Elle manifeste ses agissements en l'individualité par les phases de la matérialité, par les formes que revêtent les principes entéléchiques dans le développement de leur finalité. Voyez et comparez les faits.

En l'animalité apparaît une première dégénérescence de la personnalité. Il y a de l'intelligence chez les vertébrés de la plus haute classe, mais déjà fort dégénérée de l'état où nous la voyons en l'homme; plus faible encore et s'affaiblissant proportionnellement à l'abaissement que subissent les créatures dans l'échelle zoologique; nulle enfin à tel point, que ce serait se mettre en contradiction avec les faits en déclarant l'existence du moindre rapport entre la personnalité et le microzoaire, réduit à la simple direction de l'instinct.

Mais il existe un rapport de finalité indéniable entre toutes les créatures de la vitalité, et, chez chacune d'elles, un principe d'individualité. Chez toutes on remarque un entraînement de finalité dont le caractère n'est démenti en aucune; il est plus puissant chez celles-là que chez celles-ci, puisque cette finalité garde mieux les unes des aberrations que les autres commettent; mais il se manifeste en toutes. La personnalité inintelligente ressemble à un navire sans gouvernail, dont les voiles sont trop faibles pour résister à l'impulsion du vent; elle heurte à tous les écueils dont la vie est parsemée et s'y brise. L'instinct est une force distincte de celle de l'entendement. Celle de l'entendement vaut tout ce que peut la faire valoir la connaissance de la raison d'être des choses garantie par la pierre de touche de la réalité; elle vaudrait tout ce qu'elle doit valoir sous les inspirations de la foi.

Mais c'est l'entéléchie qui anime aussi l'animalité et imprime aux créatures de ce vaste règne leur finalité, à chacune suivant le degré de puissance dont ce principe de vie dispose; divers en toutes et incommutable; garant de l'existence de l'individualité et de la constance des rapports taxonomiques constatés par la science.

Cette force est connue généralement sous le nom d'instinct. C'est une expression métaphorique qui ne dit rien du rapport constaté par l'observation et ne fait aucune allusion à la cause. Mais il faut s'en servir, puisqu'il est consacré par l'usage, en conservant à ce mot sa valeur philosophique.

II.

Mêmes remarques dans l'étude du règne végétal, malgré les diversités profondes qui séparent les deux règnes l'un de l'autre. La création est soumise au régime de la diversité. Mais entre les diversités apparaissent les rapports. La personnalité est naturellement avide de les connaître, parce que leur constance les fait être des notions qui éclairent, pour elle, le présent des lumières du passé et l'arment de la puissance de l'induction.

Le rapport de finalité, caractéristique du principe entéléchique, qui anime les créatures de la vitalité, est encore plus prononcé chez celles du règne végétal, en raison de la vigueur avec laquelle elles sont régies par leur instinct. Cette force les dirige suivant sa forme spécifique propre à l'individualité, sans y laisser donner aucun démenti.

Ouvrez un de ces traités de botanique, rationnels, dont notre littérature abonde, vous y verrez que la plante rivalise, dans le cours de sa vie, par la perfection de ses procédés, avec ceux dus à l'instinct de l'animal.

C'est l'évidence de l'unité de nature de ce principe qui règne dans la vitalité, et étend son empire jusqu'en l'humanité.

Il n'y a pas à s'étonner des merveilles de forme qu'étale la vitalité dans le règne végétal, pas plus que de celles que présentent à l'observation l'animalité et la personnalité,

Le principe est le même. Ne disputons pas sur les mots et préférons celui qui nous offre la représentation la plus précise, la plus générale, des rapports constatés dans l'observation des phénomènes de matérialité. Ils sont produits dans les trois règnes organiques par ce principe actif de finalité, si immuable qu'il imprime à toutes ces créatures diversement, suivant le rôle quelles ont à jouer dans le concours universel des êtres de la création, les qualités propres à les faire s'entre-soutenir.

Ce principe d'action, encore une fois, est l'entéléchie. Il se prononce encore plus nettement dans
les opérations de la vie.

III.

Grâce aux études qui ont été faites plus particulièrement, plus largement, des évolutions de la
vie dans l'humanité, on peut juger de l'unité de
cause et l'apprécier dans les autres règnes, en prenant pour point d'appui les rapports existant entre
les créatures enserrées dans les cadres des trois ;
d'ailleurs, parce que les faits sont mieux observables dans le premier que dans les deux autres, et
qu'ils ont été mieux observés.

Prenons pour point de départ l'observation des
phénomènes de l'embryogénie. C'est par là que la
vie débute, dans les trois règnes organiques. Ici,
dans le règne de l'humanité, on voit s'opérer,
avec la plus grande simplicité et le plus de netteté possible, le travail d'organisation de l'être
nouveau, exécuté sur la substance plastique par
la puissance de cette autre substance, de nature
métaphysique, en qui réside l'activité.

Dans l'infiniment petit de l'ovule vous voyez,
d'abord, une substance amorphe qu'on dirait avoir
été attirée par le nouvel être, pour servir à la
construction de ce pont de communication dont
il a besoin entre son présent et son avenir ; puis
vous voyez cette substance se transformer en globules, ces globules en membranes, et les mem-

branes servir à une construction définie par, la finalité du nouvel être.

Ce qui se fait voir chez l'animal apparaît chez le végétal.

Subséquemment, grâce au concours des fluides, qui sont appelés du dehors en l'organe microscopique de la gestation , commencent les opérations de l'assemblage des membranes : groupées, elles deviennent des organes distincts, destinés à l'exercice de la vie.

Vous remarquez alors un grossissement du contenant, nécessaire pour l'emplacement du contenu.

Soit que l'on croie à une épigénèse,(ἐπιγένεσις) dans le fait d'une telle organisation, soit qu'on considère cette notion de *survenance* comme hypothétique, le fait existe. Il se décompose en deux particularités évidentes , celle de la succession des actes de l'opération embryogénique et celle d'unité de direction, qui est l'exécution d'une finalité bien caractérisée, bien déterminée : le développement du fœtus, et, plus loin, l'émission d'une créature nouvelle, en rapport de qualités avec celles préexistantes.

La pierre de touche de la réalité ne refuse pas sa consécration à cette notion d'épigénèse, puisque le fait s'accomplit, depuis la première origine des créatures de la vitalité, toujours constant dans sa forme.

Remarquez ce courant de phénomènes de causalité, ces phases de la matérialité pétrie, pour ainsi dire, par la substance entéléchique. L'ovulation succède à l'état amorphe ; les cellules se déforment pour devenir des membranes ; les membranes se soudent entre elles ; puis, l'ensemble se courbe en forme de nacelle ; la nacelle se ferme pour produire le buste. Dans cette enceinte apparaît alors un filament nerveux, qui deviendra tantôt l'épine dorsale, dans sa longueur, et, en haut, l'encéphale, par sa rondeur.

Rien de ce qui se produit, au moment de l'observation, n'existait au moment où apparaissait la forme antécédente. Et l'écart d'une forme à l'autre est tel, surtout si l'on oppose à l'état amorphe, initial, celui du développement complet du fœtus ; il est tel qu'on s'arrête devant l'impossibilité d'attribuer ce phénomène de développement du fœtus à toute autre cause qu'à un agent directeur des opérations de l'œuvre embryogénique. C'est bien lui qui conduit les phénomènes de matérialité à l'accomplissement d'une finalité étrangère aux agents et qui émane bien de lui ; car ce constructeur de l'organisme en disposera tantôt à son service. Il continuera même d'en user durant les autres phases du développement extra-utérin. L'identité du constructeur et de l'usufruitier de l'objet est évidente.

Cette manifestation d'une direction intentionnelle, caractéristique de la personnalité, est encore plus sensible et plus remarquable dans la succession des actes d'organisation de la vie animale. L'unité de fin devient évidente et elle manifeste l'unité d'agent. Si Flourens a pu douter du fait d'épigénèse dans les opérations de l'embryogénie et en attribuer l'observation à une illusion de la vue, à une hallucination, il n'aurait pas, s'il y avait pensé, négligé ces deux circonstances de succession et d'unité de direction qui caractérisent le fait unique de développement du fœtus, très-propres à en faire concevoir la cause. Elle est pleinement caractérisée par des observations successives qui aboutissent à la subordination finale des deux grandes phases de la vie de la personnalité, la végétative et l'animale.

Il y a épigénèse dans la gestation tout entière : l'acte subséquent n'est pas un développement ou une transformation, mais une suite, une conséquence déduite, par l'être nouveau, de son principe de finalité. Il y a succession intentionnelle, quoique inconsciente. Elle l'est comme le sont tous les actes de la vie végétative. Si elle l'est, c'est parce que l'organisme intellectuel n'existe pas encore ; mais elle est motivée aux yeux de l'observateur qui connaît la raison d'être du phénomène : l'existence d'un principe de finalité ; d'une entéléchie qui opère ce phénomène de matérialité pour l'accomplissement de sa fin.

Evidemment, c'est sous l'action de cette cause que le mécanisme physiologique se produit, pièce à pièce, tel qu'il doit être pour servir aux usages de la vie de la personnalité, qui le doit employer. L'œuvre ne permet donc pas de douter de l'existence de l'ouvrier et de sa qualité.

La fiction idéaliste de la préexistence de germes en infiniment petits dans l'ovule de l'organisme tout entier, est aujourd'hui abandonnée.

Celle de l'inclusion des germes, l'un dans l'autre, du passé au présent jusques au plus lointain avenir, étant du même acabit, a reçu le même sort.

Gardons-nous aussi d'attribuer au germe une puissance embryogénique. Le germe n'est rien autre qu'un point d'appui préparé par l'antécédence pour la descendance, au service de la force opératrice de la vitalité. Cette force se manifeste, par l'action végétative, chez la plante, chez l'animal et chez l'homme,

La vie végétative et la vie animale sont les deux premières phases de l'action vitale. Elle se manifeste par ces deux rapports communs à l'organisation de la vie, l'un chez les trois classes, l'autre chez deux seulement.

Rien de matériel dans l'éclosion de la vie et son développement en aucune des trois ; mais il faut y voir, simplement, des phénomènes de matérialité, opérés par l'entéléchie dirigeante de l'œuvre organique, en disposant des produits de l'atomicité.

Une autre supposition a été faite par l'idéalisme. On a dit que l'organisation de la créature nouvelle existait en germe chez le spermatozoïde, qu'elle procédait de la force de ce petit dynamisme. Nullement : c'est un simple filament vibratile, privé de vie. Ses mouvements sont d'ordre physique : l'expérience a parlé.

Au lieu de supposer des causes, admettons seulement celles qui se présentent, visibles ou invisibles, mais pourvues du caractère de réalité, et souvenons-nous que si la connaissance procède de la sensibilité, elle doit sa forme à la représentation objective fondée sur la conception de la raison d'être des choses.

Passons actuellement à la revue des phénomènes de matérialité causés par ce principe d'activité que chaque créature de constitution porte en soi : je veux parler de la vitalité, et la considérer actuellement en la créature qui la développe avec le plus haut degré de puissance, en la personnalité. Mais, ce sujet mérite, en raison de son importance, d'être traité dans une section particulière de ce discours.

Nous rencontrerons, dans les faits que je devrai citer, quelques caractères nouveaux de la substance entéléchique, propres à enrichir la notion de cette réalité.

IV.

L'origine de la vie n'est ni dans le spermatozoïde, émis par l'agent mâle de la fécondation, ni dans l'ovule produit par l'agent de l'autre sexe. L'ovule est une cellule, la première de cette série de formes suivant laquelle procède la gestation. Cette cellule initiale est destinée à subir l'action du spermatozoïde et à lui prêter la matière des principes immédiats aspirés, en ce champ de la germination, pour y être employés à l'œuvre de construction, sous l'action de l'agent physiologique.

D'après M. Béclard, la première condition de la fécondation consiste dans le contact du spermatozoïde avec l'ovule, pourvu, d'ailleurs, que ces deux agents se trouvent dans un état d'intégrité de leur composition normale. Sans doute, pour produire l'effet métabolique auquel chaque créature est vouée, l'agent doit être en état d'exercer et de subir, d'autre part, l'action de présence.

Notre auteur cite, en preuve, celle des espèces animales où la ponte de l'œuf précède la fécondation. Ce sont les espèces ovipares, où la fécondation s'opère à découvert.

Cette opinion est contredite par les zoologistes, qui attribuent un rôle principal à la puissance vitale de la mère dans la gestation. Nous verrons tantôt que les deux agents ne sont que des parrains du nouvel être, des coopérateurs de l'œuvre d'organisation de son dynamisme, des manœuvres, si vous voulez. La loi sociale de mutualité de services s'étend jusques à ces profondeurs de la création.

La fécondation consiste dans une action de présence exercée, par des créatures constituées, au profit d'une création nouvelle à constituer. Purement physiologique, cette action est distincte de celle consistant en l'introduction de la vie dans le monde. Cette action tierce est due au principe qui a fait éclater la vie à l'instant de son apparition dans l'ovule, en opérant les phénomènes de matérialité que je citais plus haut. Rappelons-nous cet apophthegme du zoologiste : *Omne vivum a viro*.

Ce phénomène de vitalité est comparable à celui de sensibilité qui, opéré par le même agent, transforme en sensations les excitations physiologiques de son organisme ; puis les convertit en représentations à son usage.

L'action de présence, exercée par divers agents, révèle cette diversité par celle des effets en provenant. Ici, à la différence de ce qui se passe dans les phénomènes opérés par des créatures de coalition, l'agent dépose de son intervention propre par la qualité particulière de l'effet produit, il manifeste le concours qu'il y a prêté. C'est l'entéléchie, l'auteur de la vie et de la pensée, qui revendique la réalité de son action.

Cette série des phénomènes de la vie fœtale, de la vie végétative, de la vie animale, de la vie intellectuelle, soudées entre elles et transformées en cette unité de personnalité, manifestent la présence, en cette créature, d'un opérateur particulier. Son existence est, sinon visible, du moins perceptible pour quiconque est stylé à l'étude de la nature et connaît les fonctions de l'entendement.

Les spermatozoïdes, dépourvus de vie, subissent, après avoir exercé leur action physiologique, des transformations analogues à celles des autres éléments de l'organisme de la personnalité. Tous sont soumis à l'action du tourbillon vital.

Dans l'aire de la germination (*area germinatrix*), si étroite d'abord, puis successivement croissante, proportionnellement au développement fœtal, on ne voit, on ne saurait voir que des manœuvres s'agitant pour obéir à la direction qui leur est imprimée par l'architecte invisible. Mais, s'il échappe à la vue en raison de son immatérialité, il se fait connaître par son action, comme le font ces opérateurs, invisibles aussi, de tant de merveilles qui attirent l'admiration du vulgaire ; comme les auteurs de la construction moléculaire, ces individualités atomiques à l'existence desquelles nous croyons aujourd'hui, après en avoir douté et disputé. Nous y croyons à l'apparition de leurs œuvres dans quelque partie de l'espace.

Croyons donc aujourd'hui à l'individualité entéléchique, qui se manifeste plus puissamment encore, par les opérations alléloleptiques auxquelles elle se trouve mêlée, à qui elle applique son cachet de personnalité, à elle particulier.

La procréation est une véritable création, de formes seulement, exécutée au moyen d'éléments préexistants. L'autre, comprenant le fonds avec la forme, n'appartient qu'à Dieu. Mais cette œuvre plastique est exécutée par un être dont il est impossible de méconnaître l'existence préalable; qui se signale à la vue par son cachet de finalité et d'unité d'action personnelle. Vous le voyez imprimé sur le produit chez les individualités du premier règne.

La manifestation la plus frappante de l'action exercée par l'humaine entéléchie dans les phénomènes de vitalité, la manifestation de son entrée dans l'ovule, au moment de la fondation de la personnalité; la preuve, pourrais-je dire, de cette affirmation que les parents ne sont que les parrains de la créature nouvelle; cette preuve est en ces phénomènes d'hérédité naturelle déjà observés en grand nombre, formant aujourd'hui un corps scientifique, dont j'ai parlé assez longuement dans la partie nootélique de ma noologie. J'y renvoie ceux de mes lecteurs qui désireraient en connaître les particularités, et à la source où j'ai puisé, le traité d'hérédité naturelle publié par le docteur Lucar. Je me bornerai ici à rapporter, à mes honorables confrères, les traits principaux de cette science nouvelle de l'hérédité pour leur permettre d'apprécier mon opinion sur l'origine de la vie.

L'innéité concourt avec l'hérédité à la procréation.

Trois forces sont en jeu dans cet acte: celles des deux parrains et celle du principe de vie qui vient animer la créature nouvelle; qui imprimera à la personnalité future sa finalité, et, en la lui faisant poursuivre, imprimera à son extérieur son cachet d'unité; fera peser sur elle la responsabilité morale de ses actes, après en avoir organisé l'entendement. Le voilà, l'ouvrier qui travaillera tantôt à la construction de son organisme physiologique, en disposant, comme nous l'avons vu tantôt, des principes immédiats dont les parrains lui ont fait l'avance, la mère surtout dans le courant de la gestation.

En parlant ainsi je ne fais pas d'hypothèses, mes lecteurs le voient bien. Je me borne à des inductions auxquelles je suis autorisé par la science de l'embryogénie, et par celle de l'hérédité. Dans cette conduite, on doit reconnaître que l'entendement reste fidèle au rôle qui lui est assigné par sa nature, celui de trucheman, auprès de la conscience de la personnalité, de l'observation des faits qui s'accomplissent à l'extérieur.

Sans le concours des parrains de la créature nouvelle et de l'entéléchie de celle-ci, l'opération des phénomènes de l'hérédité, aujourd'hui bien vérifiés, serait impossible. Ne nous laissons pas entraîner ici, moins qu'ailleurs, aux illusions de l'idéalisme, et voyons les phénomènes de vitalité qui s'opèrent partout, dans toute leur vérité. La transmission de la coloration, celle de la totalité ou d'une partie de l'organisation des parrains; celle de la totalité de leur mécanisme; bien moins encore celle partielle ou totale du moral de l'un des procréateurs et des deux, par mélange; ces transmissions à une créature nouvelle, dont l'organisme n'existe pas encore, qui se formera, par épigénèse, en des moments différents, à intervalles plus ou moins grands; ce transport qui devrait s'opérer, au travers d'un ovule infiniment petit, entre des créatures constituées et une créature à constituer; ce transport d'éléments d'ordre différent, l'un physique, et l'autre métaphysique; un tel mouvement serait une supposition inconcevable, inadmissible. Les objets, fussent-ils réduits à la proportion du point fantasmagorique, n'ont pu être transmis, ne serait-ce qu'à défaut de moyens·de communication. Et la difficulté se complique encore de l'inexistence du récepteur.

On ne saurait non plus attribuer le phénomène d'hérédité à une action de présence exercée par les trois acteurs, par la raison de l'inexistence de l'agent ou du patient, dans l'unité de temps, condition essentielle de la réalisation du phénomène.

Envisager autrement le phénomène d'hérédité, ce serait se plonger dans les rêveries de l'idéalisme le plus fantastique. L'agent universel des communications, cet intermédiaire impalpable avec lequel nous avons fait connaissance, le fluide éthéré, serait frappé d'impuissance, par défaut de l'un des termes auquel il aurait à communiquer l'action exercée par l'autre.

Pour concevoir, rationnellement, le phénomène d'hérédité, il faut recourir à l'induction et corriger le vice de l'expression métaphorique dont les auteurs de la science ont eu le tort de se servir par emprunt au langage vulgaire. Comme l'a dit Condillac, la science consiste en une langue bien faite. La philétie ne doit laisser introduire dans le langage philosophique de la science, à la formation de laquelle assiste cet esprit de vérité, de réalité, rien que des termes propres, des onomatopées faites pour représenter les rapports dont l'activité de la nature parsème le champ d'observation ouvert à la conscience de la personnalité. C'est là que les lumières du passé éclairent les faits du présent, et pourvoient d'informations nouvelles le trucheman de la personnalité.

Il n'y a pas transmission dans le phénomène d'hérédité, faute d'objet transmissible et de sujet disposé à accepter la transmission. Mais il y a un phénomène d'impulsion analogue à celui du magnétisme animal. Il implique l'existence d'un sujet bien distinct de celui qui exerce l'action. Comme le magnétisé est indépendant du magnétiseur, tout en subissant l'action de celui-ci ; de même, l'entéléchie subit l'action des procréateurs. Dans la supposition de son absence au moment de la fécondation, l'effet d'hérédité devient impossible. Il devient possible au cas du concours des trois forces. Ce qu'on ne voit pas devient, encore en ce cas, visible, concevable par le résultat visible de l'action.

Nécessairement il faut admettre la présence des trois agents et leur coopération, dans ce moment solennel de l'apparition de l'entéléchie en l'ovule; car celle-ci a grand besoin de recevoir l'impulsion que lui prêteront ses prédécesseurs pour fournir une carrière, d'elle inconnue, analogue à celle qu'ont fournie ses parrains dans un milieu pareil où elle va entrer.

Dans cette fonction, les procréateurs se comportent effectivement comme des parrains. Ils se rendent responsables du mal qu'ils peuvent occasionner en engageant le nouvel être dans une fausse voie ; et ce n'est qu'un début dans la carrière de l'éducation qui, désormais, leur est ouverte, et où leur responsabilité sera plus largement engagée. Vous voyez poindre le devoir, au début de la vie conjugale.

Combien est saint l'état de mariage, et quelle pureté n'exige-t-il pas de la part des conjoints qui vont s'y engager !

Le phénomène d'hérédité, ainsi entendu et expliqué, ne laisse plus subsister de doute sur les rapports de nature existant entre les entéléchies : entre celles surtout qui appartiennent au même regne, entre les congénères, d'après ces considérations. La présence de l'entéléchie nouvelle à l'acte de fécondation devient aussi irrécusable que la présence du corps réflecteur du son au moment de l'émission par l'instrument sonore, dans le phénomène de l'écho.

La présence, l'assistance continuelle de l'entéléchie, son action constante dans les opérations des phases de la vie, végétale, animale, intellectuelle, sont aussi des faits indubitables. Grâce à cette conception, vous voyez toutes les diversités et la finalité s'expliquer par l'assistance de l'entéléchie, de sa substance, à tous les actes de la vie, et les diversités sont ramenées à l'unité de fin. L'action entéléchique est indubitable, quoique invisible, comme l'est celle du corps réflecteur du son. Elle apparaît à l'observation comme raison d'être du rapport d'unité que manifeste la vie de la personnalité.

Dans ces opérations internes de la vie et dans celles externes, on doit voir l'entéléchie faire écho à toutes les forces de l'intérieur organique et à celles de l'extérieur. C'est par ces communications qu'elle a appelé à soi les dynamismes étrangers pour se procurer, par leur coopération, un organe de communication au dehors, et qu'elle en fait usage pour appeler le concours des forces de l'extérieur. Dans ces relations elle développe son entendement pour éclairer sa volonté.

Nous pouvons appliquer à l'humaine entéléchie ce mot du théologien parlant de Dieu : « Par elle nous existons et nous mouvons », *per eam movemur et sumus.*

Comme les relations de l'entéléchie avec le corps qu'elle anime, et avec son extérieur, existent partout chez les créatures de la vitalité ; que celles de l'atomicité sont appelées à s'y mêler, s'y mêlent effectivement ; qu'elles subissent l'action de celles de la vitalité et réagissent sur celles-ci ; il faut reconnaître que cet écho universel a lieu et ne peut exister qu'entre des créatures de constitution, de nature identique. Evidemment, toutes sont en rapport par la substance entéléchique, qui les rend telles qu'elles sont, et qui, diverse en elle-même, diversifie leurs qualités.

Le régime de l'entéléchie est bien la loi de l'univers. Il explique l'harmonie de l'ensemble et, dans tous les détails, celle des diversités. Partout se montre la finalité que ce mot signifie Ce mot n'est donc pas vide de sens, il couvre une réalité.

Leibnitz était sur la voie d'obtenir cette révélation. Il aurait pu la représenter par la notion de la monade. Nous pouvons aujourd'hui parler comme ce grand philosophe eût parlé, s'il avait joui des données scientifiques que nous possédons. Nous pouvons dire de la monade, au point de vue de sa constitution en unité, ce que nous avons dit de l'entéléchie, et, réunissant les deux traits essentiels du caractère de cet être, représenter, par la notion de la monade, un être infiniment petit, dont la constitution est un rapport qui relie la diversité des parties de cette immense conception de l'univers.

Ce vaste ensemble consiste en l'unité de nature d'une infinie diversité d'individualités, toutes distinctes l'une de l'autre par leur finalité individuelle. Sous cet éclat de lumière s'évanouit le rêve du panthéisme.

Le phénomène de l'hérédité s'explique ainsi.

Le docteur Lucas a eu le droit de dire : « Le génie n'a pas d'ancêtres ».

Nous pouvons en dire autant de toutes les qualités qu'étale le genre humain : elles se produisent sous l'action de la monade qui constitue l'individualité, et par la coopération des congénères.

Quant à l'univers et aux créatures de constitution qu'il enserre, il n'a pas d'autre ancêtre que Dieu.

Nous en aborderons la connaissance quand nous aurons recueilli toutes les données propres, nécessaires, pour en composer la notion, par la même méthode positive de l'observation des faits de la nature.

Avec la notion de cette haute unité, tous les phénomènes s'expliquent dans l'univers ; tous les détails prennent du relief et laissent apparaître leur raison d'être : ils deviennent visibles, comme le ciel sidéral l'est à l'application du télescope.

Sans cette notion, tout tombe dans l'obscurité que l'idéalisme avait répandue sur le monde moral. Il la faut dissiper.

Mais revenons à l'étude des phénomènes de matérialité opérés par l'entéléchie en voie d'organiser sa personnalité, et reposons surtout notre attention sur les faits qui me restent à rapporter et qui sont encore plus significatifs de l'action de l'âme.

V.

Quand Flourens modifiait la définition de la vie, formulée par Bichat, qu'il la corrigeait en y ajoutant un nouvel élément, celui de la force productrice de l'action, il en négligeait un autre, essentiel à mon avis, l'indication de l'auteur de la vie. Véritablement cette cause ne peut être caractérisée qu'avec des données empruntées aux sciences morales. Flourens n'y était pas étranger, mais peut-être ne lui étaient-elles pas présentes, ces données, quand il perfectionnait la formule de la vie.

La vie n'est qu'un effet dont la cause est à déterminer. L'effet est patent, si la cause ne l'est pas. Mais l'un peut servir à la détermination de l'autre, conformément aux pratiques de l'entendement. Nous qui avons reçu les révélations de la science nouvelle, ontologique ; qui avons étudié les actes de l'être vivant et résistant aux réactions du milieu où il est placé, conjurant le concours des forces étrangères nécessaires à l'accomplissement de sa finalité ; nous dirons, avec le physiologiste Muller, et nous ajouterons, à la définition surcomposée par Flourens, ce trait, que la cause de la vie est une substance.

Ce physiologiste, s'étant mis en quête de la cause de la mort naturelle, n'hésite pas à l'attribuer à la défaillance de cette substance opératrice des phénomènes vitaux, à son insuffisance pour la continuation de la tâche par elle entreprise.

L'humaine entéléchie, l'âme, est donc, aux yeux de cet observateur, la cause du phénomène général de la vie et, en particulier, de celui de l'apparition de la personnalité. Sa défaillance dans la continuation de son œuvre est la cause de la mort, de sa séparation d'avec le corps qu'elle s'était donné pour entrer en relation avec les autres créatures, et dont la direction est devenue une tâche trop lourde pour elle.

Cette défaillance apparaît, à la conscience du sujet, pour être, ce qu'elle est, une insuffisance à l'endroit de la lourdeur de la fonction vitale de l'âme. La science zoologique nous a appris que l'organisme était soumis à des rénovations périodiques, exécutées par le tourbillon vital, ainsi dénommé par Cuvier ; que ces rénovations étaient nécessaires à l'entretien de la vitalité ; et que, lorsque la vieillesse ou quelque autre cause les rendait impossibles, l'âme devenait impuissante.

A ce sujet de l'insuffisance de l'auteur de la vie pour entretenir le jeu des organes, nous avons des témoignages de ce qui se passe en la conscience de la personnalité. quand l'impuissance de l'âme à exercer sa vitalité se fait sentir à elle. Je citerai d'abord celui du célèbre Guizot, personnalité plus remarquable encore par sa probité, sa véracité, que par la hauteur de son talent. Penseur profond et consciencieux, il nous a rendu compte de ce qui se passe en la conscience de l'être qui va abandonner la direction de son organisme par l'impuissance où il est de la continuer Nous rendant compte du sentiment qu'il a éprouvé plusieurs fois dans l'intervalle des syncopes par lesquelles sa vie s'est terminée, l'illustre historien de la civilisation nous a ouvert une induction solide propre à servir de fondement au jugement que nous avons à porter sur le mode des relations de l'âme avec le corps durant la vie de la personnalité. On les qualifie, improprement à mon avis, au point de vue de la connaissance actuelle du phénomène de la personnalité, le rapport du physique avec le moral. Rapport il y aurait visiblement au point de vue de la conception, à laquelle je touchais tantôt, de l'universalité du régime de la monade, mais ce ne seraient encore que des relations au point de vue de l'individualité caractéristique des créatures. Revenons à la narration de l'illustre Guizot. Cet éminent observateur des phénomènes moraux a comparé le sentiment qu'éprouve l'âme fatiguée de ses relations avec le physique, au moment de s'en séparer, il l'a assimilé à celui de l'allégement qu'éprouve l'aéronaute dans sa nacelle, au moment où le ballon quitte la terre, dégagé qu'il est des liens qui l'y retenaient, au mot du « lâchez tout ! »

C'est un sentiment d'aise qu'éprouve l'âme, au moment où elle est déchargée des fonctions de la vie devenues trop lourdes pour elle ; ce sentiment est d'autant plus vif, plus profond, plus vrai, qu'il s'accompagne, en la conscience, de la conviction qu'elle s'est acquittée des devoirs à elle imposés par sa finalité. C'est ce que pensait assurément l'illustre Guizot, et il en a rendu compte aux assistants dans les intervalles lucides que lui laissaient ses syncopes, causées par l'affaiblissement de son organisme.

Même observation et même témoignage dans la relation que nous a laissée de son état d'agonie, le survivant des trois aéronautes du *Zénith* si cruellement punis de leur imprudence pour avoir voulu pousser leur ascension à la hauteur de 14000 mètres au-dessus du niveau des mers. Lui aussi a éprouvé ce sentiment qui précède la mort, quand l'âme cesse d'être maîtresse de ses facultés physiologiques et qu'elle se trouve réduite à celles de la pensée.

Ces fonctions s'exercent encore parce, qu'elles tiennent et se passent dans l'intimité de l'être qui est le ressort de la vie, mais affaiblies, faute de la coopération organique nécessaire à la plénitude de l'acte.

Dans la relation que nous possédons de la catastrophe de ces imprudents navigateurs aériens, on peut voir une analyse fort intéressante de la gymnastique de l'âme exerçant ses fonctions intellectuelles, à l'aide des adminicules dont elle peut encore faire usage. Dans le cas de ces aéronautes, la défaillance de leur pensée est due au défaut de sanguification, à l'absence de l'afflux du sang régénéré par l'oxygène. Effectivement les cadavres se sont trouvés injectés de sang noir, et le liquide sanguin s'est trouvé en cet état dans les éjections des cadavres.

L'action de cette cause a été éprouvée et rapportée dans le récit, qu'a fait le survivant, des souffrances de l'asphyxie et des soulagements éprouvés par les asphyxiés à l'instant des insufflations d'oxygène artificielles, auxquelles les aéronautes avaient eu momentanément recours pour suppléer à celles que l'atmosphère leur refusait.

Le corps mourait, parce que les fonctions physiologiques nécessaires à l'exercice de la vie animale ne pouvaient plus s'exercer : mais l'âme, toujours vivante, continuait de penser à l'aide des organes restés soumis à son obéissance. Il y a un rapport frappant entre ce cas et les exemples que je citais du sommeil, du somnambulisme, de l'éthérisation.

C'est ainsi, et pour une cause analogue, que l'éthérisé voit se restreindre l'exercice de sa pensée ; que le magnétisé ne pense plus que par une partie de son organisme ; que le dormeur brouille le rêve avec la réalité ; que le somnambule exerce l'action incitative de sa mobilité sans pouvoir user des excitations à la sensibilité que lui refusent ses organes.

Ces expériences d'ordre métaphysique sont d'aussi bon aloi que celles d'ordre physique pour l'enseignement de la raison d'être des choses et de leur manière d'être. Les unes ont même valeur que les autres. En séparant l'une de l'autre les actions qui concourent au phénomène de la pensée, en les isolant, on reconnaît que c'est l'âme, et non l'organisme, qui pense et exerce les fonctions des trois vies, depuis celle végétative jusques à celle de l'intelligence ; on voit que les phénomènes ne diffèrent, dans la plénitude de l'effet final, que par des degrés proportionnés au nombre des coopérateurs. L'expérimentation régulièrement conduite rend leurs actions respectives distinctes l'une de l'autre.

Après tant de manifestations de l'existence et de la qualité de l'être pensant, ce serait une vraie impertinence de redire que la pensée est une sécrétion du cerveau. Non, c'est la gymnastique intellectuelle pratiquée par l'âme, aussi réglée sous son inspiration, que l'est celle du monde sidéral sous l'action de la gravité.

Conséquemment, l'âme détachée du corps reste capable de penser. Elle pensera d'autres objets, par ses relations avec d'autres substances. L'âme peut vivre ailleurs que sur la terre.

Nous pouvons parler ainsi sans fausser notre méthode. Cette assertion est une induction de la connaissance que nous avons acquise de cet être, directement, en observant les actions qu'il exerce sur les autres créatures, et les réactions qu'il en subit. Mais nous avons un autre moyen de nous éclairer sur sa destinée, celui de la connaissance indirecte dont je traiterai tantôt en étudiant la constitution du monde moral, après avoir complété l'étude du monde physique que nous continuerons de poursuivre.

VI.

Aucune observation ne nous autorise à penser que l'âme soit appelée à passer d'une personnalité en une autre, ni qu'aucune autre espèce d'entéléchie ait à parcourir successivement dans la vitalité, même chez des congénères, plusieurs cercles de pareilles évolutions de formes de la matérialité ; bien moins, que l'humaine entéléchie ait à traverser d'autres cercles que le sien. Les questions de métempsychose et de palinempsychose sont de pures fictions de l'idéalisme, que la science moderne réprouve. Si elles ont été traitées jadis sérieusement, c'est parce que l'antiquité grecque et romaine étaient pauvres en données noologiques, et que, sans arborer le drapeau de la libre pensée, comme le font nos prétendus novateurs, nos devanciers, ignorant les devoirs de la pensée, étaient des libres-penseurs sans s'en douter.

Quant à nous, partisans du devoir dans l'exercice de toutes les fonctions de l'activité humaine, nous nous bornerons à croire à l'immortalité de l'âme, en raison de son imputrescibilité bien reconnue, de sa simplicité, de son unité de nature qui lui est commune avec les créatures de l'atomicité. Tout ce que nous pourrons dire relativement à son avenir, sur le fondement de l'observation et de l'induction, c'est que l'âme retourne à son point de départ en quittant son point d'arrivée, ce point où elle a plus ou moins longtemps séjourné ; et nous ajouterons qu'elle emporte, avec les connaissances par elle acquises, la charge de sa responsabilité. Il y a unité entre les deux moments extrêmes de son existence, comme entre tous les moments intermédiaires de sa durée. Cette unité est en sa substance entéléchique et imputrescible, indissoluble.

Mais les destinées futures de l'âme nous ont été révélées par la connaissance indirecte, ce fruit dont l'humanité jouit en raison de sa constitution en société du genre humain. Ce régime de communications de services s'étend jusques à ceux des connaissances individuelles qui, en vertu de cette mutualité, deviennent communes à tous les membres du monde moral. Ce que l'un ne peut savoir directement il l'apprend indirectement, à la seule condition de vérifier la véracité de l'auteur . C'est un point que j'ai traité spécialement dans ma noologie, et j'y renvoie ceux de mes lecteurs qui désireraient se confirmer dans la légitimité de cette source ; je m'y réfère pour la connaissance des destinées de l'âme en l'éternité. La foi est la source de la connaissance indirecte, la foi en autrui et particulièrement au divin Maître.

En raison de ce sentiment que nous professons

pour Celui qui a franchi les barrières élevées entre le temps et l'éternité, pour nous instruire de ce qui se passait en ce haut lieu, nous pouvons croire à l'éternité de l'âme et à sa rémunération en chaque personnalité suivant ses mérites. Nous y pouvons croire, comme nous croyons à ce que nous ne pouvons connaître qu'avec la coopération d'autrui.

Nous passerons tantôt à l'étude de la révélation, un sujet qui appartient à la matière du monde moral.

Ce qui nous reste à dire de cet objet que nous avons traité jusques ici, est un résumé de ce que nous avons appris du développement des phénomènes de matérialité opérés par les créatures de constitution auxquelles le Créateur a donné l'existence. Ce que j'ajouterai à ce sujet, sera moins un article de connaissance nouveau, qu'une préparation à d'autres développements relatifs à la connaissance de cette œuvre, qui, projetée dans l'immensité, est assez fortement constituée pour durer, en état complet d'unité, malgré sa continuelle mobilité, d'un point de l'infini à l'autre, la création.

Nous en voyons les éléments et les produits; les agents de cette mobilité et les résultats. Ce sont des créatures de constitution et des créatures de coalition.

Les premières, qui méritent principalement notre attention, comprennent un intérieur et un extérieur : l'extérieur qui se voit et l'intérieur qui se fait concevoir par ses qualités et les produits de celles-ci.

Indubitablement, l'intérieur est occupé par des êtres en qui réside l'activité des créatures, par des substances qui entretiennent et perpétuent, dans le plus lointain avenir, l'activité caractéristique de l'ensemble ; l'activité, que nous voyons régner dans le département de l'atomicité, comme dans celui de la vitalité ; l'activité variée d'un sujet à l'autre et élevée au plus haut degré de puissance chez la personnalité.

Tel est cet ordre, auquel nous assistons sans nous en émerveiller pour cause d'accoutumance ; il est tel que chaque créature de l'animalité peut être avertie, par sa sensibilité, de ce qu'il lui importe de connaître dans le milieu où elle vit ; tel que, entre elles, la variété de la connaissance est corrélative à celle des besoins. Mais, dans l'humanité, la connaissance est élevée à un plus haut degré de puissance, toujours corrélatif aux diversités de la substance constituante de la personnalité, et tel qu'en celle la plus distinguée, la représentation, en quoi se résume la valeur de la pensée, peut s'étendre de ce qui se passe dans l'intimité de la personnalité jusqu'aux faits les plus minimes qui se réalisent au dehors d'elle jusques aux dernières limites de l'univers.

Suivant ce mode de connaissance si simple, de représentation, en la conscience de la personnalité, de ce qui se passe en elle et hors d'elle, cet être priviligié peut étendre sa vue jusques à l'impondérable et l'incoercible, jusques à la connaissance du métaphysique.

La connaissance ontologique relative aux créatures de ce monde est acquise à la personnalité comme celle de leur physique. Elle dispose des deux également par représentation, grâce aux rapports qui lient le présent au passé et se reproduisent jusques en l'avenir.

A l'instant vous en voyez apparaître la raison dans la destination, qui devient immédiatement visible, palpable, indubitable, et qui est devenue telle par une foule de traits ; vous reconnaissez la destination de la personnalité à se former en société avec ses congénères ; à concourir à la composition du monde moral avec des créatures toutes douées de sentiments moraux, avec l'aide de leur créateur qui les a faites à son image, et qui maintient son plan {en coopérant à l'œuvre de la procréation par une émission incessante d'entéléchies.

Vous les voyez, ces éléments du monde physique destinés par le créateur à composer une habitation pour les créatures du monde moral; ils sont simples, mais puissants dans leur simplicité, comme le sont tous les moyens que le créateur met en jeu dans les évolutions de sa puissante activité. Il ne tenait qu'à lui de les rendre tels, puis qu'il était maître du fond, comme de la forme. Le génie philosophique a fait les plus grands efforts pour représenter ces éléments premiers de la création. C'est l'entéléchie, a dit l'un; c'est la monade, a dit l'autre.

Assemblez ces deux conceptions, et leur faites subir les corrections dont la science moderne nous a prêté les données.

Dans sa plus grande simplicité et à la vue du rapport qui relie entre elles les infinies diversités des êtres de la création, la substance génératrice des phénomènes de matérialité, est unique, incorruptible; et, s'il est impossible d'en définir la nature, l'essence, suivant l'expression usitée par la scholastique, on peut assurer, sur le fondement de l'observation, que cette unité de nature est la raison d'être de l'universalité des relations existant dans l'univers et de celles de l'âme avec le corps. Cette question des rapports du moral avec le physique se résout par l'unité de substance. Et la solution devient possible, dès que le champ de la science est débarrassé des ronces du matérialisme, qui en rendrait la culture impossible.

Il n'y a dans la création ni esprit, ni matière: il y a unité de substance chez les créatures, comme elle est en Dieu.

VII.

Le sujet intelligent pense la divinité comme il connaît les créatures de l'atomicité et de la vitalité, tout ce qui s'offre à son attention et l'intéresse; en employant son entendement à l'usage que cet instrument de connaissance comporte: à la détermination des rapports qui se produisent dans le déploiement de l'activité dont les créatures de constitution sont douées. C'est le mouvement de causalité. Il résulte de la manière dont ces créatures sont constituées par la substance entéléchique commune à toutes. Aussi ce mot est-il passé en axiome, ce mot dont le sens a été d'abord saisi au vol: Rien ne se fait sans cause.

Rien ne se fait sans cause dans le monde. Les détails se produisent, comme s'est produit l'ensemble, sous la forme d'un rapport généralement connu sous le nom de causalité. Le monde, le macrocosme lui-même a eu son moment dans la série des temps. La géologie, après les observations recueillies par cette science, ne nous permet plus de douter de la formation successive de la terre.

Le principe de la causalité nous fait remonter à Dieu.

Tout ce qui existe est un produit de la causalité, dont la source est en lui.

Sur cette question surtout s'est exercé l'idéalisme. Nous l'avons démenti dans la recherche que nous avons faite des êtres qui animent notre monde terraqué, en montrant qu'ils sont les auteurs des phénomènes de matérialité qui s'y produisent ; et, continuant à procéder ainsi, par analyse, à la recherche de la cause par l'effet, nous arriverons à former la notion positive de la suprême réalité, celle de Dieu. Tous les chaînons de la causalité participent à la nature que nous avons conçue sous le nom d'entéléchie. Tous se présentent et ils agissent, par l'action de présence, sous la forme d'une monade ouverte à toutes les communications du dehors au dedans, et réciproquement. La généralité de ce rapport implique une communauté de nature, toujours diversifiée d'individualité à individualité, mais constante jusqu'au principal et premier anneau de la causalité, qui est Dieu.

Parmi les anciens peuples, une seule race a cru

et s'est obstinée à croire au monothéisme, malgré des contradictions incessantes. Mais le Dieu du peuple hébreu est Jéhovah, un être suprême, dont la connaissance lui est advenue par la tradition. C'est celle d'un fait de même valeur que ceux rapportés dans les livres historiques, méritant la même créance. Fondée sur la tradition, elle appartient à l'ordre des connaissances indirectes. Mais la conception israélite a empreint l'objet d'un caractère de personnalité particulier à ce peuple, que nous, modernes, ne pouvons pas accepter, un caractère étranger à l'Eternel.

Nous qui avons fourragé la nature pour lui arracher ses secrets; qui avons appris à parler son langage par nos communications avec elle; nous qui, en construisant la science, avons reconnu l'unité dans toutes les diversités objectives; qui avons remarqué l'harmonie de l'ensemble émergeant du milieu de tant de diversités et venant frapper l'entendement de la conception d'une suprême unité; nous, voués à la pratique de l'observation et de l'expérience, que nous reconnaissons pour être des moyens assurés d'étendre l'humaine connaissance dé la même manière qu'elle a été entreprise par nos prédécesseurs : nous croyons à l'unité de cause, à l'existence de l'Être suprême, dans l'immensité de la création, comme nous croyons à l'âme, dans la personnalité; à l'entéléchie, chez les autres créatures de constitution, toutes vouées à la finalité : généralement, à des êtres émanés d'un être suprême, où s'arrête la série de la causalité; l'existence duquel est la raison suffisante d'un tel phénomène d'unité et de la séparation du temps d'avec l'éternité, qui est en lui.

A lui seul il nous est possible d'attribuer rationnellement le concours immense d'actes de finalité, inconnu à la plupart des coopérateurs, et procède l'harmonie de l'univers.

Pour nous, modernes, avertis et renseignés, ce serait mentir à notre conscience que de penser autrement que l'israélite de l'origine du monde. La tradition du Jéhovah est une confirmation de notre croyance rationnelle en l'existence de Dieu. Cette croyance a rendu Israel grand parmi les peuples aussi longtemps qu'Israël l'a conservée, qu'il a accepté la domination du Grand-Être et en a pratiqué les lois. C'est donc pour nous un exemple à suivre, dans l'intérêt de l'ordre social, dans l'intérêt de l'humaine société. Mais cette notion première de Dieu doit être agrandie de toute l'universalité qu'a acquise la science moderne. C'est le Dieu de l'univers; c'est le Dieu du monde moral, de l'humanité tout entière.

Il est le terme suprême de la finalité commune aux dynamismes que nous voyons agir en l'univers; le point de convergence des efforts de tous vers cette unité dont nous voyons-le reflet autour de nous et au loin ; l'ordre au milieu duquel vivent et par lequel subsistent les créatures.

En l'absence de cette unité de fin, de disposition, de ces myriades de diversités, il n'y aurait pas de connaissance possible pour la créature organique la mieux douée, la plus intelligente, pas de direction, si ce n'est pour le dynamisme régi par le pur instinct.

Du bénéfice de la loi du support universel, à

laquelle toutes ces créature sont soumises, elles profitent toutes intelligemment ou instinctivement, suivant leur destination et moyennant l'emploi des moyens qui leur sont offerts. Par qui ? se demande-t-on. Assurément, ce n'est pas par elles.

Partout se fait voir la cause agissante, à quiconque est capable de la concevoir ; elle se fait concevoir par ses opérations, qu'il est impossible d'attribuer même à l'ensemble de ces dynamismes qui concourent à l'opération de l'effet final.

Mais autre est l'œuvre de la création, de constitution de l'ensemble ; tout autre que celle de conservation. Les deux effets ont la même cause : la seconde, dérive de la première, comme la conséquence de son principe. L'intelligence la plus élevée a bien de la peine à pousser la conception de cette cause jusqu'à sa sublime hauteur. Ils sont rares les traités de l'existence de Dieu, tels que ceux composés par Clarke, par Fénelon ; encore sont-ce plutôt des produits de la littérature que de la science positive. L'auteur de la *Mécanique céleste,* qui aurait pu nous doter d'un traité scientifique de la nature de Dieu, a ignoré, à sa honte, le Mécanicien. Newton, seul, parmi les savants, s'est distingué par sa foi en l'existence de Dieu, et il se l'était acquise en étudiant les œuvres du grand Architecte.

Plus heureux que nos devanciers, les données que nous tenons de la science en général, de l'exploration de l'univers, nous permettent de penser l'âme en bas, dans le monde moral, et Dieu en haut, à l'autre pôle de la sphère ; ces données nous permettent d'estimer les êtres pour ce qu'ils sont, comme des causes positives de ces myriades de phénomènes de l'activité physique et de la vie morale : l'entendement fidèle à sa discipline permet à l'être le plus petit par sa constitution, mais le plus puissant par sa faculté de représentation, de distinguer l'être infini par sa puissance, l'Auteur commun à tous, ausi nettement que les objets physiques de la création. Cet organe de la connaissance, sagement ménagé, nous permet de penser avec la même certitude l'objet métaphysique et celui physique.

Dieu se fait penser comme l'âme, par quiconque veut bien accueillir les lumières accumulées sur le nôtre par des siècles d'observations; il se fait concevoir universellement, parce que le mode de connaissance est unique et soumis à la même pierre de touche de la réalité. Il n'y a nulle part aucun dynamisme auquel il soit permis d'attribuer rationnellement ces rôles de création et de conservation de l'univers, dans leur flagrante unité ; celles du monde moral surtout, qui se distingue par l'existence, en la personnalité, des sentiments dont la finalité confirme la notion générale de Providence, que celle de création appelle à elle pour constituer ensemble celle de Dieu.

Nous devrons prononcer ce nom auguste dans un sens que les anciens, et encore moins les idéalistes croyants, les déistes, n'ont jamais conçu.

Le premier effort de l'imagination des anciens les avait conduits à assigner au chaos l'origine du monde. Ils ne la concevaient pas sans la préexistence d'une matière plastique. Voyez Hésiode s'évertuer à chanter les évolutions de cette substance, qu'il considère comme plastique et à la fois active : les idéalistes de nos jours ne sont pas non plus arrivés à ce discernement de l'activité et de la plasticité, parce qu'ils n'ont pas demandé à la science de leur communiquer l'histoire de l'activité des créatures de constitution concourant à l'opération des phénomènes de matérialité avec celles de l'atomicité, pour établir et entretenir leurs relations et accomplir la finalité conçue et voulue par un être suprême.

Quelques philosophes modernes ont repris la conception célébrée en vers par Hésiode, et l'ont mise sous le couvert d'une invention qui n'est, foncièrement, que la représentation d'un rapport de forme. Ce rapport peut être remarqué dans les pratiques de l'entendement procédant à l'observation des faits de la nature. Suivant cette idée, une force active aurait préexisté ou présidé à la création ; elle l'aurait opérée en se jouant avec une certaine matière plastique pour déployer les formes de l'Univers. C'est bien une représentation du spectacle que nous venons de nous donner de l'activité des créatures de constitution produisant les phénomènes de la matérialité pour s'organiser et entrer en relations. C'est une relation, en termes abstraits, des opérations de la causalité, qui n'implique aucune hypothèse et n'a aucune prétention de nature génésiaque. La cause est à observer, à reconnaître. En poursuivant cette recherche de la cause initiale, la science nous conduit à admettre la préexistence d'un créateur exécutant le grand œuvre d'un seul trait, matière et forme.

La stœchologie donne un démenti formel aux inventions du matérialisme, en expliquant l'origine de ce qui est improprement qualifié de matière. Cette science, en décomposant tous les mixtes de notre globe terraqué, et montrant, par ses expériences photométriques, que les autres globes étaient composés des mêmes éléments, a réduit cette prétendue matière à un bien petit nombre d'échantillons.

Poursuivant son examen des individualités, elle a montré qu'elles étaient toutes actives, et que le phénomène de l'inertie, considéré comme caractère d'une prétendue substance matérielle, n'était qu'une apparence, un pur effet de statique, où persistaient les forces, l'activité des créatures à l'exercice desquelles était due la composition du mixte, la construction de la molécule.

Dans ces myriades de phénomènes, en rapport entre eux par cet acte de construction moléculaire, c'est à tort qu'on a voulu voir une substance qui aurait la propriété de devenir alternativement active et inerte.

Voilà donc une première correction à faire au dictionnaire de la langue scientifique que l'idéalisme a infectée de ses chimères, de ses illusions : elle s'opère en substituant le terme de matérialité à celui de matière.

Venons-en à une autre chimère de l'idéalisme, qui consiste à expliquer l'origine du monde, matière et forme, par sa propre force. C'est un démenti donné au sens commun de l'humanité, formé au travers des siècles, que rien n'existe ici-bas sans la préexistence de sa cause. Mais la géologie dément cette assertion, en relevant les traces de la formation de ce monde terraqué. La chimie fait voir, dans ses laboratoires, ces évolutions s'opérant de l'état complet de fluidité à l'état solide. Et l'astronomie nous fait voir des mondes nouveaux en formation, par l'affluence des mêmes éléments qui ont servi à la formation des mondes aujourd'hui existants. Cette hypothèse est purement gratuite et en contradiction avec des faits bien observés.

Telle est encore la conception de l'éternel devenir, qui nous est venue de l'autre rive du Rhin. Elle comprend la vitalité avec l'atomicité.

Ce n'est pas résoudre la question de l'origine des choses que de la supprimer ainsi, en y substituant une autre inconnue, celle d'une éternité opératrice de l'œuvre.

Elle est inadmissible, cette supposition d'une omnipotence génésiaque que rien ne justifie et que toutes les observations contredisent. Cette puissance génésiaque est partout limitée chez les créatures de constitution organiques et inorganiques.

Les produits de l'atomicité sont circonscrits par des formes spécifiques. Les expériences du métissage donnent un démenti formel à cette hypothèse de la transformation possible d'une espèce en l'autre. Les limites de l'espèce sont infranchissables pour des créatures qui ont été parquées dans ce cadre par leurs parrains. Toute créature organique, qui ne serait pas en rapport formel avec l'organisme de ses prédécesseurs, ou qui serait inharmonique avec la complexion de son conjoint, toutes, produites ou productrices, seraient impuissantes à propager la race. Les produits seraient des hybrides, et tout hybride est infertile ou le devient, sinon immédiatement, du moins à court terme. La forme imposée à une espèce est si impérieuse que, si les hybrides successifs ne s'anéantissent pas, c'est parce que les produits ultérieurs retournent aux formes de la souche qui a été le point de départ de l'hybridation.

Effectivement les parents ne sont que des parrains, et c'est l'entéléchie de la créature nouvelle qui gouverne son organisation sous la coopération de ses auteurs. D'où l'impuissance de ceux-ci à s'acquitter de cette fonction tutélaire de l'ordre providentiel, quand leurs principes de vie ne sont pas en rapport l'un avec l'autre, et avec celui de la créature nouvelle qui est appelée à fournir ici-bas une carrière pareille, autorisée par sa finalité.

Partout se fait voir ou concevoir l'existence du créateur, du premier moteur, et nous verrons tantôt que la science, dans ses derniers progrès, nous conduit à cette conception.

De toutes les opinions idéalistes qui ont eu la prétention d'expliquer l'origine des choses par l'opération d'une force interne, la plus aventureuse, la moins autorisée par la raison d'être des choses, est celle qui place le point de départ génésiaque, on n'a osé dire à zéro ; mais on l'a comparé à celui du tableau fantasmagorique qui, imperceptible d'abord, finit, en s'étendant, par remplir le cadre. Ce point génésiaque, vraiment merveilleux, posé dans l'infini n'aurait cessé de s'étendre depuis lors et serait inépuisable en produits. L'Idéalisme ne pouvait pas plus profondément rêver. Cette conception de l'éternel devenir est un état d'hallucination complet.

En se réveillant, l'auteur a dû reconnaître, et toute personne jouissant de la plénitude de ses facultés reconnaîtra, qu'une telle hypothèse de la coexistence d'une inanité avec une force toute puissante, pour expliquer l'origine de ce que nous voyons et de ce que nous ne voyons pas, une telle fiction est une puérilité. La toute puissance suffit pour répondre à la question génésiaque.

Probablement c'est pour éviter cette contradiction de la coexistence du non-être avec l'être qu'une autre secte d'idéalistes a imaginé le panthéisme, faisant tout un de Dieu et du monde : Dieu animant le monde comme l'âme anime la personnalité. Autre pastiche. Mais à quoi bon examiner des chimères, quand on a devant soi le fait de la création se produisant, dans un passé indéfini, sous une action suprême, par le jeu de dynamismes dont la science nous a fait connaître la nature et l'impuissance génésiaque ? La conception de Dieu est au bout de ces études, le Tout-Puissant Créateur et ordonnateur de l'univers.

VIII.

L'avènement de l'univers est un fait dont nos sciences physiques ne nous permettent pas de douter. C'est le point d'ouverture de la série des temps que nous voyons rouler sur nos têtes. Non seulement ces sciences nous manifestent l'existence du fait, mais encore elles nous en montrent le *comment* ; elles nous le font voir dans les rapports existant entre les faits de l'actualité et ceux de cette antiquité, si reculée, que nous n'en pouvons imaginer l'étendue. Ce mouvement de la causalité est représenté par la série des temps, dont il constitue la réalité. Nous savons que le temps n'est qu'un moyen de représentation d'un objet très-réel : celui dont nous avons commencé et dont nous poursuivons l'étude.

D'ailleurs, des traces de cette longue évolution de phénomènes de matérialité s'opérant sous l'action des créatures de constitution, ces traces sont sous nos yeux et ont été soumises aux investigations des philœtiens géologistes.

La Géologie, aidée de la chimie et de l'astronomie, a étendu son flair génésiaque jusques aux parties intégrantes de notre globe terraqué, je le disais tantôt ; et de ceux qui flottent dans l'immensité. Il y a parité de composition entre eux d'après les expériences qui ont été pratiquées par des mains sûres ; et grâce aux rapports qui se sont manifestés entre les opérations de nos laboratoires de chimie et celles qui se produisent dans l'immensité, il nous est permis d'assister, pour ainsi dire, aux scènes de la création, à ce moment solennel de l'apparition des créatures de l'atomicité et de celles de la vitalité. On voit les masses se former sous l'action des forces moléculaires ; de ces formations résulter des effets divers de cohésion, d'attraction, et d'autres que la physique étudie et enregistre dans sa nomenclature.

Il y a une logique dans les opérations de la nature, celle de la causalité que dirige l'activité des êtres insérés en son sein. Celle de l'entendement en est la représentation. Ne croyez pas que, comme l'idéalisme s'est aventuré à le dire au-delà du Rhin, l'entendement soit le législateur de la nature; ce serait prendre un effet pour cause; l'un doit se faire un mérite de représenter fidèlement les lois de l'autre; c'est son trucheman.

En acceptant ces données de l'observation et de l'expérience, on voit la création se développer en vertu des mêmes forces qui sont aujourd'hui partout en action, à mesure de l'entrée en scène de mécanismes nouveaux se composant sous l'action préalable des antécédents : les masses se composer, à suite de la mise en jeu de l'activité des individualités atomiques; des sphères se former par l'attraction des forces moléculaires; puis se disposer en système et s'espacer proportionnellement à leurs poids respectifs et en raison inverse des distances séparant les points de départ et d'arrivée de leurs actions.

Vous les voyez dessiner leurs trajectoires dans l'immensité de l'espace aussi rigoureusement que le bateau trace la sienne en suivant le thalweg du fleuve sous l'action du courant et celle du marinier qui le sollicite à aborder le rivage. Ces trajectoires ne sont pas des lignes mathématiques franches de toute incorrection; ce sont des transactions opérées par le mobile entre les forces concurrentes. La trajectoire des planètes et des satellites autour de leurs centres est composée de droites infiniment petites, formant la diagonale

du parallélogramme construit sur deux des côtés
contigus de cette figure. On sait que ces lignes
représentent en longueur les quantités de mouvement opérées dans l'unité de temps par les forces de projection et de gravitation, la centrifuge
et la centripète. Ainsi se fait voir l'invisible, la
force de nature métaphysique.

Ces forces ne sauraient mieux être manifestées
que par leurs effets. Ainsi vous les voyez agir. Ce
qui se dit de celles-là peut se dire de toutes ; *Ab
una disce omnes*, comme le disait à la Reine de
Carthage le héros troyen, pour lui faire imaginer,
par quelques faits isolés, les méfaits des destruc-
teurs de sa patrie.

Ces actes de la causalité sont invariables comme
l'est celui de la composition d'une molécule d'eau
par une proportion d'oxygène et d'hydrogène fou-
droyées par l'étincelle électrique. Les agents de la
causalité mis en scène, à l'origine des temps, ont
agi *ab initio* et toujours de la même manière conformément à leur finalité respective, et ils agiront
ainsi jusques dans le plus lointain avenir ; sans
doute pour que les populations présentes et futures puissent voir ce qu'ont vu les populations passées et toutes jouir de ces opportunités pour leurs
services respectifs.

Là, perce l'action de la Providence de Dieu ; elle
perce en toutes les œuvres de la création, dans
cet immense aménagement d'agents capables de
maintenir leur activité et de la transmettre à perpétuité. C'est moins à la forme qu'au fond qu'il
faut regarder pour concevoir le grand être.

Sans entrer dans d'autres détails scientifiques,

qui seraient déplacés ici, ce que j'ai dit de la causalité, parmi laquelle nous vivons, et des principaux phénomènes de matérialités, produits par l'activité de ses agents, on peut se représenter la manière dont ce prétendu chaos, chanté par Hésiode pour amuser la curiosité des anciens Hellènes, s'est débrouillé, ou plutôt s'est produit en même temps que formé; comment sont apparues la matière et la forme; comment l'univers s'est présenté et développé successivement sous des forces d'impulsion dont la cause se révèle nettement à l'intelligence.

Dans les laboratoires de chimie, jaillit la même lumière, la lumière que le soleil ne cesse de projeter autour de lui, parce que ses éléments sont constamment dans cet état d'action et de réaction. Ce qui est un accident dans le creuset du chimiste est un effet constant en l'astre du jour, constant de la constance de la cause, l'atomicité. Il en fut donc ainsi lors de la formation de notre système solaire.

S'il en est autrement de la terre dans l'actualité, c'est parce que les forces de l'atomicité qu'elle enserre se sont neutralisées, partiellement pourtant et non encore en totalité. Le foyer de chaleur et de lumière y reste concentré. Il y brûlera aussi longtemps que les forces atomiques qui luttent encore ne se seront pas neutralisées, épuisées en formations moléculaires.

Le travail de consolidation qui se poursuit au soleil et en la terre est bien plus avancé dans le corps de notre satellite; peut-être y est-il terminé, mais le télescope nous en fait voir la surface parsemée d'embouchures volcaniques, qui attestent la préexistence de nombreux volcans.

L'Astronomie, complétant l'attestation de la réalité de cet état universel des choses à leur origine, de l'état de fluidité antécédent à celui de solidité, nous induit à présumer en la lune aussi l'antécédence de l'état atomique, l'état d'invisibilité où nous apparaissent les individualités de ce règne dégagées des liens moléculaires. Cette science nous dénonce encore, par l'emploi des artifices de l'optique, la formation actuelle d'astres nouveaux, les uns à l'état de nébulosité, les autres à l'état de liquéfaction.

Sur ces bases, vous pouvez généraliser les rapports saisis par l'entendement et les pousser jusqu'au passé le plus lointain, parce qu'il est le trucheman d'une nature immuable dans ses procédés.

D'ailleurs, les auteurs de la géologie ont suivi, pas à pas, le procès de la formation de notre globe, sur les traces qui y sont restées encore apparentes. Nos conjectures sont de l'évidence, l'évidence résultant de l'observation des faits.

Après la formation des solides, sont survenus les liquides, les fluides, les gaz, qui coulent ou flottent suivant leur plus ou moins grand degré d'affinité de leurs éléments pour la chaleur.

Quand ces moyens d'existence et de développement ont été livrés à la vitalité, cette force s'y est établie et s'est développée suivant le même procédé, en débutant par la créature la plus simple, et progressant vers l'organisme le plus complexe : du végétal à l'animal et de l'animal à l'homme. Nous savons comment et ne nous laissons pas égarer en parlant par des fictions analogues à celles de l'idéalisme. La vitalité a répandu ses produits sur notre globe en y semant la substance entéléchique. Mais encore la vitalité ne représente pas une cause : c'est l'expression d'un rapport existant dans le mode d'opération de la cause organisatrice de l'univers. Le rapport de vitalité a, avec celui d'atomicité, et à un degré encore plus élevé, le caractère providentiel de la cause ; il accuse l'existence, l'assistance, l'action de Dieu.

Cette cause a fondé les souches de toutes les créatures de la vitalité. Leur raison d'être nous apprend qu'elles ont toutes apparu à l'état adulte. Impossible qu'il en ait été autrement : le végétal en état de verser sa semence, l'animal, le vivipare surtout, capable d'engendrer d'autres animaux vivants, de veiller à la conservation, au développement de sa progéniture. Des parents, sortis tels des mains du Créateur, étaient seuls capables de fonder la population de notre globe terraqué.

En parlant ainsi, je ne pense pas émettre d'hypothèse. Je cite des données de l'observation et de l'expérience, et des raisons d'être des choses, telles que l'entendement les a obtenues de ses communications avec la nature.

La vérité du récit de Moïse relativement à l'apparition de nos premiers parents est flagrante, si l'on ne s'arrête pas à quereller des paroles que le législateur des Juifs devait employer pour se faire entendre par la population de son époque.

Quel brillant spectacle a dû s'offrir à nos premiers parents, fussent-ils en nombre plus grand que celui de deux, comme le prétendent quelques antiquaires, lorsqu'ils sont arrivés à l'existence, au moment de la dernière phase de la création ; apparaissant au monde, quand la surface terrestre était couverte de végétaux, parcourue par une foule d'animaux de toutes espèces, tous brillants de jeunesse ; que les eaux étaient remplies ou se remplissaient de poissons et les airs de volatiles ; que toutes les régions étaient largement pourvues de tous les moyens de subsistance et de développement nécessaires aux créatures dont le monde était peuplé ! Alors nos premiers parents, pénétrés de reconnaissance pour la Providence du Dieu auquel ils devaient l'être, ont dû accomplir le premier acte d'adoration qui devait en précéder tant d'autres ; alors a commencé le culte divin.

Ainsi a été inaugurée la vie du monde moral, l'humaine société, dans le monde physique dont ils étaient les premiers habitants.

L'imagination de Milton faiblit dans la représentation des premières scènes de l'Eden. Mais il est une circonstance, un trait du tableau le plus important à connaître, dont le poète anglais n'a pas dû entreprendre l'esquisse. Effectivement, il appartient au philosophe seul de la tracer, au philétien qui, en tout et partout, veut appuyer sa pensée sur la connaissance de la raison d'être des choses.

Moïse avait écrit une histoire de ces scènes premières du Monde, d'après la tradition qu'il avait recueillie, vivante encore à son époque. Il écrit dans un langage qu'il a dû approprier à l'intelligence de son peuple. Cette relation ne contredit pas celle que nous écrivons en style scientifique. Un tel précédent se pourrait conjecturer d'après l'examen des faits actuels. C'est l'œuvre d'un Dieu créateur, quel qu'en soit le nom, le théos des Grecs ou le Jehovah des Israëlites. C'est un infini de puissance. Mais il se distingue par un trait qui le caractérise, que la Géologie nous a fait remarquer, un trait qui ne convient qu'à l'unité de cause, constamment agissante, ayant le même esprit de conservation de l'antécédent par le conséquent, dans le présent et dans l'avenir, l'esprit de mutuel soutien.

La dogmatique chrétienne a eu raison de concevoir le Saint-Esprit comme l'une des personnes du Grand-Etre. Et nous allons voir, en recherchant la constitution du Monde moral, que cette haute substance renferme une troisième personne, celle par laquelle le Dieu créateur et conservateur de l'œuvre immense, a opéré la Rédemption, l'amendement de la partie morale, dégénérée par l'abus du libre arbitre de la personnalité.

Cessons de disputer sur les mots en face de l'évidence que les faits nous présentent, et nous admettrons le dogme chrétien de la Trinité dans l'unité du Dieu créateur, conservateur et rédempteur. D'après la méthode que nous ne cessons de suivre, il résulte de l'analyse des faits la connaissance de leur raison d'être, et, de la discussion des phénomènes de la matérialité très largement suivie, l'évidence de l'existence de l'âme, en la personnalité, d'un principe de finalité en toutes les créatures de constitution et d'un Dieu créateur, conservateur et rédempteur dans l'immensité de l'Univers.

Nous allons passer à l'étude du monde moral pour compléter celle que nous avons entreprise de cet immense mouvement de causalité auquel nous devons l'état actuel des choses. Au terme de cette étude, nous obtiendrons la connaissance positive du premier moteur et de son mode si simple d'opération pour produire tant de diversités ; si prodigieux que l'effet final ne peut être dû qu'à Lui, l'Infini, le Tout-Puissant.

LE MONDE MORAL..

Ce sujet est si vaste qu'il nécessite un partage de la matière en plusieurs sections ; dans les premières, nous étudierons la constitution providentielle de l'humaine société.

I.

Cette unité que nous nous sommes efforcés de concevoir d'après les données de deux philosophes éminents et les données de la science actuelle ; cette monade à constitution fixe et vouée à une finalité déterminée, invariable aussi ; cette unité est l'objet d'un rapport universel, très aisément observable. Nous allons la revoir en action, opérant d'autres phénomènes que ceux de matérialité, mais suivant le même mode d'action et de réaction chez elle et dans ses relations avec ses congénères : des effets alléloleptiques en rapport avec la constitution particulière de l'individualité, d'après la loi de diversité qui régit la nature. C'est ici, dans cet ordre de phénomènes moraux, moins la personnalité qui agit, que son principe d'action qui la dirige. C'est l'âme. Telle est la constitution métaphysique de cet être, dont la substance a été définie par deux des plus grands philosophes dont l'humanité s'honore, en deux traits : la finalité et l'unité. La monade, ainsi conçue, est la substance de la personnalité, de l'individualité du monde moral, du citoyen de la société politique. Tel il doit être, pour que l'humaine société se forme et subsiste. Autrement, cette institution n'est pas plus possible que ne le serait le monde physique sans l'atomicité.

A cet être qui a opéré les phénomènes de matérialité pour constituer sa personnalité, sont dûs ceux de moralité, par lesquels une population quelconque se forme en société ; la pensée produite dans la conception objective et le sentiment inspirateur de la volonté directrice de l'action.

Lorsque je traitais de ces phénomènes moraux en Noologie, je reconnaissais, et m'efforçais de faire reconnaître par mes lecteurs, que la principale source des sentiments provenait du développement social. Nous avons remarqué un de ces faits, à l'origine des choses, chez nos premiers parents, ivres d'admiration et de reconnaissance, se jetant aux pieds de leur Créateur, à l'aspect de cette magnificence d'un monde si richement disposé pour l'entretien présent et futur des créateurs de l'Humanité en particulier et autres en général.

Des sentiments analogues, mais proportionnés aux objets, apparaissent ou doivent apparaître au cœur de toutes les créatures de l'humanité mises en la présence l'une de l'autre, naturellement entraînées à entrer en relation, par le besoin qu'elles ressentent de se prêter un mutuel appui, et d'ouvrir des communications de services, à les entretenir, à les perpétuer.

Pour les y engager, il a suffi au Père céleste de semer entre ses enfants du monde moral une infinie diversité de qualités et de formes ; de répandre entre eux, aussi, une diversité de besoins individuels et en rapport entre eux, comme les qualités avec les diversités individuelles le sont entre elles. Chaque individualité a des besoins particuliers, comme elle a des qualités particulières, c'est visible.

Les besoins se multiplient en se diversifiant, sous l'action intellectuelle du principe de la personnalité et en raison des progrès que fait l'art, employé à les satisfaire. C'est ici un phénomène qui devient très-remarquable dans les progrès de la civilisation.

Moyennant la plus simple attention, on voit résulter du jeu de ces deux causes, multiplication des besoins et diversification des qualités personnelles, toute une série de causes et d'effets, laquelle a son origine, son point de départ, dans un sentiment d'insuffisance qui éclate au cœur de toute individua-

lité du monde moral. Force est a chacune de recourir, pour accomplir sa finalité, aux services
des facultés d'autrui.

L'action de cette cause morale se manifeste
avec évidence, sous la forme d'un instinct, chez la
personnalité besoigneuse et insuffisante ; elle se
manifeste par l'établissement du commerce, dès
la plus haute antiquité, entre les nationalités, au
fur et à mesure de leur développement social.
Heeren en a écrit l'histoire. Je renverrai ceux de
mes lecteurs qui souhaiteraient de s'édifier sur ce
fait, au livre de ce savant et consciencieux historien.

Le même sentiment qui a ouvert la source des
relations commerciales entre les peuples, est la
raison d'être de toutes les sociétés, à partir de la
société conjugale, jusqu'à la société politique. C'est
l'esprit, qui, dans les espaces intermédiaires de la
civilisation, a répandu les formes de la société
domestique, de la société communale et tous les
autres éléments de la société politique. Je renvoie à mon traité de Cœnologie ceux de mes lecteurs qui désireraient connaître les particularités
de cette organisation du monde moral. Je dois
me borner ici aux généralités, pour manifester
cette belle unité du monde moral, un des éléments de la création, et en montrer l'auteur.

La raison première de l'existence de l'humaine
société est l'insuffisance de la personnalité pour
l'accomplissement, par soi, de sa tâche ; d'où la
nécessité, pour elle, de recourir aux facultés de
ses semblables, d'établir avec eux un système de
communication mutuelle de services.

Telle est la société. Et j'ai cru devoir donner à la science sociale le nom propre de Cœnologie. Elle embrasse, avec l'économique, dont Smith a fait l'objet spécial de ses études, les matières de la morale et de la législation, considérées à leur source.

La cœnologie fait ressortir et légitime toutes les règles du for interne et du for externe qui régissent la personnalité, les membres de la nationalité et les nationalités dans leurs relations.

Les objets de ces relations sont innombrables. Ils se réduisent jusques au point de n'être que des services minutieux; ils peuvent s'élever jusques à la plus haute importance. C'est pourquoi, étant tous en rapport au point de vue de la satisfaction à donner aux besoins de la personnalité, l'objet a pris ce nom commun de service. Quand j'en établissais la nomenclature dans mon traité de Cœnologie, je les voyais se ranger en deux genres, celui des services intéressés, qui comportent rémunération, pour la partie qui les a rendus, de la part de celle qui les a reçus, et ceux désintéressés, dont l'unique mobile consiste en cette inspiration naturelle de traiter autrui comme chacun voudrait être traité par le prochain dont il partage la condition souffreteuse.

Mais il est des services si importants et si difficiles à produire, qu'il ne suffit pas d'une individualité pour les produire; il faut un concours de producteurs, une foule de coopérateurs à l'œuvre; il y faut même une suite de coopérations effectuées par une foule de diversités d'action; chacune desquelles implique pareilles diversités de qualités chez les agents. Dans les traités de la partie économique de la science sociale, on voit porter jusqu'au nombre de cinq les diversités des fonctions industrielles.

Si l'on y regardait de plus près, on reconnaîtrait qu'il y a dans le monde bien d'autres fonctions que celles de l'extraction de la matière ouvrable, celle de la manipulation, autrement dite la manufacturière, la voiturière, la commerciale, l'architecturale. L'extractive, aussi bien que la manufacturière, donnent lieu à plusieurs autres qui se diversifient suivant la diversité des matières traitées. La commerciale prête des services à d'autres, comme elle en reçoit; et, à bien prendre ce vaste ensemble de mouvements industriels, les agents de ces fonctions diverses sont des auxiliaires concourant tous à produire le service final demandé par la personnalité.

A elle aboutit le mouvement social, ce concours d'efforts qui comprend, outre les fonctions industrielles, celles de l'activité humaine tout entière, intellectuelle et physique.

Comme la personnalité est le point où aboutit le mouvement social, elle en est le point de départ. C'est elle qui commande, c'est elle qui obéit.

Au premier point de vue, elle exerce la fonction de consommation des services, et, au second, celle de production.

On pourrait se représenter le beau phénomène social, par cet effet purement physique que produit la chute d'une pierre à la surface d'un lac tranquille; par ces cercles concentriques qui se développent à la suite l'un de l'autre, jusqu'à épuisement de la force de projection imprimée par le corps solide ou liquide.

Et l'on admirerait ces proportionnalités qui s'établissent entre ces deux grandes fonctions de production et de consommation, à la suite d'une foule d'autres régnant dans les mouvements intermédiaires, si l'on prenait la peine d'étudier ces traités de l'économique, qu'écrivent les maîtres de la science. Le plus recommandable, au point de vue philosophique, est celui que l'auteur a qualifié d'harmonies économiques; celui-là, et tous les écrits qui sont sortis de la plume de Bastiat, à qui sa patrie reconnaissante a rendu hommage naguère, un hommage trop tardif, en lui élevant une statue.

Je ne veux pas faire ici de la science sociale, mais simplement la recommander à l'attention publique, qui l'a jusqu'à présent trop négligée; elle en est punie par les aberrations des gouvernants et des gouvernés, et les conséquences qui en sont résultées, funestes par les fautes des uns commises envers les autres.

Cette esquisse du mouvement social était nécessaire pour montrer la raison d'être positive du devoir, pour, en définir la notion et dissiper les illusions que l'idéalisme a répandues, en matière politique, relativement aux droits prétendus de l'homme. Cet amphigouri du droit et du devoir a produit les conséquences les plus funestes au courant de la vie sociale.

On voit quelle est l'étendue réelle de cette vie de la personnalité, en relation de services avec ses semblables. C'est un développement moral de son existence individuelle, que nous avons vue se partager, à l'abord de l'ovule, par l'entéléchie, ou plutôt se développer en fonctions de la vie végétative, analogue à celle des autres créatures organiques, en fonctions de la vie animale, en rapport avec celle des créatures de l'animalité, et en fonctions de la vie intellectuelle particulière à l'humaine entéléchie.

La voilà s'agrandissant, cette vie, par un déploiement de la connaissance et du sentiment départis à l'humanité par le Père céleste. La forme en est toujours la même, celle de la notion. J'ai montré, en Noologie, que cet instrument de représentation, mobile de la pensée, se diversifiait en notions discrétives et en notions affectives. Les deux sont également constituées par des éléments de la sensibilité, par des actes de conscience; mais, en la seconde, figurent des affections, ces mouvements de l'âme dont j'ai déjà cité des exemples émanant de la vie sociale.

L'étendue de la partie affective de l'intelligence humaine est égale à celle du mouvement social. Partout où règne celui-ci il y a plaisir ou peine à endurer pour la personnalité. L'état d'indifférence se produit aussi, mais, comme c'est le moins saillant, c'est le moins remarqué par celui qui l'éprouve, le moins remarquable pour la moralité et pour le législateur.

Les besoins de la personnalité et ses nécessités auxquelles elle a entraîné l'industrie et toutes les autres fonctions de la vie sociale, ces mobiles,ont fait se multiplier les relations à l'infini, et, par suite, se diversifier les fonctions nécessaires au service de la consommation générale. Telle est la raison de la division du travail, c'est l'expression usitée dans la science économique pour représenter un artifice important, au point de vue de la quantité et de la qualité des fruits de la production. Cet artifice consiste à en partager le travail à un grand nombre de mains, à un nombre suffisant pour en améliorer la qualité et en accroître l'uberté.

Vous voyez ainsi s'étendre indéfiniment les relations; et, par suite, les affections, les sentiments de la population se partagent naturellement en deux classes, celle des producteurs et celle des consommateurs.

A ce terme du développement de la vie sociale, les membres de la société sont bien éloignés des pratiques primitives de l'échange. La pauvreté de ce moyen les a depuis longtemps fait résoudre à généraliser le troc, en y faisant servir un seul objet d'utilité. Pour ce service, se présente le métal précieux, circulant sous la forme de numéraire et représentant généralement la valeur du produit et celle de la consommation. Le service de la personnalité joue le rôle du Protée de la Table. Après avoir pris toutes les formes de représentation, il se fixe en celle du profit, auquel a droit le producteur à l'encontre du consommateur. L'un, après en avoir obtenu de l'autre le prix, acquiert le droit d'obtenir de tout autre producteur les services dont il a besoin. Son titre est dans la possession du numéraire obtenu du consommateur de ses produits.

Représenté par une foule de noms divers, le profit est le mobile général des relations de la vie sociale, mais non l'unique. Jamais l'idéalisme, s'il avait considéré les faits, n'aurait commis cette énormité de dire, de soutenir, de chercher à démontrer que l'intérêt était le seul mobile de la vie sociale. Des philosophes littérateurs, tels qu'Helvétius ou Voltaire, ont seuls pu commettre de pareilles aberrations; il y a encore un public qui partage l'erreur de ces prétendus philosophes, c'est parce que ce monde-là a été tenu dans l'ignorance de la science sociale.

Les membres de l'Humanité sont en relation de services de toute sorte, parce qu'ils sont soumis à toute sorte de besoins, de nécessités naturelles, auxquelles ils ne peuvent satisfaire que par le secours de leur prochain. Ils doivent donc rendre au prochain ce qu'ils ont reçu de lui. Un service d'humanité se rémunère par de pareils services à rendre au prochain, à ce large point de vue que le divin Maître, le Législateur de l'Humanité, a ouvert aux habitants du monde moral.

Il ne faut pas se le dissimuler, il n'y a pas, en ce monde, d'individualité qui puisse prétendre, sur aucune autre, un droit quelconque, fondé autrement que sur l'accomplissement d'un devoir envers autrui : devoir d'humanité ou devoir de la condition commune à tous les hommes, qui les fait être les serviteurs des uns et des autres, les serviteurs des serviteurs de Dieu, comme l'a dit le Christ.

Le prétendu droit de l'Homme est une autre de ces billevesées de l'Idéalisme, par lesquelles l'ignorance ou la convoitise du libre arbitre indiscipliné de l'homme se laissent jouer.

Le monde moral est le monde du devoir, parce

que ses habitants, en raison de leur condition commune, sont obligés de tout faire pour autrui, afin d'avoir le droit d'attendre d'autrui toute sorte de services. Ces services sont ceux que, des deux parties en relation, l'une est capable de rendre et dont l'autre a besoin, dans l'impuissance où elle est de les produire.

C'est le profit qui, comme je viens de le faire voir, est le moyen général de donner satisfaction aux deux parties en relation, en des moments différents, mais certains, grâces aux relations générales de l'humaine société.

C'est le sens chrétien, comme on le verra tantôt, qui assure ce service de la personnalité.

Sans entrer dans d'autres détails, on pourra comprendre la raison d'être des règles de la morale et celles de la législation intra et internationale. On comprendra aussi le sentiment qui a induit le Père Céleste à répandre dans le monde moral le bienfait de la Rédemption.

La pratique du devoir, d'où dépend la vie sociale en général, celle de la famille comme celle qui s'agite dans les cercles les plus larges du monde moral, cette partie de la gymnastique de l'âme est pénible, laborieuse. Elle exige, chez toute individualité, le concours d'une intelligence saine, d'une volonté bien éclairée par la connaissance de la raison d'être des choses. Cependant, les membres de l'humanité participant plus ou moins à la faiblesse de la nature commune, ils ont constamment à triompher des obstacles qu'opposent, à l'accomplissement du devoir, l'intérêt privé, le libre arbitre, souvent indiscipliné.

La condition de l'homme en relation de services avec ses semblables, dans l'humaine société,
est telle qu'aucun ne jouit des produits de son activité, que tous consomment ceux de l'activité du
prochain ; à acquérir par chacun moyennant l'emploi des profits résultés de la consommation des
siens par le prochain. Tous sont donc servis par
autrui et aucun par soi. Il n'y en a donc pas un
parmi eux qui ne doive aspirer à être traité par
autrui et à le traiter comme il se traiterait soi-
même. Ainsi se confondent les diversités de personnalité en chaque personne. Là, deux intérêts
distincts se forment en unité, moyennant l'intervention du sentiment divin de la charité chrétienne; mais la version donne lieu à un conflit,
comparable à celui d'où jaillit l'étincelle dans le
choc du briquet avec le quartz-agate-pyromaque.

C'est de la volonté de la personnalité, éclairée
des lumières du devoir, que doit jaillir cette divine
étincelle de l'amour mutuel, vivifiant toutes les
fonctions sociales, les perfectionnant, les élevant
à la hauteur de leur finalité respective. Ainsi a
lieu l'effet total, qui se résout au bien être de tous
les membres de la société et de chacun en particulier.

La formule de ce devoir prend la forme d'un
commandement adressé par Dieu à chaque personnalité de traiter autrui, dans ses services,
comme elle se traiterait, si elle avait à se servir
elle-même.

La raison en est simple, évidente; elle résulte
de cette interversion de l'ordre primitif du service de chacun par soi, au service de soi par autrui.

Et la raison de l'interversion est dans l'avantage, pour la personnalité, de jouir des fruits de l'activité d'une universalité de producteurs infiniment variés par leurs qualités, au lieu des maigres produits d'une individualité isolée.

De là cette formule de la vie sociale : tout pour autrui et par autrui.

Généralement et consciencieusement appliquée, cette prescription produirait un phénomène social analogue au phénomène physique, impossible en raison de sa nature, le phénomène de transformation, au gré du possesseur d'une substance unique en une variété de substances suffisante pour la satisfaction de ses besoins.

Ce qui est impossible, physiquement, pour la personnalité isolée, est praticable pour cette créature en relation de services avec ses semblables, la monade sociale.

La solution d'un tel problème de la subsistance de tout producteur, proportionnellement à la quantité et à la variété de ses besoins, par équivalence à l'unité de sa production; cette solution dépend de l'organisation de la vie sociale, au désir de la Providence, telle que l'analyse des faits nous l'a fait connaître. C'est cette originalité qui la fait triompher des fantaisies de l'idéalisme. Je reprends notre analyse.

On entrevoit dès à présent l'importance de la révélation que le Christ est venu faire au monde, de la part du Père Céleste, la raison et la nature de la rédemption, consistant à inspirer les membres du monde moral, à les animer de sentiments propres à leur conditon sociale, et en la promesse de l'appui moral nécessaire pour leur permettre de surmonter les obstacles de la vie, cette difficulté surtout de la transformation de l'intérêt du prochain en celui de chacun pour soi: la confusion de la dualité en unité. Mais, avant de nous occuper de ce grave objet de la rédemption, au terme duquel nous verrons Dieu face à face, comme membre en même temps qu'auteur de la discipline du monde moral, voyons quels sont les produits de l'humaine activité procédant à l'organisation du mécanisme industriel de la société.

J'ai déjà dit comment chaque individualité avait été induite à se vouer au service d'autrui par l'artifice de la rémunération en numéraire des produits du sien, par la pratique du profit et l'emploi du profit à l'acquisition de ceux d'autrui; comment chacun était appelé à jouer les deux rôles de producteur et de consommateur, et pouvant espérer de jouir, pour l'accomplissement de sa finalité, de moyens bien supérieurs à ceux qu'il se pourrait procurer personnellement, de moyens même impossibles pour soi.

C'est dans la détermination des profits, dans l'établissement de la proportion entre la valeur de l'objet et son prix, que l'idéalisme s'est le plus exercé à imaginer des formules destinées à produire cet équilibre; qu'il s'est livré le plus librement à son esprit d'invention, pour trouver le moyen le plus efficace de rémunérer chaque producteur selon son mérite. Mais c'est là aussi que l'idéalisme a manifesté le mieux son ignorance de la raison d'être des choses. C'est pourtant l'unique motif qu'il soit permis à la personnalité de pro-

poser a la direction de son activité, douée qu'elle
a été par la Providence de la faculté de représentation, pour s'instruire des enseignements de la
nature et en utiliser les leçons.

La notion du mérite est une abstraction dont
l'objet ne peut être déterminé que par la considération d'une foule de conditions très-variables et
très-difficiles à concevoir, à fixer d'une manière
absolue. Aussi la rémunération a-t-elle été arbitraire, dans les premiers temps de la société,
lorsque les relations sociales n'avaient encore reçu
qu'un faible développement. En preuve, je cite les
exemples de l'esclavage, du servage et du colonage
dans l'industrie agricole; les transformations du
mode de rémunération dans cette fonction et dans
les autres, jusqu'aux temps de l'ouverture des
marchés, dans chaque localité, dans chaque région, et celle du marché universel, où les producteurs et les consommateurs, pour chaque espèce
de produits, ont pu s'expliquer et s'entendre sur
la valeur et sur le prix de chacune de ces choses,
proportionnellement à la quantité et à la qualité.

Cette question de quantité, se diversifiant au
point de vue de la production et à celui de la consommation, et influant, des deux parts, sur la détermination du prix, suffirait, pour manifester la
vanité de cette prétention de l'idéalisme, à rémunérer chaque producteur suivant son mérite. Cette
qualité est, par elle-même, un objet indéterminable. Le sens commun a résolu la difficulté de la
rémunération, d'une manière positive, par la pratique de la *concurrence*.

« C'est chose admirable, disais-je à la Société

des Economistes de France, à laquelle j'ai l'honneur d'appartenir, c'est chose admirable que cette
pondération des deux forces contraires de la concurrence produisant, d'une part, cet effet d'assurer
aux producteurs une rémunération de leur service,
telle que les consommateurs et eux-mêmes, tout
le monde en un mot, puisse goûter les fruits d'un
service aussi varié et aussi parfait que le puisse
permettre la plus grande diversité possible de facultés chez les producteurs, et d'autre part la répartition de la charge au plus grand nombre possible de consommateurs ».

Cet effet est dû au concours des volontés contraires, luttant pour opérer et opérant effectivement la compression de l'égoïsme de l'individualité, au profit de la généralité des membres de la
société.

« D'après les arrêts de la concurrence, tribunal
dont aucun de ses membres ne saurait récuser
l'opinion, parce qu'elle est celle de ses pairs, le
producteur fait participer le consommateur aux
avantages économiques qu'il s'est procurés à lui-
même, dans son propre intérêt, celui de la direction de sa fonction industrielle. C'est l'intérêt personnel, bien entendu, mais que la personnalité
n'entendrait pas ainsi, si elle n'était enlacée dans
les liens sociaux. Cependant elle ne peut pas se
plaindre d'avoir été forcée; car elle recueillera,
comme consommateur, les fruits de cette justice
que ses pairs lui ont fait rendre, à autrui, comme
producteur.

» Ainsi, par l'effet du concours des volontés
contraires à la production, de la consommation,

dans la détermination du profit, chacun obtient tout d'autrui et peut résolûment faire tout pour autrui.

La transformation de l'égoïsme en dévouement est complète et parfaite. C'est la personnalité elle-même qui l'opère avec toute l'énergie que lui inspire la charge dont elle doit s'acquitter et les encouragements que lui offrent les avantages évidents de la substitution du service personnel au service impersonnel ».

Ce que je disais, en 1867, à la Société des Economistes de France, je le répéte avec la même conviction à mes honorables confrères de cette Académie.

La concurrence n'est pas comme le feraient accroire, surtout à des esprits prévenus, les passions qui s'agitent à l'occasion de ses arrêts. Laissons aux plaideurs la faculté de maudire leurs juges, quand les jugements des uns sont contraires à l'intérêt des autres, et tenons la concurrence pour ce qu'elle est naturellement, un moyen unique, qui ne saurait être remplacé par aucun autre, de régler les prétentions naturellement contraires du producteur et du consommateur. Il la faut ranger parmi les autres institutions qui, comme les eaux jaillissent de leur source, découlent de celles principales de la mutualité des services. Si la concurrence cause des maux à la population, c'est parce que la population viole la loi de proportionnalité qui régit les fractions sociales, et, formellement, la proportionnalité des produits avec les besoins et celle des producteurs avec les consommateurs.

J'ajoute que les misères sociales tiennent aussi à l'oubli des sentiments du christianisme, l'amour du prochain à l'égal de soi, et de Dieu, l'auteur du devoir, de toutes les forces morales que la personnalité possède. J'entrerai tantôt dans ce sujet, je n'ai pas encore fini de montrer comment la Société se développait naturellement, sous l'inspiration de ce sentiment de l'insuffisance personnelle et de ceux qui en découlent. Je souhaiterais faire jouir mes honorables confrères de ce spectacle, dont j'ai été ravi, du développement social par l'action propre des individualités aspirant à l'accomplissement de leur finalité respective. Maintes fois, en voyant ce mouvement, je me suis cru en la présence de l'opération chimique de la composition de la molécule par le concours des forces atomiques des éléments.

Evidemment, c'est bien ainsi que s'organisent les dynamismes de la partie économique du monde, par la distribution des rôles industriels à chaque coopérateur, suivant la spécialité que lui prêtent ses qualités physiques et morales ; que ces dynamismes entrent en concours et que, suivant les arrêts de la concurrence, tribunal toujours en permanence, chaque coopérateur est rétribué, suivant le mérite de ses produits, au point de vue de la production et de la consommation, en intérêts généraux de la société.

Etendez votre vue et vous verrez s'organiser, en vertu de la même force morale, à côté du service libre, abandonné à la direction du libre arbitre de chaque individualité, le service dirigé, d'autorité, par des spécialités aussi, mais réglé par une hiérarchie de pouvoirs agissant et réagissant entre eux : le service hiérarchique à côté du service libre.

Le service hiérarchique est naturellement limité par la nature des choses, comme l'autre ; les deux ont la même raison d'être, que les institutions sociales, à la société elle-même. « Les fonctions du service hiérarchique sont et seront toujours celles que l'initiative privée ne pourrait ou ne voudrait entreprendre, ou qu'elle serait impuissante à accomplir pleinement.

« La société politique n'a pas d'autre raison d'être que la société en général, celle de l'insuffisance qui est ici, insuffisance de l'initiative privée pour accomplir des services généraux.

« Cette institution est un auxiliaire du service libre.

« L'Etat est un serviteur des intérêts généraux au profit des intérêts particuliers et individuels ».

Ce sont là d'autres paroles du discours que je prononçais au sein de la Société des Economistes de France, en 1867. Je les reproduis, parce que les observations de l'idéalisme et les désordres politiques dont nous souffrons actuellement leur prêtent une grande opportunité.

En suivant ce point de vue, qui me paraît vrai, je concluais en disant que le service hiérarchique est une des deux branches dont se compose le service impersonnel ; la moins importante des deux ; qu'il convenait de la proportionner à l'autre, de la restreindre ou de l'étendre en raison inverse de l'activité et de la capacité des coopérateurs du service libre.

C'est précisément une situation inverse de celle normale, qu'ont faite à la société les aberrations de l'idéalisme et le dévergondage des passions de la population ignorante de la constitution de l'humaine société. En la nationalité, le service hiérarchique disproportionné aux besoins réels, accru par l'avidité et la multiplicité des prétendants aux fonctions publiques , est devenu pour le corps politique ce qu'est le phylloxéra pour nos vignobles : un chancre qui le dévore et qui finira par l'anéantir. Le service hiérarchique , démesuré aussi chez les autres nationalités sous l'action d'autres passions anormales et par l'effet de l'ignorance de l'organisme providentiel de l'humaine société ; ces causes généralisent le mal et enraient les progrès de la civilisation, pour un temps indéfini.

Sursum corda ! Élevons nos âmes à Dieu , et alors le monde moral nous apparaîtra dans toute sa grandeur, dans toute sa beauté. Nous deviendrons sages en devenant chrétiens.

Mais, avant de passer à l'étude du développement de ce monde par la foi, disons un mot de la nature de Dieu, telle qu'elle nous apparaît déjà par les opérations de la création et de la conservation du monde, comme deux des premières personnes de la Trinité.

A ce point d'analyse des produits de l'observation, il est inutile, ce me semble, d' pousser plus loin l'investigation. C'est bien Dieu qui est le souverain auteur, par cette raison irréfutable que tout ce que nous voyons du monde physique et du monde moral a été produit par voie de création; par création des principes d'activité qui, en poursuivant l'accomplissement de leur finalité individuelle, ont déployé cette prodigieuse variété de qualités et de formes.

II.

La conception de Dieu est accessible à l'humaine connaissance, je l'ai déjà dit et on le voit, comme celle des choses créées, par la représentation des effets dont la cause est assignable à une action impartageable avec d'autres agents.

Pour apprécier la nature de Dieu à la manière autorisée par celle de l'entendement, considérons d'abord que sa puissance, sa substance active, n'a été nullement réduite par l'exercice de sa triple fonction, quelque grands que soient les produits ; puisque son auguste Trinité reste toujours active, que le monde n'a jamais changé depuis son origine.

En cette substance, il n'y a, il ne peut y avoir de limites posées par aucune sorte de quantité.

En celle de l'entéléchie, s'il est permis de comparer les petites choses aux grandes, et la comparaison est, en ce cas, admissible, puisque l'entélé - chie est un des produits du Créateur, prétendant faire l'homme à son image ; en l'entéléchie, il n'y a pas de défaillance substantielle, mais appauvrissement du produit organique qui, par son affaiblissement, devient une surcharge pour les forces du directeur des services de la vitalité.

Le Créateur s'est défini lui-même en disant,

quand il communiquait avec ses créatures orale-
ment : « Je suis celui qui est ».

C'est la réalité de l'existence dans sa plénitude.

Avant la création, il n'existait que lui.

S'il lui plaisait de ravir à ses créatures l'être
qu'il leur a accordé, il n'existerait encore que lui,
sans que son être fût aucunement accru par cet
accroissement de substance.

S'il lui plaisait de multiplier ces êtres, d'étendre
les régions de l'espace et le régime du temps pour
y emplacer les nouveau-venus, il continuerait de
subsister, sans diminution de sa substance active.

Dieu est le véritable infini, l'objet réel d'une
notion noologique acceptable par la science positive. Elle est le fondement d'une ontologie, autre
que celle d'origine scholastique, une ontologie
nouvelle que nous présente la méthode péripatéticienne de l'observation et de l'expérience, le
complément naturel et nécessaire de la partie
physique de l'humaine connaissance.

Cette notion de Dieu nous advient de l'observation du fait, aujourd'hui incontestable, de la
création.

La création se fait concevoir, par les résultats
palpables du peuplement de l'immensité, jusques
là inexistante, actuellement occupée ou plutôt
produite par l'activité de ces myriades de créatures de constitution et de coalition résultant
directement ou indirectement de l'action des êtres
produits, en premier lieu, par le Créateur, et de
leurs succédanés.

Ces êtres primitifs ont effectué cette occupation
en se faisant un lieu dans l'espace, auparavant

vide, et, pour mieux dire, inexistant. L'espace n'a pas d'autre réalité, non plus que le temps, pas d'autre que celle des créatures qui occupent l'un et qui agissent en l'autre.

A Dieu doit appartenir un pouvoir de dissolution égal à celui de création.

Si Dieu, usant du premier, annihilait la création et ramenait les choses à l'état antécédent, il n'en resterait rien, pas même l'emplacement, pas même des vestiges mnémoniques, puisque les êtres pensants, qui auraient connu cet état de choses de la créature, auraient été emportés par cette annihilation universelle.

Toute réalité est en Dieu. Comme il l'a dit à nos prédécesseurs : « Je suis celui qui est », celui par qui nous nous mouvons et subsistons : *Per quem movemur et sumus.*

Sans doute, la personnalité pense en vertu de la force de l'être pensant, dont la libéralité de Dieu a pourvu les créatures de l'humanité. Il faut blâmer Malebranche d'avoir dit que nous voyions toutes choses en lui. C'est de l'idéalisme. Mais j'ai montré, en traitant de la noologie, que de lui nous tenions l'objet de la connaissance devenant accessible à l'entendement par l'ordre qu'il a établi dans sa création : du côté objectif, en y faisant régner les rapports de qualité au milieu d'une diversité infinie d'objets ; et, du côté subjectif, en établissant, entre la sensibilité de l'entéléchie et l'activité excitatrice des créatures extérieures, une relation fixe, invariable, comme le sont les rapports objectifs : la fixité de l'impression reçue, une faculté de représentation.

Il faut donc dire et tenir pour certain que nous voyons tout par Dieu, et non en Dieu. Par lui-même il est invisible, comme la monade de sa création.

Impossible à nous de concevoir la création à la manièce dont les philosophes la concevaient aux premiers temps de la civilisation . l'extraction du néant. Sans doute, rien ne se fait de rien : *Ex nihilo nihil.* Cette pensée a été insinuée à l'entendement humain par la nature, dont il est le trucheman. Elle est le résultat d'une continuité d'observations et d'expériences incessamment poursuivie.

Mais le grand œuvre de la création n'est pas tiré du néant, puisqu'il émane de la toute-puissance de celui qui est.

Voilà une double correction à faire au langage philosophique, vicié qu'il est par l'idéalisme. Il n'y a pas de néant, pas plus qu'il n'y a de matière, au monde. Il y a une réalité, une réalité source commune à toutes, une réalité immense qui s'est déployée dans la création du monde, et qui y persiste dans ces dérivations entéléchiques que nous voyons constamment en action, opérant les phénomènes de la matérialité. Ces phénomènes sont operés directement par les créatures de constitution, et indirectement, par dérivation des forces de celles-ci, répandues dans la production, chez les créatures de coalition. Ne nous laissons pas abuser par de vaines abstractions représentées par de vains mots : *Verba et voces, prœtereaque nihil.* Attachons-nous aux choses que nous voyons ou que nous pouvons concevoir avec certitude sur la foi

du critérium de la durée et de l'effet alléloleptique.

Il n'y a ici bas que de la matérialité, vaste
champ d'opération résultant de l'action incessante des dynamismes constitués par la substance entéléchique : un phénomène riche de
diversités, mais enrichi par les forces de l'activité desquelles il résulte. En dessus, il y a Dieu,
animant le monde de son Saint Esprit: rien
que lui. C'est l'infini, c'est l'éternel, comme disait
le peuple élu, l'éternel qui avait parlé à leurs ancêtres; c'est aujourd'hui, après l'œuvre de la Rédemption, le Dieu de l'humanité, le fondateur de
la Société chrétienne, universelle. C'est par ses
membres que le Saint Esprit doit être surtout
compris. Il est d'ailleurs aisément concevable par
ses actes.

Nous voyons cette action providentielle s'exercer par tout et produire cet 'accord des créatures de constitution, consistant à s'entre-soutenir; par les actes de l'hérédité, à maintenir
partout l'unité spécifique des créatures, et, particulièrement, dans le genre humain, en la fonction d'innéité. Nous la voyons, cette action,
dans les communications de services établies,
en quelque sorte, d'instinct, dès les premiers
temps de la civilisation, mais nous allons la
voir claire, évidente, dans la morale du divin
Maître, sur laquelle nous jetterons un coup d'œil.

La souche du genre humain avait été douée
d'une sainteté native, qui l'éloignait du mal et
la ramenait sans cesse au bien.

C'est à se procurer le discernement du bien

et du mal que nos premiers parents ont voulu employer leur libre-arbitre. L'on sait sous quelle figure l'Auteur de la Genèse a cru devoir présenter cet acte au peuple élu. Sans entrer dans les débats oiseux auxquels cette légende a donné lieu, je la prends comme un fait dont la réalité est certaine, et les conséquences si fâcheuses. Tel il est, parce que la personnalité a négligé la disposition faite, par la providence, pour les éviter à la postérité. Cette disposition, nous l'avons vu, consiste à douer de sensibilité le sujet et à le rendre capable de l'intelligence nécessaire, pour discipliner le libre arbitre par le devoir. Il est clair, manifeste pour quiconque veut étudier l'œuvre de Dieu.

Le fait du péché originel se reproduit sans cesse dans les relations sociales, où la personnalité a constamment à soutenir la lutte qui s'établit naturellement entre le devoir et l'intérêt à elle particulier. Cet intérêt est momentané et ne mérite aucune considération auprès de celui du service général, du service impersonnel, auquel est appelée à participer la plus mince individualité, aussi bien que la plus puissante : toutes, en ce qu'elles sont les collaborateurs nés de ce service. Cependant le péché originel se reproduit sans cesse, et la personnalité est rebelle à la volonté de Dieu, dans le présent comme elle l'a été dans le passé.

Dans l'ordre social, auquel le Créateur a engagé ses créatures pour leur plus grand avantage et aussi pour l'accomplissement d'une disposition providentielle; dont il leur a fait une loi en les soumettant au régime de diversité qui leur fait sentir leur insuffisance individuelle, et reconnaître que tous sont obligés de recourir au concours d'autrui poursatisfaire complètement leurs besoins ; dans cet ordre et cette situation, faite à la personnalité par son créateur, on comprend toute la valeur du sentiment de charité, d'amour mutuel, que le Christ est venu inoculer aux créatures du monde moral, il y aura tantôt vingt siècles ; on sent toute l'importance de la foi qu'il a chargé ses Apôtres de répandre au loin et que tous les prédicateurs de l'évangile ont aussi la charge de propager.

C'est la foi en lui ; la foi en son assistance, qu'il a promise, au monde, à tout coopérateur de l'humaine société, pour l'exercice consciencieux de sa fonction sociale. Parlons nettement, et expliquons, en langage philétien, ce point capital de l'humaine connaissance. Nous le devons et le pouvons ; car la théologie fait partie de cette connaissance. Et la philosophie, que je caractérise plus nettement par le terme de philétie, à ce point de vue de la recherche de la raison d'être des choses, la philosophie n'est pas l'ennemie de la vraie religion. Ce sont deux auxiliaires pour l'exécution du plan du Créateur.

Ce plan est évident. Il consiste à rendre le genre humain capable d'exploiter, par le concours de tous ses membres, les biens que la providence a répandus dans le macroscome ; je préfère ce terme, parce qu'il comprend dans sa collectivité le monde moral lui-même ; capable de les exploiter et de les approprier au service de la personnalité; afin de disposer celle-ci à l'accomplissement de sa finalité dans le temps et dans l'éternité,

L'offre du moyen providentiel de la Rédemption a une signification telle, qu'elle nous fait voir, clairement concevoir, le Tout-Puissant comme partie du personnel de ce monde moral, où nous devons nous estimer heureux de vivre,

Après ces considérations, toutes de faits recueillis dans l'observation, serait-il encore possible à aucun de douter de l'existence de Dieu et d'en méconnaître la nature?

La qualité de Rédempteur, qui est attribuée au Christ, se vérifie comme celle de Créateur, qui appartient à une autre des trois personnes dont se compose cette ineffable Trinité. Admirable conception du Dieu unique, se manifestant à ses créatures pour les encourager à l'œuvre à laquelle il les a préposées en leur donnant l'existence, et la leur assurant par d'aussi riches moyens. La divinité du Rédempteur me semble déjà vérifiée ; mais le point de l'humaine connaissance a une importance telle, pour l'ordre social et pour chacun des membres de la société, que je veux en faire la vérification complète, rationnelle, en procédant à ce sujet suivant la méthode prescrite à l'entendement par sa nature.

III.

Nos prédécesseurs concluaient l'existence de Dieu de cet axiome, tenu pour évident : « De la nécessité de cet être ». Nous, modernes, qui avons sous les yeux ces myriades de faits dont l'existence et la persistance, pendant des milliers de siècles, ne sauraient être autrement expliquées que par la préexistence d'une immense réalité, source de toutes celles dont nous sommes témoins; nous qui en profitons pour l'accomplissement de notre tâche; nous aussi, modernes, nous proclamons l'existence de Dieu, non en vertu d'un principe métaphysique, mais d'après l'évidence des faits.

Descartes serait satisfait d'un tel résultat noologique. C'est par l'application du principe proclamé en son discours sur la méthode, que nous proclamons l'existence de Dieu, et que nous allons reconnaître la divinité du Christ et de son œuvre. Mais ce n'est pas en vertu d'un pur sentiment, quelque respectable qu'il soit, que nous nous laissons entraîner à proclamer l'existence et annoncer la nature de Dieu. C'est par la raison elle-même, par la raison d'être de ce sentiment, par le spectacle d'un concours de faits tel qu'il ne saurait être attribué qu'à une puissance créatrice; des faits impraticables pour tous les dynamismes que nous voyons agir dans la création.

A considérer la Rédemption, et à en parler, sans ambages, au point de vue philosophique, et en usant du langage de la philosophie péripatéticienne, nous dirons que le but de l'Auteur a été de relever du mal l'humanité trop encline à y céder, sans enchaîner le libre arbitre dont le Créateur l'a dotée, voulant lui ménager le mérite de la préférence qu'elle donnerait au bien, malgré les suggestions du mal. En d'autres termes, le

Rédempteur a voulu ramener la personnalité à son état de sainteté native dans le plein discernement du bien et du mal.

Voilà l'homme nouveau, le membre de l'humaine société dans toute sa dignité.

Une telle transformation, conçue et exécutée en la présence des nécessités de l'ordre social, par la proposition d'un moyen efficace pour un ordre de choses encore imparfaitement connu en ce siècle de lumières ; une œuvre pareille serait, par l'invention seule, suffisante pour décider de la qualité divine de l'opérateur. La prescience de Dieu s'y fait remarquer auprès de sa toute puissance. Entrons dans la considération des détails.

Le Rédempteur fait un mérite à la personnalité, de sa patience, de sa résignation aux maux auxquels elle est exposée durant sa vie terrestre, moraux et physiques. Quand le stoïcien se borne à soutenir que la douleur n'est pas un mal, pour engager l'individualité à la braver, la mettant en contradiction avec sa conscience en lui faisant appeler l'orgueil à son aide ; quand le législateur le plus ingénieux a dû se borner à faire des dispositions pour combattre la douleur dans le cœur de l'homme, en y faisant appel à d'autres sentiments pour la neutraliser : celui de la gloire, celui du patriotisme, afin de pousser la personnalité au sacrifice de soi ou de ses convenances, pour la déterminer à la pratique de ses devoirs sociaux ; quand le législateur se borne, par impuissance de mieux faire, à fomenter les sentiments sociaux dans les cœurs ; quand philosophes et législateurs se bornent à garantir la société du mal et à lui ménager le bien, par l'emploi de moyens artificiels, les seuls à leur usage, le Christ opère la transformation de la personnalité actuelle en la personnalité telle qu'elle est sortie de la main de Dieu, en lui faisant un mérite des peines par elle endurées dans le cours de sa vie pour l'accomplissement de son devoir, et de la pratique des vertus sociales, en l'assurant d'une rémunération en l'autre monde, si elle ne la pouvait obtenir en celui-ci.

C'est ainsi que le Christ, et lui seul le pouvait, a ouvert les portes de l'éternité habitée par son Père, à tous les membres de la société du genre humain, petits et grands, moyennant l'accomplissement de leurs devoirs sociaux, les plus simples, les plus vulgaires, comme de ceux qui impliquent le sacrifice de la vie.

L'intention est rémunérée et l'héroïsme vulgarisé par la transformation de la personnalité en chrétien.

L'héroïsme et les autres vertus sociales sont ainsi universalisés sur le fondement de la foi.

Quiconque, après avoir fait l'étude de la Rédemption, n'aurait pas foi au Rédempteur ne saurait l'avoir pour personne, pas même pour soi et ne mériterait pas la foi d'autrui.

Ainsi le Christ a accompli sa mission dans l'intérêt de l'humanité, pour la rendre capable d'établir entre ses membres la société, le service impersonnel, où chacun peut tout attendre d'autrui, à condition de tout faire pour autrui, à condition de pratiquer ses devoirs sociaux. Et le Législateur de l'humanité, joignant l'action à la

parole, a le premier donné l'exemple de ce dévouement au devoir, en mourant sur la croix, de
la main de ses persécuteurs.

L'Homme-Dieu, en s'adressant à ces créatures
qu'il daignait appeler ses frères, ne devait pas
s'attendre à ce que ce sentiment régénérateur de
la vie sociale lui fût marchandé par eux.

Tant qu'ils le lui refuseront, ils vivront misérablement dans un milieu social qui les pourrait
combler de biens, et se prépareront un état pire
dans l'éternité. Ils l'auront bien mérité.

Les faits surnaturels, que le Christ a accomplis
dans le cours de ses relations avec ses frères, devaient présenter un caractère emprunté à la toute
puissance de l'être à qui l'opérateur appartenait.
Celui-ci devrait même user de ce surnaturalisme
envers les populations de son époque incapables
de comprendre aucun autre langage que celui de
la supériorité d'action, enclines à mépriser le
faible et l'impuissant. Mais tous ou la plupart de
ces actes présentent, remarquons-le bien, une
analogie frappante avec ces communications de
services que j'ai cru devoir classer, en traitant de
la matière des relations sociales que j'ai rangées
dans la classe des services désintéressés, distinctement de celle des services intéressés ; les premiers
se produisant spontanément et les autres par
l'assurance de leur rémunération Le Messie gué-
rissait le paralytique en lui rendant la faculté de
locomotion, il restituait la vue à l'aveugle, l'ouïe
au sourd, la santé au malade, la vie au mort, en
prix de la foi qui lui était témoignée.

En enseignant ainsi la pratique de la charité

pure au monde moral qu'il s'était donné la mission de restaurer, le Messie ne négligeait aucune
occasion de lui apprendre celle du devoir ; comme
je le montrerai tantôt, en traitant de cette partie
de son enseignement que l'on considère comme
étant sa morale. On sera alors convaincu que le
Christ est réellement, effectivement le législateur
de la société future du genre humain. Ses actes
sont empreints de la toute-puissance divine. Sans
doute ils ont ainsi servi à faire connaître aux
hommes de l'époque cette haute qualité de l'opérateur. Il n'y a pas d'effets sans causes. Les
Apôtres eux-mêmes, sous les yeux de qui ces faits
se sont passés, en ont éprouvé l'influence, et ils
nous ont transmis l'impression subie par eux et
par le public. Mais on a eu le tort de qualifier de
miracles ces opérations d'une puissance surhumaine. Le scepticisme a qualifié ainsi ces faits de
surnaturalisme, évidemment dans l'intention d'appeler, sur les relations qui nous ont été faites,
l'incrédulité publique. Tel sceptique agissait ainsi
de parti pris pour s'autoriser à dénier le fait, à le
présenter comme une jonglerie, en se fondant sur
l'immuabilité des lois de la nature. Autre correction à faire au langage prétendu philosophique
du scepticisme. Il n'y a pas de miracle dans l'opération du Tout-Puissant.

Le miracle est une opération surnaturelle, mais
c'est un fait palpable, visible. L'on n'argumente
pas contre les faits, quels qu'en soient les caractères, le naturel ou le surnaturel ; on les discute,
on les vérifie, on les compare entre eux pour en
saisir les rapports, toujours dans le but d'ac-

croître le fonds des notions dont se compose et se doit composer l'entendement humain. Si, à suite de cette vérification philétique, l'existence du fait est reconnue, il la faut admettre, et, d'après sa qualité, admettre celle de l'auteur, naturelle ou surnaturelle ; il faut l'admettre aussi, malgré son caractère de surnaturalisme, si l'auteur a justifié sa qualité surhumaine. Nul d'entre nous, avertis que nous sommes de la réalité de la création et de l'existence du Créateur, ne contredira cette possibilité que l'auteur de la loi ne la puisse intervertir, en interrompre la pratique, la changer, la suspendre accidentellement.

Nous avons donc deux moyens de nous assurer de la divinité du Christ, l'un par la considération de la qualité de sa mission, de son opportunité pour l'organisation du monde moral profondément altérée, afin de lui faire prendre une forme nouvelle, adéquate au plan providentiel de l'humaine société ; et l'autre, par l'appréciation des relations que nous possédons de la manière dont la mission a été accomplie par le Christ.

Je le dis d'avance, je suis plus touché de la puissance du premier moyen de conviction que de celle du second, mais, à mes yeux, ce n'est pas une raison pour négliger la considération de l'autre.

IV.

Puisqu'il doit être question ici de la tradition relative à la manière dont la Rédemption s'est opérée, il faut recourir aux règles de la méthode en usage pour la vérification des données de la connaissance indirecte. A ce cadre appartiennent particulièrement les faits historiques, analogues à ceux de la Rédemption. Mais ce cadre est bien plus vaste. Il comprend la plus grande partie des connaissances que nous possédons : celles acquises par transmission, dont nous usons confiamment, dans l'impuissance où nous sommes de les vérifier.

Voyons donc si les auteurs de la tradition des faits relatifs à la fondation du christianisme présentent les caractères de capacité et de véracité nécessaires pour autoriser la foi en leurs relations. Tel est le vœu de la méthode.

I. La capacité à exiger d'eux n'est pas grande : elle a consisté à voir opérer, par l'homme-Dieu, les faits naturels ou surnaturels qu'ils lui ont attribués. Dans les deux espèces, c'était l'évidence du fait à constater. Ils en étaient bien capables.

Non seulement les Apôtres nous affirment avoir vu ces opérations, mais encore ils les attestent comme s'étant passées à la vue du public de l'époque dont ils rapportent la conviction. En les relatant, ils nous disent, dans les quatre évangiles, les appréciations qu'ils en ont faites.

D'autres témoins en ont écrit de conformes, au fond, ne variant que dans la forme. Et elles devaient varier comme varient celles des Apôtres et tous les produits si divers de l'activité répandue dans ce monde tout peuplé de diversités.

Voltaire a pris soin de colliger, dans quelques volumes de ses œuvres, ces diverses relations des faits de la Rédemption, afin de discréditer, par l'étalage des diversités, la foi en un évènement qui est constaté par cette totalité elle-même des voix, dont nous avons l'écho. Ce procédé est fort peu philosophique. Voltaire était dominé par les préoccupations et par les préventions de son époque, surtout par celles à lui propres. Moins à lui qu'à tout autre littérateur, précisément en raison de l'immensité et aussi en raison de la versatilité de son génie littéraire, il appartenait d'apprécier la qualité de la Rédemption et celle du Rédempteur. A aucun esprit littéraire ou poétique, il ne convient d'entreprendre un tel travail d'analyse., Tout esprit de cette trempe obéit, comme le commun des mortels, à ses habitudes; et quiconque a pratiqué le langage littéraire des tropes, recourt difficilement à celui de la science, usité par l'esprit philosophique, curieux de connaître la raison d'être des choses, et désireux de la manifester nettement.

Mais ce n'est pas seulement des évangiles, vrais ou apocryphes, que nous tenons la relation du fait de la Rédemption. Ce fait, dont la population hébraïque a été la première émue, nous est connu par des témoins autres que les Juifs de l'actualité; par des témoins appartenant au Paganisme, aux Gentils, suivant la dénomination alors en usage. Nous pouvons juger de l'appréciation que les docteurs de l'époque faisaient de la doctrine du Christ par le traitement qu'ils ont fait subir à l'auteur. Jaloux de leur autorité, qu'ils voyaient menacée par la doctrine nouvelle, ils ont essayé d'arrêter les progrès de la foi naissante, en machinant la mort de l'auteur. Aveugles, qui fortifiaient l'établissement du christianisme!

Ce triomphe de la foi sur les passions de l'époque est une manifestation matérielle, étrangère à toute affirmation orale, de l'existence du sentiment, chez le public et surtout chez les Apôtres.

En voyant la foi s'établir en leur cœur et dominer enfin leurs volontés, on ne saurait douter de leur véracité. Ainsi se vérifie la seconde condition de leur crédibilité.

II. On voit la foi s'établir dans le cœur des Apôtres. D'abord vacillante, elle devient finalement inébranlable. Notamment chez Pierre, l'irrésolu, qui montre la profondeur de sa conviction en se faisant crucifier comme son divin maître, mais la tête en bas, les pieds en haut, à titre de pénitence.

Voilà un témoignage de véracité assurément irrécusable.

Les autres propagateurs de la foi ne se bornent pas à écrire les faits de la Rédemption et à les divulguer; ils attestent la vérité des miracles opérés par leur divin maître; ils en relatent la vie, la mort, la résurrection; ils en reconnaissent la divinité après en avoir douté, même après l'avoir niée: comme Pierre, ils témoignent de leur véracité par le martyre.

La confiance que les Apôtres se sont attirée est assurément d'aussi bon aloi que celle qui nous fait accepter la masse de nos connaissances indirectes. Ils ont, mieux encore que les historiens les plus accrédités, accompli les conditions de capacité et de véracité, que doivent réaliser les auteurs des connaissances indirectes pour les faire accepter, pour s'attirer créance.

Aussi la foi qu'ils ont fondée en la divinité de la mission du Christ, s'est-elle étendue jusqu'à nos jours ; elle a gagné le cœur de toute personnalité qui n'a pas été infectée de pharisaïsme ; elle s'étend sans cesse et rend patents et palpables les faits de la Rédemption qui lui ont donné naissance. Effectivement, si l'on croit devoir recourir à une argumentation après la manifestation d'une telle évidence, on dira qu'il n'y a pas d'effet sans cause et que la cause de l'existence actuelle de la foi est dans les faits rapportés par l'Evangile.

Ce livre, qui vous étonne par la simplicité du ton des narrateurs, est une histoire qui, à son avantage et à la différence des écrits de l'histoire profane, rapporte des faits encore en cours d'exécution C'est de l'histoire naturelle, celle des Buffon, des Linnée, dont l'auteur écrit la relation sous la dictée des faits présents à sa vue, et dont la série n'a jamais été interrompue. Elle ne le sera pas, parce que la Providence préside à sa perpétuité.

Mais il y a, pour la philosophie peripatéticienne, une tâche à remplir, celle de montrer la parfaite convenance du christianisme avec l'humaine société, sa nécessité pour l'extension de ce régime jusques à la totalité du genre humain, ou, comme on dit, pour les progrès de la civilisation jusques à sa plénitude.

C'est cette partie de l'organisation du monde moral qu'il nous reste à étudier. Si mes honorables collègues veulent bien me continuer leur attention, j'espère achever de les convaincre, s'ils n'étaient déjà convaincus, de la divinité du christianisme et de son fondateur. Je poursuivrai ma tâche, non plus en recourant à la considération du merveilleux, dont l'exécution de l'œuvre a été accompagnée, mais en représentant la considération de sa qualité, de sa haute importance. Il me semble plus digne du Rédempteur que sa divinité soit manifestée par la qualité de son opération, comme la divinité du Créateur l'a été par la grandeur de la création ; plus convenable aussi à la qualité de l'évidence, en ce siècle où ont éclaté des lumières sur la nature de l'intérieur subjectif et l'organisation de cet intérieur et de son extérieur ; plus conforme à l'esprit du siècle actuel où la démonstration par l'évidence des faits remplacera l'argumentation logique. Ces convenances s'unissent pour nous déterminer à manifester ainsi, par analyse, la Trinité de Dieu et l'organisation réelle du monde moral.

V.

La convenance du christianisme pour l'humaine société est parfaite : l'un s'adapte à l'autre aussi exactement que le vase au moule d'où il est sorti. C'est là une preuve irréfragable de l'unité

des causes qui ont agi dans la création et l'organisation du monde physique et du monde moral,
de l'unité de Dieu dans la Trinité.

La connaissance de l'humaine société, connaissance profonde, rationnelle, qu'implique l'institution chrétienne est vraiment surnaturelle, divine ;
plus frappante aux yeux du philosophe que ne le
sont les miracles. Vous ne trouverez aucune trace
d'une telle connaissance dans les trésors que nous
possédons de la science politique, accumulés dans
les siècles passés. Les écrits des philosophes, des
législateurs, des historiens des anciennes civili-
sations contiennent des traces d'une science politique plus ou moins profonde, d'une pratique de
moyens plus ou moins bien choisis, plus ou moins
efficaces pour la fondation, pour le développement
d'une nationalité chez quelqu'une des populations
sauvages du monde ; pour la faire prospérer et
durer ; mais, nulle part, vous ne rencontrerez
des indices de cette ampleur des vues du Rédempteur appelant à la vie sociale les populations
du globe, toutes sans exception, les Gentils avec
les nationaux, pour vivre en communication de
services, suivant le vœu naturel à l'humanité,
suivant les nécessités de sa nature et celles à elle
imposées par le milieu où elle vit.

Vous remarquez une foule d'excentricités dans
les législations les plus parfaites : ici, c'est l'ilotisme ; là, c'est l'esclavage, avec la tendance à
rendre puissante la nationalité, ainsi favorisée
pour la faire spoliatrice des nationalités étrangères. C'est ce que l'histoire nous apprend depuis
l'antiquité la plus reculée jusqu'à nos jours ;

plus particulièrement jusques aux Romains, le peuple tyran du monde alors connu ; jusques aux Osmanlis, qui font encore peser leur tyrannie sur une partie de l'Asie et de l'Europe civilisées. Ils agissent ainsi, parce qu'ils ont ignoré et ignorent encore, ces peuples parasites, la vérité de l'ordre social, celle du christianisme et sa vertu civilisatrice.

Nulle part, dans l'antiquité, vous ne trouverez aucune trace de la connaissance de l'humaine société, telle que le Rédempteur l'a possédée, telle qu'il l'a manifestée, avec l'intention de l'universaliser, de compléter ainsi l'organisation du monde moral, détruite *ab initio* par les funestes tendances du libre arbitre, indiscipliné, enclin à préférer le mal au bien. Vous n'entendez prononcer le nom de cette institution humanitaire que dans les profondeurs de l'antiquité romaine, par une seule bouche: celle du grand orateur, parlant de la société du genre humain, *societas generis humani*. Et encore est-il douteux que Cicéron prononçât le nom avec la pleine connaissance de la chose ; qu'il connût ce merveilleux organisme d'une mutualité de services fondée sur la justice et inspirée par le sentiment d'humanité ; embrassant, avec l'ordre immense des services intéressés, celui des services désintéressés, aussi nécessaires l'un que l'autre à la personnalité disetteuse.

Ce système, fermement et intelligemment pratiqué, est capable de faire du genre humain une famille de frères, dont les membres seraient encore mieux unis que ceux de la société domestique, parce qu'il n'y aurait pas là, comme ici, ce brandon de discorde, de l'héritage paternel à partager, rien que des échanges de services également avantageux aux co-échangistes.

En ces temps là, le nom de charité n'avait pas été prononcé, et l'exemple de ce sentiment n'avait pas été donné au monde. Chacun n'aimait que soi et se préférait à tous, dans l'ignorance du plan divin de la collaboration de tous à la finalité de chacun. Cicéron prononçait le mot sans pouvoir mesurer toute l'étendue du sens, puisqu'il appartenait à une nationalité fondée sur l'esclavage, sur l'esprit de conquête, et qui a étendu sa tyrannie sur toutes les parties du globe que ses armes ont pu atteindre. On peut alléguer, en atténuation de son crime de lèse-humanité, qu'il a civilisé ses conquêtes ; oui, mais c'est en imposant aux peuples conquis la civilisation romaine, si incomplète au point de vue de la moralité.

La plus haute expression de la civilisation naissante, à cette époque, a été le commerce. Le peuple-roi ne s'y complaisait guère. Il aimait mieux acquérir par la force qu'acquérir par la pratique de l'équivalence. D'autres peuples, qu'il a dépouillés, ruinés, pratiquaient, mieux que lui, le commerce. Cependant ce n'est qu'un échantillon du grand système de communication des services humanitaires, considérés dans leur immensité, tel qu'il est aujourd'hui en voie d'exécution.

Et le commerce même était oppressif chez les nationalités qui le pratiquaient.

Il faut descendre jusques à l'époque actuelle

pour entendre appeler à la pratique, et seulement
par une école de philosophes, cette idée de communication universelle de services entre les peuples de l'humanité. Encore est-ce sous le nom
modeste de libre-échange qu'elle est énoncée par
les économistes. Avec quelque modestie que la
fonction humanitaire se présente, sa théorie n'est
pas généralement acceptée : l'exécution est en-
travée dans son chemin par les réseaux de la
diplomatie, repoussée même à coups de canon
par des nationalités égoïstes. C'est bien de l'é-
goïsme dans toute sa crudité, car chacune de ces
nationalités veut pour soi ce qu'elle refuse aux
autres. L'éducation sociale entreprise par le Christ
est encore à faire.

Combien ne sommes-nous pas éloignés de l'esprit de Dieu manifesté, pratiqué par son Verbe,
le divin auteur du christianisme !

L'égoïsme des nationalités est pire que celui
des individualités, plus fécond en toute sorte de
maux. Quiconque voudrait considérer de près
l'état politique actuel de notre Occident, et le
malaise qui en est la conséquence, n'y verrait pas
d'autre cause que l'ignorance ou l'oubli de la
pensée divine. C'est un motif pour la philosophie
de faire connaître cette pensée, d'en formuler et
d'en divulguer la notion positive, d'en relever
l'importance. Elle est manifestée par sa finalité. Il
ne s'agit de rien moins que de la régénération de
l'humaine société, de l'établissement du monde
moral sur les bases solides, immuables de la
morale chrétienne.

Le Christ seul était capable de faire connaître

au monde cet organisme de l'humaine société, et, en le lui manifestant, d'offrir à tous les membres de l'humanité, les sentiments propres à leur en faire accomplir les fonctions. Il l'a pu, en qualité de Verbe créateur, unissant à la pleine connaissance de l'objet, la suprême puissance pour rassurer ses fidèles sur l'assistance qu'il leur promettait, dans l'exercice de leur collaboration à l'œuvre commune.

En agissant ainsi, il a fait preuve de sa qualité. Il a montré qu'il était bien le Messie promis, pendant tant de siècles, pour racheter l'humanité du péché originel, commis par ses auteurs, reproduit par les successeurs, constamment, depuis lors : la faute sans cesse reproduite d'abuser du libre-arbitre pour faire le mal, même par préférence au bien, malgré l'approbation donnée à l'un exclusivement à l'autre.

C'est l'immoralité dans sa plénitude.

Ainsi s'explique rationnellement le sens des mots pratiqués pour parler du péché originel, et de la Rédemption. Les faits apparaissent, dépouillés de toutes les nébulosités du mysticisme, dans toute leur vérité, à quiconque recherche, en tout et partout, la raison d'être des choses. Cette vérité apparaît, non pas seulement au philosophe, mais encore à toute personne exempte de préventions, voyant les misères de l'humanité, en reconnaissant la cause et le moyen de les faire cesser, en hâtant le progrès social par l'amélioration du moral de la personnalité.

Ainsi l'entendait le divin Maître, comme on peut s'en assurer en lisant le discours pronon-

cé par lui, du haut d'une montagne de la Judée, aux Juifs assemblés à ses pieds pour l'entendre. On comprendra que, traitant philosophiquement de la Rédemption, je ne m'occupe
point de la partie théologique, dont l'enseignement appartient aux ministres de la religion
chrétienne. Je me borne à montrer quelles sont
les nécessités de l'ordre social, et comment le Divin Maître y a pourvu, tout simplement, en inspirant à ses frères des sentiments sociaux.

VI.

Dans un milieu social tel que celui où l'humanité est soumise à vivre, par sa constitution physique et morale, et par sa dispersion
dans le monde physique, où elle doit puiser
des moyens généraux de subsistances ; les biens
nécessaires à son usage ; là, où chacun doit tout
faire pour autrui, afin d'obtenir d'autrui tous
ses moyens d'action dont l'un a besoin et dont
l'autre est capable ; sous un tel régime de mutualité, le moyen général d'action le plus absolu,
le plus efficace, est l'amour mutuel, l'assimi-
lation de soi à autrui. Evidemment, si chacun
exerçait sa capacité au profit d'autrui, aussi ar-
demment que pour soi, l'activité de la personnalité, les fruits de ses services n'auraient d'autres
bornes que sa puissance ; l'équivalence ne ferait
défaut à aucune individualité ; l'égoïsme s'ef-
facerait du cœur de toutes, et l'activité personnelle, totalement transformée, ne laisserait

apparaître qu'un dévouement absolu, inébranlable aux devoirs sociaux.

Telle est l'efficacité du sentiment de charité
chrétienne. Contraire, en apparence, aux secrè-
tes aspirations de l'individualité, il leur est foncièrement favorable ; car aimer le prochain,
en ce sens profond conçu par le Christ, c'est
aimer soi, rationnellement: c'est mettre en équa-
tion les deux sentiments, pour les confondre,
et obtenir, comme expression de l'inconnue
du problème moral, les sociétés du genre humain devenues chrétiennes, reconnaissant un seul
Seigneur, une seule foi et un seul baptême, celui
de l'Esprit divin.

En prononçant cette simple parole : « Aime
ton prochain comme toi-même », le divin Jésus
s'est fait le législateur du monde nouveau. Et,
prêchant sa doctrine par sa parole, en même
temps qu'il donnait l'exemple de sa pratique,
au monde rebelle à la loi de Dieu, il en a fait
l'objet d'un enseignement perpétuel, toujours
nécessaire, toujours efficace jusques à la consommation de l'œuvre de régénération humanitaire.

A l'œuvre donc, hommes de bonne volonté,
amis du progrès social !

Aimer son prochain comme soi-même, c'est
aimer Dieu, l'auteur de la loi du support mutuel.

Cette loi est écrite, stéréotypée dans la constitution du monde physique et dans la complexion
de chacun des membres du monde moral.

Obéir à la loi, c'est mériter la récompense promise par le Père céleste. Ce bon Père a joint aux

récompenses futures, celles temporelles, que s'atti-
reraient les membres de l'humaine société, s'ils en
pratiquaient les devoirs.

Rien de mystique dans ces conceptions. C'est
du réel et même du nécessaire pour les pratiques
de la vie, l'objet le plus réel du monde.

Dans le discours dit *de la Montagne,* le Sauveur
avait pour but de fortifier ses frères dans ces pratiques, et de les rendre tous dignes de peupler le
monde de l'éternité, après avoir fait partie, dans
le temps, du monde moral que le Tout-Puissant,
dans sa Trinité , ne dédaignerait pas de fré-
quenter.

Des peines physiques par eux endurées, le Sauveur fait à ses frères un mérite et un droit à la
consolation : « Bienheureux celui qui souffre, dit-
il à son assistance, car il sera consolé ». Et continuant : « Heureux les pauvres, car le royaume
des cieux est à eux ; ceux qui ont faim, car ils
seront rassasiés ; ceux qui pleurent, car leurs
larmes seront étanchées ; ceux qui seront pros-
crits, persécutés par les hommes en raison de leur
attachement au Fils de l'homme ». Remarquons
l'ampleur du sens de ces dernières paroles. Il embrasse la foi et le dévouement à la doctrine chrétienne : « Qu'ils se réjouissent, car une ample
récompense leur est assurée ».

La personnalité a soif de justice, vouée qu'elle
est à la mutualité dans la vie sociale. Aussi Aristote a-t-il fait de ce sentiment la vertu cardinale
de l'ordre social. Mais il faut bien être le Verbe
rédempteur pour faire de telles promesses aux
hommes. En toute autre bouche que la sienne,

ces paroles que je viens de citer ne seraient qu'une amère dérision. En la sienne, c'est une promesse formelle ; en ce temps-là, nul n'aurait douté de la réalisation ; aujourd'hui que la divinité du Christ est devenue évidente par la manifestation de tant de faits d'omniscience et d'omnipotence, tout le monde y croira, à l'exception de ces personnalités qui ont intérêt à ne pas y croire et à en faire douter le prochain.

Quand le Christ jette aux riches ce *Vœ victis,* que le conquérant jetait à la face de ses victimes en les dépouillant, il ne faisait de cet accident de la civilisation qu'une appréciation nécessaire, parce que le caractère en est méconnu. Il maltraite la richesse en raison de ses insidieuses, qualités. Effectivement, elle fausse les caractères et démoralise les populations, en les livrant sans résistance aux tentations du luxe et des jouissances sensuelles. Les économistes eux-mêmes en portent ce jugement. Ils n'ont que le tort de présenter ce phénomène économique de la richesse comme l'objet principal de leurs études. Mais ce n'est qu'une illusion préjudiciable à la vulgarisation de leur doctrine par l'emploi malheureux d'un qualificatif impropre, d'une de ces incorrections de langage que j'ai si souvent critiquées. Substituez le mot de subsistance à celui de richesse, et étendez la science économique à la connaissance de toutes les causes morales et physiques qui font prospérer les nationalités, et vous obtiendrez un traité d'économie sociale, que le moraliste, que le législateur acceptera pour en faire entrer la doctrine dans l'enseignement de celle à lui propre. Suivant ce plan, vous aurez une science de la vie sociale embrassant les règles de la pratique dans sa théorie ; une science à répandre dans le monde, qui en est totalement ignorant.

Par son exclamation contre les riches, c'est l'abus de la richesse que le divin Maître a entendu proscrire, nullement l'usage d'un des phénomènes de la civilisation. Mais que devons-nous penser de ces paroles : « Faites du bien à ceux qui vous haïssent, bénissez ceux qui vous maudissent, priez pour ceux qui vous calomnient ».

En d'autres bouches que la sienne, ces paroles n'auraient pas plus de valeur que les antithèses du rhéteur ; mais, dans la bouche du Christ, ces quelques mots sont inspirés par une sagesse profonde, surhumaine.

Rien de plus dangereux que le flatteur pour la personnalité qui souhaite d'être éclairée dans sa carrière sociale, tandis qu'un ennemi, un envieux est un pilote qui en dirige l'esquif au port, en lui signalant les dangers de la navigation auxquels la personnalité serait exposée dans l'ignorance de ses défauts, de ses vices.

Le vrai moyen de faire taire les haines consiste à ne pas s'en offenser. Le plus propre à les prévenir est de ne pas se faire un grief du mal souffert, de la calomnie endurée de la part d'autrui. Autrement l'offenseur en ferait un grief pour lui, le motif d'une nouvelle persécution. Je parle d'expérience. Bien d'autres observateurs l'ont faite. Et le divin Jésus, poursuivant son discours, continue ainsi :

« Soyez miséricordieux, comme votre Père

céleste l'est pour vous ». Cette parole n'a pas besoin de commentaires.

« Faites aux autres ce que vous voudriez qui vous fût fait » : le prêt sans en attendre de retour, le service à qui vous le demande ; donnez, et suivant la mesure que vous aurez employée, il vous sera donné. C'est l'esprit de la société du genre humain.

Ces prescriptions n'excluent pas l'usage du discernement chez la personnalité. Et quand le Christ engage l'offensé, celui qui a été frappé sur une joue, à tendre l'autre à l'offenseur, il ne lui a pas prescrit de se laisser vilipender, car chacun a charge de conservation de sa dignité personnelle, de la garder ; mais il a entendu signifier à ses auditeurs que les offenses, que les mauvais traitements auxquels leur personnalité serait exposée dans l'accomplissement de leur finalité, ne doivent pas être un obstacle à la pratique du devoir de charité.

Le Sauveur avait bien l'autorité nécessaire pour garder sa parole d'être taxée d'exagération, quand il s'était voué au martyre de sa passion pour accomplir sa tâche humanitaire.

Tous les sentiments qu'il autorise par sa parole et par son exemple, ont ce caractère de bienveillance gracieuse qui les a fait comprendre sous le nom de charité. Ils sont essentiellement sociaux, disposant les hommes à vivre en communication de services, à s'entraider, à ne jamais abuser de leurs droits l'un envers l'autre, et même à se relâcher de leur extrême rigueur. De telles dispositions sont le fondement nécessaire de la vie

sociale. Aussi Adam Smith semble-t-il avoir reconnu l'étroitesse de sa théorie sur la richesse,
quand il a entrepris d'écrire le traité.des sentiments moraux que nous possédons. La société
vit par ces sentiments et par celui de la foi qui
les contient en germe, qui inspire à ses membres
la force nécessaire pour pratiquer les vertus et
accomplir les devoirs sociaux. Dans ce but, le
Christ faisait à l'humanité ces promesses d'assistance et de rémunération que nous lisons dans
l'Evangile. La conception du sentiment implique
la connaissance de l'objet, et, en la foi, c'est la
force propre à l'accomplissement du devoir. La
personnalité ainsi munie est la source de toutes
les vertus ; et, en elle, c'est l'héroïsme intelligent,
c'est la constance au cœur de chacun dans le
support des peines de la vie, la résistance invin-
cible à tous les obstacles, à toutes les misères que
peut avoir à traverser la personnalité, durant sa
vie terrestre ; en un mot, c'est la résolution iné-
branlable de faire le bien et de résister au mal et
de conspirer sans cesse aux progrès moraux de
l'humanité. Elle devrait être bien fière, cette collectivité, de compter son Sauveur comme un de
ses collaborateurs , comme membre du monde
moral.

L'homme fortuné, l'homme fort, s'il y en a de
tels au monde, peuvent se croire capables d'accomplir leur tâche, l'un par confiance en sa force
et l'autre en.raison des biens dont il jouit ; ceux-là
pourront méconnaître la nécessité de l'assistance
divine. Laissons-leur cette confiance qui peut les
perdre. Mais les faibles et les malheureux, dont se

compose la majorité du genre humain, reconnaîtront la nécessité de cette assistance et des sentiments que le Sauveur est venu répandre dans le monde. La société tout entière en sentira la nécessité et en reconnaîtra la vérité, dans l'état de désordre où l'immoralité la jettera et l'a si profondément engagée aujourd'hui. Personne ne pourrait savoir gré au sceptique d'avoir tenté de ravir la foi à quiconque la possédait ou de l'avoir rendue inaccessible à celui qui en avait besoin et qui aurait voulu en jouir. Aux yeux du moraliste c'est le plus grand des crimes. C'est refuser à celui qui a faim et à celui qui a soif l'aliment nécessaire à la satisfaction de son besoin.

A parler sans figures, un regret surgit dans le cœur de quiconque aspire aux progrès moraux de l'humanité, en voyant l'état de tiédeur actuel de la société à l'endroit du devoir, en le comparant à l'état de ferveur des premiers temps du christianisme.

La cause de la déchéance est visible : elle est dans l'ignorance de la nature intime de l'humaine société et des vraies conditions de sa prospérité et de son avenir.

Quant au philosophe, curieux de connaître la raison d'être des choses, il n'hésite pas et demeure fermement convaincu de la nécessité de la propagation du christianisme pour assurer les progrès de la civilisation. Ce serait la transformation finale du genre humain en une famille de nationalités unies entre elles par leur ascendance à une souche commune ; mais surtout par la nécessité d'un concours mutuel et général à la recherche et à l'emploi des moyens nécessaires à l'accomplissement de leurs fins respectives. Ce serait la fusion de l'intérêt particulier avec l'intérêt général.

VII.

Ni la forme emblématique sous laquelle a été représenté le fait de la déchéance de la moralité du genre humain, ni la haute antiquité de la tradition recueillie par Moïse, n'ont pu dénaturer le fait ni la raison d'être de l'apparition du christianisme en des temps de beaucoup postérieurs. Le scepticisme s'en est joué, suivant son habitude de dénaturer le sens des paroles et de travestir le langage de l'auteur de la tradition ; à dessein, ne tenant pas compte de son intention de parler de manière à se faire entendre des contemporains. Mais le but et la valeur de l'institution chrétienne n'ont jamais été méconnus chez le peuple élu. Sa valeur s'est manifestée par elle-même et par la manière dont elle a été propagée jusques à nos jours par tant de martyrs. Leur passion, analogue à celle de leur divin Maître, accuse bien la conviction des propagateurs.

La valeur du christianisme se fait d'ailleurs sentir dans les progrès moraux du peuple élu lui-même et par le fait de sa décadence. Cette civilisation soutenue d'abord par la doctrine du premier législateur des Israélites, puis par les Prophètes ; sa foi en l'avènement du Messie brille de tout son éclat, lorsque celui-ci apparaît au monde. Alors, malgré des contradictions provenues de l'ignorance des hommes de l'époque et des sentiments démoralisateurs qui assiégent le libre-arbitre indiscipliné de la personnalité; la foi se prononce, s'élève d'une manière terrassante pour l'incrédulité. Elle franchit l'étroite limite de la nationalité pour qui elle semblait avoir été promise. D'abord, ce sont des progrès vacillants, incertains de la civilisation que ce sentiment inspire. Des sentiments étrangers s'y mêlent ; mais, tantôt, c'est le génie de la civilisation chrétienne qui marche à la conquête du monde moral tout entier.

Mais à quoi bon discourir pour établir un fait dont l'existence et la nature sont patentes ? Le monde moral, comme le dit ce qualificatif, vit par les mœurs, et il progresse ou dégénère suivant' que les mœurs sont bonnes ou mauvaises, avouées ou désavouées par la constitution divine de la société en une pratique générale de services loyale, consciencieuse, entre les membres de l'humanité. Mais les mœurs étant des inspirations du sentiment, voyez et considérez quel est le plus capable de continuer le progrès de la civilisation jusques à l'accomplissement de l'œuvre ; lequel pourrait être préférable à la foi inspirant aux hommes l'amour, le dévouement des uns aux autres, indispensables à leur état d'insuffisance respective, et, plus que cela, la force nécessaire pour accomplir leurs devoirs sociaux? Vous n'en trouverez aucun qui puisse valoir le sentiment de la foi.

Sans doute œuvre de la civilisation est restée

incomplète, elle est à reprendre, à continuer. Quand on ne se laisse pas flatter par de vaines exagérations, on reconnaît franchement que ce qui reste à faire est sans proportion avec ce qui a été fait. Mais, si l'on tient compte des injures que le temps a faites à l'œuvre du passé; si l'on considère que notre siècle a sur les précédents cet avantage de savoir en quoi consiste l'œuvre future, quels sont les moyens à employer pour l'accomplir; quelle est surtout son importance, on espère tout de l'avenir. Gardons-nous donc de croire, même de dire que le christianisme a fait son temps. Cette parole inconsidérée, qu'on entend quelquefois prononcer, est due à l'ignorance de la nature de cette divine institution et de celle, divine aussi, de l'humaine société; elles s'adaptent l'une à l'autre comme la mortaise au tenon pour la construction d'un édifice dont la solidité dépend de leur coaptation. Le christianisme est aussi durable que la société, pour qui le Verbe créateur l'a fait en devenant rédempteur; et, sinon la durée, qui est aux mains de Dieu, la prospérité de l'une dépend de l'autre. La civilisation, nous allons le voir, consiste dans la pratique des sentiments du christianisme. En un sujet aussi important, il faut substituer aux sens vagues de la parole commune celui précis et convaincant qui résulte de l'étude des choses.

VIII.

La civilisation est une œuvre morale, très-variée et bien étendue. Elle ne se borne pas à l'extirpation de la sauvagerie, et du cannibalisme; à l'abolition de l'esclavage; pas même au relâchement de cette tyrannie des peuples qui, se disant et se croyant civilisés, réduisent à l'état d'ilotisme des populations étrangères, en abusant de la prépondérance de leurs forces. La civilisation, telle que nous devons l'entendre après les révélations de la science positive et celles du divin Maître, n'autorise l'usage de la force que pour la protection du droit. Elle rougit de ces excès de la puissance politique, qui fait couler le sang humain, dans l'intérêt de sa nationalité. Si cette sauvagerie s'est relâchée de la férocité primitive, et ne continue pas de manger ou de laisser manger la chair des faibles par les forts, elle s'enhardit à enlever au faible les fruits de son activité, à l'asservir aux caprices de son égoïsme. C'est encore là, sous d'autres formes, la sauvagerie que l'esprit chrétien réprouve. A ce terme de la civilisation, on est encore bien loin de ce sentiment de bienveillance gracieuse que nous connaissons sous le nom de charité, et que doit professer tout collaborateur des fonctions sociales pour ses collaborateurs.

La situation normale de l'homme à l'état social, vivant en communication de services avec ses semblables dans l'intérêt de l'accomplissement de sa finalité temporelle, est clairement définie par la science positive. C'est la protection, par le concours de tous les membres de la société, de l'activité individuelle, s'exerçant à ses fonctions. Cette activité est la mamelle, comme le disait un grand économiste, ministre en même temps d'un puissant prince, connaissant son devoir et le pratiquant; elle est la mamelle de l'Etat, dans l'exercice du labourage, du pâturage. Ajoutons à cette parole de Sully que cette activité, sous une multitude de formes, est la mère-nourrice des membres de l'humanité.

Touché par ces considérations, le divin Jésus ajoutait à ces prescriptions morales de la science, l'amour du prochain, la charité dans toutes les relations de la personnalité avec son prochain.

La civilisation consiste dans l'établissement d'une expansion continuelle de ces services, qui est le but de l'institution de l'humaine société, telle que producteurs et consommateurs puissent se donner mutuellement satisfaction à leurs besoins, d'un antipode à l'autre, . moyennant l'équivalence du service rendu, à laquelle le producteur a droit.

Entre l'exercice de ce devoir et de ce droit, se déroulent toutes les pratiques de la vie sociale.

Evidemment c'est de protection que la personnalité a besoin dans l'exercice de son activité. C'est pour elle un droit, parce qu'il est fondé sur le devoir de collaboration qui lui incombe.

Répandez sur ces inombrables relations du

droit et du devoir l'axonge de la charité, et vous arriverez à ce résultat étonnant de faire supporter les nécessités d'une personnalité par l'autre. Vous résoudrez, d'une manière pratique, cette question de population, qu'un célèbre économiste a déclarée insoluble, dans l'ignorance de la constitution du monde moral. Une population plus rare appellera naturellement à elle les membres surabondants d'une population plus dense, numériquement disproportionnés avec les services demandés d'une part et produits de l'autre. Aux yeux de la charité, il n'y a pas de distinction entre le national et l'étranger.

Quelle profondeur dans la pensée du divin Maître !

La question de population implique la solution d'une de ces questions de proportionnalité qui abondent dans la science économique. Mais celle-ci est insoluble sans le concours du christianisme.

La civilisation, pour arriver à l'état de plénitude, implique l'expansion du genre humain sur toute la surface du globe terraqué, que le Père commun a disposé à son service, dont il lui a donné les biens à exploiter. C'est à l'humanité d'en poursuivre l'exploitation.

Au genre humain le devoir de disposer ses fonctions comme le Père disposait son œuvre, en l'exécutant sur ce plan de soutien universel, dont nous sommes témoins.

Sous un tel régime, généralement suivi de protection, et de bienveillance, il n'y aurait plus de haines, de vexations, d'exactions. Ce serait le règne de la justice; de celle de Dieu, dont la justice des hommes n'a été jusqu'à présent qu'une pâle imitation. Aristote en a fait la vertu cardinale de la société; la sagesse romaine la définissait, par la bouche de l'un de ses juristes, « la volonté constante et persévérante de faire à chacun son droit », *constans et perpetua voluntas jus suum cuique tribuendi.* La justice de Dieu va bien plus loin. Elle implique l'aspiration de traiter autrui à l'égal de soi dans les relations sociales; de le servir avec la même affection: la volonté, chez le producteur, de livrer au consommateur le produit, en la qualité et la quantité demandées; et, chez le consommateur, la disposition à délivrer loyalement la rémunération par lui due; chez le débiteur, le désir de se libérer envers son créancier; chez la personnalité, la disposition constante à rendre le service d'humanité à qui le lui réclame, sans regarder au retour, ne l'attendant que de la mutualité sociale; c'est, en termes plus brefs, le dévouement à la pratique du devoir sous toutes ses formes, sans regarder à la mesure; par cette considération que, suivant la parole du Sauveur, la même mesure dont chacun a usé envers autrui, il sera usé envers soi.

Ils sont nombreux, ces devoirs. Aucun des membres de la société n'est exempt de leurs exigences, parce qu'ils sont tous des collaborateurs de l'œuvre sociale. Je l'ai déjà dit et je le répète, elle consiste en ce que j'appelle un service impersonnel des besoins de chacun, par le concours des facultés d'autrui, et tel que la personnalité n'a d'autre charge que celle à elle imposée par sa dignité, de pourvoir, par l'exercice de son activité propre, à l'accomplissement de la condition d'équivalence qui pèse sur tous les coopérateurs de l'œuvre. Sous ce régime, nul n'est servi que par autrui et tous sont astreints à exécuter des services étrangers à soi : la fonction du magistrat s'adresse au justiciable, celle de l'administrateur à ses administrés, comme celle de tout producteur des services matériels à des consommateurs étrangers.

C'est l'oubli de cette importance de l'intérêt d'autrui dans les services sociaux qui a fait tant de ruines politiques, le renversement de tant de trônes, et répandu tant de misères, tant de sentiments immoraux dans les populations.

Sous un régime où le sort de la personnalité est si profondément engagé à la considération d'autrui et pour autrui, jugez de l'importance du sentiment de la foi et de l'autorité que mérite le fondateur d'une religion telle que le Christianisme qui, comme un premier devoir, recommande à ses fidèles la charité.

Jugez des fruits que la foi est capable de produire :

C'est la paix dans toutes les relations sociales ;

C'est la paix dans la cité et entre les nationalités dans les relations politiques ;

C'est la paix aussi dans le monde bien plus petit des relations domestiques et dans ceux des relations industrielles.

La raison est bien simple d'un tel état de choses, si différent de celui dont nous sommes témoins : elle est dans la satisfaction que reçoivent tous les habitants du monde moral, tendant à l'accomplissement de leur finalité respective, des services d'autrui, complets et consciencieux, parce que tous ces services sont inspirés par l'amour pour le prochain, suivant la recommandation du divin Maître.

C'est la paix universelle dans les sociétés grandes et petites, mais c'est aussi la prospérité, parce que les services rendus de capacité à incapacité sont employés dans le même sens qui les a fait produire par la connaissance de l'ordre social, sous l'inspiration encore des sentiments sociaux.

Quand le Sauveur souhaitait la paix au monde moral, il lui en insufflait les sentiments inspirateurs.

Mais la foi offre à notre monde bien d'autres avantages : le courage civil, le courage militaire, le patriotisme, ces vertus modestes, d'autant plus estimables qu'elles se produisent dans l'ombre, suivant l'esprit chrétien, sans autre prétention que celle de plaire au Père céleste. Ce sont encore des vertus sociales innombrables, toutes essentielles dans cet ordre de choses où le service de la personnalité doit être fait par autrui, et où la production doit rencontrer chez le producteur l'obstacle insidieux de l'égoïsme.

Les fruits de la foi sont encore mieux assurés au monde que les fruits naturels; mais ils sont nécessairement proportionnés à la vivacité et à la sincérité de ce sentiment chez la personnalité. En son absence, c'est la barbarie, même chez les populations où vous trouverez les arts de la civilisation plus développés. En sa présence, c'est la civilisation à son apogée, dans quelque ruine du monde que la foi se soit réfugiée. C'est l'oasis dans le désert.

Mais voilà, ce me semble, assez de faits pour convaincre le sceptique le plus obstiné de la qualité du christianisme et de sa valeur pour féconder une institution sociale dont la qualité nous est connue aussi analytiquement, par la discussion des faits sociaux, pour être une mutualité de services dont la prospérité dépend des sentiments moraux que la religion chrétienne a pris sous sa protection.

IX.

LA RELIGION.

Le nom de cette institution en signale bien le but ou l'intention du fondateur, qui a été de relier entre eux des groupes de population, de les unir pour coopérer à une fin politique. Mais autre est le but et autres sont les moyens. La plupart des religions qui ont figuré et figurent encore dans le monde moral produisent un effet contraire à celui désiré, ne serait-ce que par le contraste de leurs diversités, sur les esprits qu'elles divisent, sur les cœurs qu'elles agitent, qu'elles animent de sentiments anti-sociaux.

La cause en est patente. Il appartient à la philosophie positiviste de la signaler.

Généralement, dans l'antiquité surtout, la religion n'a été qu'un code sanctionné par l'autorité politique, des opinions recueillies et en honneur dans la population, relativement aux causes qui agissent dans le monde physique et en opèrent les phénomènes. De là le culte, et, en vertu de la loi de diversité qui régit le monde, l'institution de religions diverses, de population à population. Ainsi se sont produites les religions du paganisme, celle même de l'Islam, quoique son fondateur ait accepté le monothéisme des Israëlites.

Les diversités sont devenues innombrables. Le nombre peut en être sans cesse accru de celles incessamment suscitées par le scepticisme; des opinions professées par les matérialistes, les nihilistes, par les puritains même d'une doctrine quelconque. J'en parlerai tantôt.

Toutes ces religions ou prétendues telles, toutes ces sectes sont intolérantes et soulèvent des guerres au sein de la société, qui veut la paix, qui ne peut subsister que par la conciliation des volontés entre tous les collaborateurs du service impersonnel.

Il en sera ainsi aussi longtemps que la religion sera considérée comme un code légal des opinions admises sur les opérations des causes naturelles. Nous savons que le sage Socrate fut considéré comme un perturbateur de l'ordre public, pour avoir proposé le monothéisme à la place du polythéisme de son époque.

Il en sera autrement, lorsque vous prendrez la religion pour ce qu'elle est, et la ferez servir à l'usage auquel elle est destinée, par sa qualité d'unir entre eux les membres de la société dans une volonté constante et unique de se prêter le concours de leurs facultés pour le service de leurs personnalités respectives.

Elle est générale et absolue, cette règle pratique imposée à l'humaine connaissance par la nature même de l'entendement, prescrivant de juger des qualités des choses par leurs effets et de les employer conformément à leur nature ainsi déterminée, sous le contrôle de la pierre de touche de la durée et de l'effet alléloleptique.

En considérant ainsi la religion, la prenant et l'employant pour ce qu'elle est, on fera un déblai énorme de ces opinions accumulées par le temps sur des matières qui sont étrangères à la foi et appartiennent à la science; on tracera même à l'orthodoxie un cercle infranchissable par les dissidences, en ce que chacune se fera juger par son mérite dans l'accomplissement d'une finalité incontestable, unique, que je me permettrai de formuler en ces quelques mots : la conversion du service personnel, si pauvre, au service impersonnel, si fructueux pour le développement complet de la personnalité et l'accomplissement de sa finalité, dans le temps et dans l'éternité, proportionnellement à ses besoins.

J'en ai assez dit sur cette finalité, sur le moyen temporel offert à la personnalité pour l'accomplir et sur le moyen spirituel que le divin Maître est venu offrir à l'humanité pour vivifier l'institution de la grande société, celle du genre humain; j'en ai assez dit pour permettre à toute personne impartiale, à tout homme de bonne volonté, disposé à favoriser les progrès de la civilisation, pour le mettre à même de juger de la qualité de la religion, d'une religion unique, la plus propre à coopérer à cette finalité, celle de l'humanité toute entière.

Cette religion a, visiblement, pour charge de prêter au devoir, dans le cœur de la personnalité, la force nécessaire pour triompher des luttes qu'elle aura à soutenir avec l'adversité et avec son intérêt à elle propre, souvent hostile à celui d'autrui, dont elle est le serviteur-né.

En général, la mission du devoir consiste à élever le service impersonnel au même degré de ferveur et de puissance que le service personnel, dans l'intérêt de tous les membres de la société: son but est de les faire servir par autrui avec autant de dévouement que chacun le serait par soi.

Et la Religion est l'auxiliaire du devoir. Elle doit élever les cœurs des collaborateurs du service impersonnel à la hauteur de ce patriotisme moderne de la société du genre humain. Elle aura fait ainsi ses preuves de légitimité: elle aura relié profondément les membres du monde moral, sans danger de les diviser. Elle ne leur parlera pas d'opinions; de rien autre que de sentiments sociaux. Il n'y a pas d'autres mobiles avouables que ceux-là, pour la prospérité de la société.

Il est bien grand, ce patriotisme humanitaire. Bien petits étaient ceux qui se faisaient admirer, même de nos jours, aux beaux temps de Sparte et de Rome. Ils étaient suscités par des intérêts égoïstes, quoique collectifs, puisqu'ils n'avaient pour but que la conservation, l'agrandissement, la prospérité d'une pluralité de concitoyens. Autre est le patriotisme humanitaire, qui tend à organiser le monde moral dans l'humanité, en le dotant de son service naturel et l'animant des sentiments sociaux.

Si grand il est, ce patriotisme, qu'il n'a encore enflammé que l'élite des membres du monde moral : ceux qui se vouent aujourd'hui à la propagation de la foi ; ceux qui s'y vouèrent les premiers, les disciples immédiats du Christ ; ceux qui, comme les Apôtres, sont devenus les serviteurs des serviteurs de Dieu, et ces petits qui, sans ostentation, professent et pratiquent le sentiment cardinal sur lequel reposent tous les autres, la Foi.

Le christianisme (est-il besoin de le nommer?) se distingue, parmi toutes les diversités de religion possibles, par le moyen qu'il prête et la garantie qu'il offre à la personnalité de l'accomplissement de sa finalité, dans le temps et l'éternité, moyennant la foi au Sauveur et la pratique de ses devoirs.

C'est un trésor pour elle ; et, de la part de quiconque tenterait de le lui ravir ou empêcherait de l'acquérir celle qui ne le posséderait pas, ce serait un crime de lèse-humanité, un acte d'hostilité envers l'intérêt social.

La propagation de la Foi est une œuvre éminemment sociale.

En cette matière, il ne s'agit ni d'opinions ni de croyances. Ces phénomènes intellectuels sont soumis à la loi et aux règles pratiques de l'entendement. Nous les appliquerons tantôt au fait de l'avénement de la Rédemption, l'apparition de Jésus-Christ en ce monde.

Ce fait est manifesté par bien d'autres. De lui tiennent leurs forces ces Apôtres, ces Martyrs, ces premiers propagateurs du christianisme, et tous ces hommes de bonne volonté qui pratiquent les devoirs sociaux pour l'accomplissement de leur finalité et par respect pour le Père céleste.

Il n'y a pas de fait historique qui ait fait ses preuves de réalité à l'égal de celui de la Rédemption, qui, après bientôt dix-neuf siècles d'existence, exerce encore sur notre actualité son influence moralisatrice, après l'avoir exercée pendant les actualités intermédiaires.

Nous venons d'avoir sous les yeux, avec le moyen de faire fleurir l'ordre social de la mutualité de service, ces institutions divines, la société et le christianisme. L'évidence s'est faite sur les qualités de ces institutions. Elles sont également de nature divine, et l'une a été faite pour l'autre: nous pouvons en juger. N'hésitons plus.

La divinité de l'une garantit celle de l'autre.

C'est le Créateur lui-même qui agit dans les deux : en l'une par soi, en l'autre par son Verbe devenu Rédempteur ; sur l'ensemble, par son Saint-Esprit.

Dans cette Trinité, se manifeste l'unité de Dieu.

N'en disputons plus. Renonçons à crier au mystère, dans l'intention, bien souvent, de rendre incroyable ce qui est visible, visible comme tout objet de connaissance se manifestant à la conscience par ses effets, justiciable du critérium de la réalité.

Laissons-nous ouvrir les yeux par la lumière qu'a versée sur nous le plus grand des philosophes de l'antiquité, et l'on pourrait dire du monde, parce qu'Aristote, en luttant avec les ténèbres des premiers temps de la civilisation, a fait luire la vérité dans les temps subséquents. En Aristote et en ses dignes successeurs, notamment le célèbre Ampère, semble s'être consacré le tact de la réalité ambitionnée par la philosophie moderne.

De grâce, rejetons au loin ces brandons de discorde et les éteignons dans ce sentiment de charité que le divin Jésus est venu répandre dans le monde ; ce sentiment civilisateur qu'il a chargé ses Apôtres de répandre, et leurs successeurs, indéfiniment, depuis Pierre jusques à leurs plus infimes représentants.

C'est de la réalité, je pense, puisque le christianisme s'adapte à l'ordre social du service impersonnel comme le gant à la main qui s'en habille.

Ne nous laissons pas engager à introduire des diversités de croyances dans la foi en la Trinité, si simple par elle-même, par de vaines considérations, telles que le désir de ne pas laisser enchaîner cette qualité idéale de la personnalité, la raison, par des croyances, fussent-elles justifiées : par un vain scrupule de libéralisme, répugnant à laisser considérer le fondateur du christianisme autrement que comme un docteur ès-sciences morales, et les Evangiles autrement que comme un livre de plus à faire figurer dans la tablette de la bibliothèque que le savant affecte à la partie morale de l'humaine connaissance. Ce sont là des puérilités qu'il faudrait mépriser, si elles n'étaient dangereuses.

Prenons les choses pour ce qu'elles sont, et en faisons l'usage auquel leurs qualités les rendent propres.

Au lieu de cette fabuleuse raison inventée par l'idéalisme, il n'y a, en la personnalité, que cette faculté de représentation, au moyen de laquelle elle saisit la raison d'être des choses apparaissant à sa conscience par les rapports de qualité que les créatures déposent dans les produits de leurs relations de causalité.

Ce n'est pas à l'érudition qu'il faut recourir pour savoir ce que nous devons penser de la divinité du Christ et de son œuvre. L'érudition est sujette à l'erreur comme toutes les productions de l'intelligence humaine, plus encore que les autres ; car elle est un fruit de la connaissance indirecte remontant à des temps reculés.

Abordons l'étude de ce grave sujet de la divinité du christianisme et de son auteur au point de vue philosophique de son utilité, de sa valeur sociale, et nous resterons convaincus de sa réalité, de sa qualité divine, comme nous le sommes devenus actuellement de la réalité et de la qualité de l'âme, en ce que chacun de nous vit en la substance de cet être ; de la vérité de l'existence de Dieu, en ce que nous vivons et nous mouvons, nous tous, membres de l'humanité, en lui ; de la vérité d'une organisation du monde moral par laquelle nous subsistons, divine aussi, parce que le Créateur seul était capable de disposer ainsi les rouages du mécanisme, en les faisant tels qu'ils sont et les maintenant dans cet ordre une fois conçu par son Saint-Esprit.

Toutes ces vérités ont la même valeur que la connaissance des choses visibles et tangibles, parce qu'elles parviennent à notre connaissance par le même organe, la conscience développée par l'humaine entéléchie, jalouse de connaître la raison d'être des choses.

Sans doute, c'est la morale que le divin Docteur prêche à ses frères du haut de l'une des montagnes de la Judée, et qu'il charge ses Apôtres de prêcher au monde pour l'édifier. Mais ce sont aussi des promesses qu'il fait à ses frères présents et futurs, des promesses que lui seul, l'un des membres de la Trinité, est capable de réaliser, qu'il pouvait seul énoncer sans crainte d'être taxé de charlatanisme.

En toute matière, ce sont les faits qu'il faut consulter pour asseoir son jugement sur l'objet considéré.

Quiconque s'arrêtera à la considération de ce fait et l'estimera à sa valeur restera convaincu de la divinité du Christ. Il ne pensera pas même à recourir, pour s'en assurer, à une érudition qui ne saurait être à l'abri de l'erreur, comme tout produit intellectuel, surtout lorsqu'il s'agit de traditions remontant à une antiquité aussi reculée.

Etablissons aussi sur des considérations de fait notre jugement, relativement aux qualités de la religion chrétienne.

C'est un mobile pour les membres de l'humanité dans leurs relations sociales; c'est une source de forces morales pour quiconque a foi au fondateur. Moyennant ce sentiment, du meilleur aloi puisqu'il est fondé sur la réalité la mieux justifiée, chacun des membres de la grande famille, peut faire fonds sur l'assistance promise par le Rédempteur dans la pratique de son devoir, et, à cette condition de l'accomplissement du devoir, compter sur son admission dans le royaume céleste, au terme de son existence. Toute personnalité peut, durant sa vie, moyennant réciprocité de la part de son prochain, compter sur les bienfaits du service impersonnel.

Dans l'intérêt du progrès social, de la prospérité de l'humaine société, il faut donc ne pas se borner à conseiller la pratique de la religion; il faut y engager le prochain par l'exemple, en la pratiquant soi-même; il lui faut inoculer la foi, pour le préserver des vices sociaux et lui ménager les vertus de la vie sociale.

Sans la foi, pas d'efficacité dans la religion.

Sans la religion, pas d'efficacité dans le service impersonnel.

Si elle n'avait été apportée au monde par le divin Jésus, il la faudrait inventer, dirais-je, comme on l'a dit de Dieu, fort légèrement. Ni Dieu ni la religion humanitaire ne se peuvent inventer; ils s'offrent à l'humaine connaissance et à l'amour de la personnalité.

J'ai déjà dit que la religion ne s'inventait pas, en m'adressant à un philosophe de bonne foi, ami du progrès et égaré par le désir d'y contribuer, se méprenant sur le moyen; je le dis à toutes les personnes auxquelles ce discours pourra être communiqué; je le dis en pleine conviction, sans aucun esprit de parti ni de secte; de toute la puissance de cette conviction qui m'a été acquise après que ma conscience a été agitée par le doute, puis rassurée par la raison d'être des choses; je le dis en philosophe jaloux de la connaître et la recherchant scrupuleusement; je le dis après avoir exposé ici mes motifs : la religion chrétienne est divine, divine comme l'œuvre de la création; divin en est l'auteur, à nous connu par sa triple manifestation, qui s'étend, depuis son origine, à tous les moments du temps, sous cette auguste image de la Trinité.

Sans les sentiments sociaux et la foi qui les lui recommande, la personnalité, abandonnée à son libre arbitre, n'accomplirait pas sa finalité, celle même purement temporelle qui lui doit servir de transition à la vie céleste de l'éternité. Bien loin de là : elle ne différerait guère, dans ses relations sociales, de la conduite de la bête fauve envers ses congénères et ses digénères. Voyez ce qui se passe en notre lointain Orient, ce qui s'y est passé dans l'antiquité, ce qui se passe chez nous, autour de chacun de nous : voyez et jugez de la différence de la civilisation chrétienne à celle inspirée par le libre arbitre plus ou moins ou pas du tout discipliné par le devoir, soumis aux instigations de l'intérêt personnel : la différence est énorme, toute à l'avantage de la civilisation chrétienne.

En vain la religion, sous toutes ses diversités, a combattu les tendances de l'égoïsme. L'opinion est impuissante contre la férocité de ce sentiment,

et les variantes de l'opinion religieuse allant toujours croissant en nombre, par l'effet des suggestions de l'amour-propre et d'autres sentiments
anti-sociaux, toutes les dissidences étant soute-
nues avec animosité, les haines, par elles seules,
auraient rendu impossibles les améliorations morales, les progrès de la civilisation, la vie sociale
elle-même. Ce que je dis est une leçon de l'histoire, de l'ancienne, dont les narrations sont cer-
tifiées par les ruines qui jonchent les territoires
de l'ancienne civilisation; de l'histoire la plus
moderne : c'est l'enseignement des faits du passé,
et de l'actualité. L'humanité doit donc venir à résipiscence, si elle veut prospérer.

Suivons les conseils de la philosophie, et, parmi
toutes les divergences d'opinion, prenons le parti
de la sagesse, le parti le plus sûr. Prenons le
christianisme pour ce qu'il est, et en faisons
l'usage auquel il est destiné dans le jeu des institutions sociales; faisons-le servir à animer les
membres de la société des sentiments propres à
élever leur intelligence et leurs cœurs au plus
haut degré de développement et de perfection de
ces facultés. Alors l'instrument du progrès n'étant
pas perverti, étant appliqué à son véritable usage,
ce progrès, si proclamé de nos jours et si mal compris, s'accomplira : le mot presque vide de sens
représentera une réalité. Ne querellons plus et
jugeons de l'objet d'après sa qualité et en faisons
l'usage auquel cette qualité le rend propre.

Aucun législateur n'avait réussi, depuis la plus
haute antiquité jusqu'à nos jours, à faire parler
Dieu au cœur de l'homme autrement qu'en recou-

rant à la superstition. « La crainte fit les dieux », disait le poëte Delille. Aucun n'avait réussi, comme l'a fait le Christ, à présenter Dieu comme un père à l'humanité, comme un vengeur tout-puissant des infractions commises à ses commandements.

Sur ce point, j'en appelle à l'histoire.

La fondation du Christ est la manifestation la plus claire de sa qualité personnelle. Ne lui demandons pas d'autres preuves de sa divinité. Acceptons sa religion telle qu'il nous l'a donnée ; acceptons-la, mais pratiquons-la. Des paroles et une sèche conviction seraient insuffisantes. C'est la pratique que le divin Maître réclame de ses hommes-liges.

La vraie religion ne se fait pas. Une telle institution dépasse la puissance d'aucun des membres de l'humanité, serait-ce le plus éminent, le mieux inspiré par l'amour de la civilisation. Elle se produit, comme le monde, au moment fixé par le Créateur. Le christianisme était devenu nécessaire par l'outrecuidance des créatures. Et, en vérité, cette outrecuidance dure encore, plus vigoureuse que jamais ; car la personnalité, qui prétend se suffire, l'orgueil de la personnalité, est un spectacle affligeant, dont on a d'autant plus à souffrir que celle affectée de ce défaut s'acquitte moins bien de son devoir, qu'elle semble même l'ignorer. Le Christianisme est apparu au moment où l'état de dégénérescence de la société en rendait l'intervention nécessaire. La Providence ne saurait s'oublier et encore moins renoncer à l'esprit suivant lequel le Tout-Puissant avait conçu sa création première.

La seconde est si bien appropriée à l'état de dégénérescence auquel était parvenue la première, qu'il me semble impossible de méconnaître l'unité des causes, Dieu, en la présence de l'unité évidente de la fin, la régénération du monde moral.

Ayons donc une foi pleine et entière en la Trinité, en sa toute-puissance.

C'est le dogme fondamental du Christianisme. Il faut le dire, pour donner satisfaction aux dogmatistes, à ceux qui ne concevraient pas la religion sans une partie dogmatique et d'autres accessoires de la Foi, qu'ils ont le tort de considérer comme la partie principale de la religion. La foi en la Trinité est fondée sur les faits dont la vérité les a fait convertir en doctrine. Ce point s'éclaircira tantôt, par l'analyse que j'entreprendrai du symbole des Apôtres. Ces articles de foi que l'Eglise, fondée par Pierre, a ajoutés à la croyance formulée par eux, ne sont qu'une explication devenue nécessaire, en raison de l'état des esprits dans les temps subséquents. A toutes les époques, les populations ont été agitées par des sentiments anti-sociaux et troublées par le scepticisme, par des dissidences au sujet du dogme. Le moyen même d'atténuer le mal l'a accru, grâce à l'imperfection de l'esprit humain.

Dans le symbole de la Foi, rien n'est à changer, à modifier ; ce n'est pas matière à douter et à disputer. Bien moins y a-t-il lieu de remplacer cette religion par une religion nouvelle. Le soleil qui éclaire le monde ne saurait être remplacé par un astre nouveau. L'institution qui a

son origine aux premiers temps de la création,
le soleil, est durable tel qu'il est sorti des mains
du Créateur ; de même celle qu'il a produite par
l'organe de son Verbe; le christianisme est durable jusques à la consommation des siècles.

Le christianisme est immuable comme le
monde, parce qu'il possède les qualités qui lui
ont valu l'existence de la part de son fondateur.
C'est à dessein que je le fais consister en la foi
formulée par Pierre, puis par l'Eglise, que l'Apôtre
a fondée de l'ordre de son divin Maître. Je ne
veux pas laisser confondre le sentiment vivifiant
de la civilisation avec les commentaires auxquels
l'institution a donné lieu, dans l'intérêt de sa conservation au sein du monde moral, pour le service de qui elle a été créée. Autre est la doctrine
et autre la forme de son enseignement.

Je traite cet objet, on le voit bien, au point de
vue philosophique avec la conscience de sa grande
importance. Il ne m'appartient pas d'en parler
en théologien. Mais je m'explique et je m'expliquerai plus nettement encore dans la suite de ce
discours. Trois grands objets importent à l'humaine connaissance, parce qu'il importe au
monde, à la civilisation, de se laisser guider par la
conscience de ces trois réalités : Dieu, l'humaine
société, le christianisme. Si j'ai traité dans ce
discours de la nature de l'humaine connaissance,
c'est accessoirement aux objets de cette trilogie,
pour montrer que la personnalité a été appelée,
par son Créateur, à le connaître, à se connaître
elle-même et à connaître les objets avec lesquels
elle doit entrer en relation, tous avec une égale

certitude, si ce n'est avec le même degré de profondeur. L'égalité en ceci est impossible ; car
l'humaine connaissance n'est qu'une reconnaissance , la conscience des rapports existant entre
les faits accomplis ici-bas en des moments différents. La véritable connaissance ne nous sera
ouverte que lorsque le Créateur nous aura admis
dans son monde à lui, celui de l'éternité et de sa
substance divine.

A ce point de vue de l'immuabilité du christianisme, je dois revenir à critiquer la pensée
idéaliste de la possibilité d'améliorer l'institution
existante ou d'y en substituer une nouvelle. En
cette actualité, nous avons un philosophe qui, de
bonne foi, manifeste l'intention de composer une
religion laïque, qui ne cesse d'y travailler. Son
intention est sincère et bonne. Elle lui a été inspirée par cette espèce d'hydrophobie du clérica-
lisme et l'aversion naturelle pour les dissidences
dogmatiques et religieuses, qui donnent lieu à tant
de dissensions sociales et internationales. Tous
les amis du progrès de la civilisation en gémis-
sent comme M. Fauvéty. Ses intentions sont
excellentes, mais le moyen qu'il propose d'aboutir
au but par la moralisation de la société est nul ;
qu'il me permette de lui redire ici ce que je lui ai
dit dans la lettre de protestation que je lui ai
adressée, au début de son entreprise. L'ayant
livrée au public par la voie typographique, c'est
au public que je m'adresserai encore ici pour
signaler une autre illusion idéaliste, et montrer
quelles sont les vraies conditions du progrès

social (1). Dans l'esprit du créateur de la religion laïque, ce serait pour le christianisme un succédané qui n'aurait pas les mêmes conséquences de reproduire les dissensions religieuses, de faire souffrir le monde des fautes commises par les propagateurs, par les ministres de la religion. La religion laïque serait la médecine mise à l'usage du monde sans recourir à la pratique du médecin. Ce sont là des méprises.

Pour ménager de tels avantages à la religion laïque, il ne suffirait pas de l'instituer ; il faudrait lui ménager un lieu d'exercice à elle approprié, un monde autre que le nôtre, étranger au régime des diversités et occupé tout par des citoyens pourvus des forces morales nécessaires à l'accomplissement de leurs devoirs sociaux.

L'antinomie est visible. J'arrête ici ma critique.

C'est précisément la force morale qui manque aux habitants de notre monde, qui leur manquera toujours, doués qu'ils sont du libre arbitre, dont l'usage leur a été laissé sous une condition, qu'ils n'accomplissent guère, de le laisser discipliner par le devoir. C'est cette force qu'il leur faut ingérer pour que la personnalité, purement autonome, devienne libre et exerce librement et en pleine assurance ses fonctions dans le service impersonnel ; pour que ce service aboutisse à sa finalité, de faire jouir chacun des membres de la société des fruits produits par l'activité de tous.

(1) Lettre à M. Ch. Fauvéty sur cette triple condition d'où dépend le progrès social : l'instruction, l'éducation et la foi. Br. in-12. Paris.

Je me borne à poser la question de religion, fort mal posée à mon avis. Si j'entreprends de la résoudre, c'est au point de vue de la philosophie positiviste, jalouse de connaître les choses et leur raison d'être. J'ai·déjà signalé toute l'étendue de la finalité qui a été proposée à la personnalité par son Créateur, et dit que l'accomplissement normal de la première partie était le moyen, pour elle, d'accomplir la seconde, de la conduire au terme indéfini de son existence. Je laisse aux organes de la religion le rôle qui leur appartient, à eux seuls, de diriger la personnalité dans sa voie en lui ménageant les lumières de la doctrine.

La source de la force morale, si précieuse pour la personnalité, n'est pas en ce monde si pauvre en vertus. Elle est en son divin Maître, le législateur du monde moral, qui la tient ouverte à quiconque a foi en lui.

La croyance, le dogme, le culte, ne sont que des moyens d'aller à Lui.

Gardons-nous de confondre l'accessoire avec le principal, et surtout de sacrifier l'un à l'autre. Ce serait un acte de folie. J'ajoute que l'ignorance de la raison d'être des choses rend cet acte assez commun : tâchons de la dissiper.

Grâce à la simplicité de son dogme, la religion peut se répandre partout où règne le sens de la réalité et produire le bien social auquel elle est vouée; partout, au gré de la civilisation, pénétrer dans la conviction de tous les hommes intéressés à jouir de la vie sociale, y pénétrer au travers et en dépit des divergences dogmatiques.

La chrétienté s'affligera de ces dissidences

parce qu'elle se verra fractionnée dans son unité naturelle ; mais elle ne cessera de nourrir l'espoir d'y revenir, parce que les dissidences ne portent pas sur le fond et qu'elles proviennent d'une confusion, fréquente en bien d'autres matières, et particulièrement en celle-ci, de la jurisprudence avec la loi, de la doctrine de l'Eglise avec l'objet de sa foi.

Cet objet est, je dois le répéter, plutôt un fait qu'un dogme. La forme dogmatique de l'expression représente un fait triple, en ce qu'il s'est accompli en trois temps, et particulièrement durant le dernier. Ce fait capital pour la société est celui de la promesse faite au monde moral, par son auteur, de lui prêter son assistance dans les actes de la vie sociale. J'en appelle au Symbole des Apôtres et au *Discours de la Montagne*.

Le Symbole est une relation de ce que les Apôtres ont vu et entendu, avec l'expression de leur opinion personnelle sur les faits de la Rédemption qu'ils ont vus et sur les antécédents, qu'ils ont appris d'une longue tradition remontant au fait primordial de la création. Les narrateurs rapportent l'avénement du Christ au monde. C'est encore un fait dont les analogues se reproduisent sans cesse. Celui-là diffère des autres en ce que, dans l'un, c'est la substance divine elle-même qui agit, tandis que, dans les autres, c'est la substance de la créature qui opère la procréation ; c'est la substance émise par Dieu pour perpétuer son acte primordial qui est empruntée par lui pour servir à la Rédemption : c'est l'Homme-Dieu. Pour comprendre, il faut avoir acquis la connaissance de la raison d'être des choses, d'après laquelle le Créateur entre en relation avec sa créature, lui communique sa pensée.

Les Apôtres affirment la conception en Marie comme étant le résultat d'une action surnaturelle, du même ordre que celle de la création. Sur ce point, ils se font les échos d'une opinion généralement répandue en Israël, par tradition, de la promesse d'un Messie à lui faite par Dieu.

Puis ils narrent sa vie, si laborieuse quoique bien courte, aux faits de laquelle ils ont assisté : sa passion, sa mort, son retour à la vie et son passage de la vie terrestre à celle de l'éternité d'où il était sorti.

Y a-t-il en ces faits rien qui doive étonner la personnalité, mêlée qu'elle est, durant sa vie, à tant de phénomènes résultant de l'action de la substance métaphysique invisible, mais active, et produisant des effets perceptibles de matérialité ? Rien effectivement qui puisse étonner quiconque a appris à distinguer la réalité des choses, à ne pas la confondre avec une simple apparence : le phénomène avec le noumène. La considération de l'immuabilité des lois de la nature est sans valeur ici. Laissons-là cette mauvaise expression métaphorique qui voile la vraie cause de l'harmonie de l'univers. La nature n'est nullement en contradiction avec le surnaturel.

Cet acte surnaturel de l'ascension du Sauveur au ciel, cette transition du temps à l'éternité opérée par notre divin Maître est un exemple, qu'il a bien voulu donner aux hommes de bonne volonté, du sort futur qui les attend ; de la réalisation de la promesse qu'il a faite à ses frères de les associer à sa vie céleste, à la condition, par eux, de l'imiter dans ses pratiques de la vie terrestre.

Aveugle est celui qui ne voit pas, sourd est celui qui n'entend pas l'objet signifié par ce langage.

C'est le langage d'action, qui se parlait dès l'origine du monde moral, avant l'invention ou durant l'insuffisance du langage phonétique.

Celui tenu par le Christ signifie, pour quiconque veut le comprendre, la restauration du monde moral en l'humanité par l'intervention en elle de la Trinité.

Ce langage du Sauveur a été si convaincant sous les Apôtres qu'ils n'ont pas hésité à affirmer, dans leur Symbole, sur la parole du Maître, une destinée pareille pour les membres de l'humanité.

A cette promesse de la vie éternelle, ils ajoutent celle de la formation, en l'éternité, d'une cité céleste pour les hommes devenus dignes d'entrer en communication avec les saints et de vivre de la vie de la Trinité.

La voilà, cette cité que Pierre et ses collaborateurs ont fondée sur la terre. C'est l'édifice de l'Eglise universelle.

Elle est ouverte à tous les hommes, rendue accessible à tous par la foi.

Au point de vue de la matérialité, c'est la société du genre humain, *societas generis humani*, comme disait Cicéron, prospérant par la collaboration de ses membres, tous dévoués à leurs devoirs respectifs. S'ils peuvent succomber à la lourdeur de leur tâche, ils peuvent aussi se relever par la repentance, grâce à la miséricorde du bon Père qui est aux cieux.

L'accès à la Cité commune est largement ouvert.

Bien mal inspiré, bien malheureux quiconque refuserait de l'aborder, pour cause de dissidence dans un article de foi aussi simple que celui dé la Trinité.

La vie du Sauveur a dû être si convaincante, pour les Apôtres, de la divinité de leur Maître, qu'ils ont affirmé leur foi par le martyre.

En la présence du fait, il eût été difficile d'en douter. Aussi leur relation est entraînante pour quiconque l'écoute.

D'autre part, pas de doute possible au sujet de leur capacité et de leur véracité.

Au point de vue de la première condition, les Apôtres n'avaient qu'à voir ; ils pouvaient voir et ils ont vu.

Au point de vue de la seconde, ils ont appliqué à leur parole le plus haut cachet de véracité qu'on pouvait exiger d'eux : le martyre.

Il n'y a pas, dans l'humaine connaissance, de points relatifs à la connaissance indirecte mieux vérifiés que la Rédemption.

Mais la divinité du christianisme se vérifie par elle-même, par sa qualité, comme toutes les choses de ce monde douées de réalité.

Assurément, les Apôtres ne pouvaient pas annoncer une meilleure nouvelle au monde qu'en écrivant l'Evangile. Le nom est digne de la chose. C'est une onomatopée scientifique. C'est l'annonce de l'avénement du règne de Dieu en ce monde.

C'est le monde moral sanctifié par le christianisme.

Et le christianisme est l'école du monde de l'Eternité.

Les perpétuateurs de la tradition apostolique en ont rendu le sens accessible à la vue, en y donnant pour signe l'instrument du supplice subi par le Christ pour accomplir sa mission.

La croix appartient au langage d'action pratiqué en l'humanité dès son origine, et encore en usage dans quelques recoins du globe. L'ignorance seule a pu livrer le signe à la fureur des iconoclastes. On doit louer ces dissidents, qui sont revenus de ce sentiment de répulsion, fort déraisonnable, et ont décoré du signe de la crucifixion le comble des édifices voués à leur culte. On attend d'eux bien d'autres témoignages de résipiscence et l'union de tous à la foi, ce sentiment divin cultivé par l'Eglise.

La croix reprendra la valeur qu'a eue ce signe au temps de Constantin. S'il faut en croire la tradition, ce fut, pour ce prince, le signe qui, apparaissant au ciel lors de son combat contre son concurrent, lui promit la victoire : *Hoc signo vinces.* Constantin en fit le *labarum* du triomphe de la foi sur le paganisme.

A nous aussi, modernes, ce signe ainsi entendu nous promet le triomphe définitif de l'œuvre du Rédempteur sur la barbarie : il fait encore sonner à nos oreilles ces paroles que Constantin vit écrites au ciel : « Par ce signe tu vaincras ». Mais la victoire promise doit être entendue au sens signifié par le divin Jésus, si simple, si pacifique, tout ruisselant d'amour pour l'humanité.

La victoire du sentiment humanitaire ne saurait être sanglante.

Les croisés de l'avenir, qui connaissent la valeur du signe dont ils se décorent, imiteront, en toute actualité et en tous lieux, l'exemple du Maître envers les incrédules, envers les dissidents. Nous devons nous renvoyer tous, l'un à l'autre, ce mot jadis prononcé : *de tua re agitur*. Il s'agit de toi, de ton intérêt personnel le plus pressant, dans cette lutte de diversités d'opinions, de croyances, de pratiques ; il s'agit de ton intérêt personnel, en l'actualité, que les pratiques sociales soient inspirées, par le sentiment du devoir, tel que nous l'a enseigné le divin Maître, tel que la science nous l'a montré en nous offrant l'étude de l'organisme divin de la société ; et, en l'avenir, il s'agit de l'éternité bienheureuse que doit mériter à la personnalité la pratique du devoir.

Le pionnier de l'œuvre de civilisation à opérer par la propagation du christianisme, quel qu'il soit, est aussi l'homme-lige du devoir. Il se doit astreindre à persuader autrui, par la parole et par l'exemple, à lui persuader l'imitation du divin Maître ; il se doit garder de forcer la conviction du prochain. Cet acte de violence serait aussi irrationnel que la contrainte exercée sur autrui pour lui faire user d'un fruit dont celui-ci ne voudrait pas, fût-il le meilleur du monde.

Le fruit naturel de la foi se fait goûter par sa

haute qualité; par l'usage auquel ce divin sentiment est destiné, de plier tous les membres de
l'humanité à la pratique de leurs devoirs sociaux,
à leur en faciliter l'accomplissement,

A la propagation de la foi, l'exemple suffirait.
Mais pour engager le prochain à user de ses
fruits, à les cultiver, il lui en faut faire connaître le goût, l'efficacité; il le faut engager à en
user en en faisant usage soi-même. Il y a peu de
moments dans la vie qui ne puissent prêter au
pionnier de la foi l'occasion d'en montrer l'efficacité à son adepte. Le monde n'est-il pas un
vaste champ de douleurs et de misères, que
l'ignorance et les mauvais sentiments semblent
prendre à tâche d'accroître ? Auprès du mal
montrez le remède.

Il est passé, le temps de la propagande à la manière brutale d'un Valverde parmi les Incas.
Celle proposée par Las Casas, l'apôtre des Indes,
y a succédé. On ne force plus les convictions.
On éclaire celles qui sont fausses des lumières
de la science et de la foi.

Aussi l'exemple de l'apôtre des Indes est-il généralement suivi. De toutes parts surgissent de
pareilles propagandes chez les Gentils. Elevons-
en de pareilles dans le sein de la chrétienté. Faisons disparaître les dissidences, en réduisant à
leur nullité les objets qui en sont les motifs.
Ce sont des formes dans la pratique du culte,
des formes encore dans la manière d'entendre
et d'expliquer le dogme; des formes que les uns
préfèrent parce qu'ils en ont l'habitude, et que
les autres repoussent parce qu'elles leur sont

nouvelles ou leur paraissent inutiles. Soufflons sur ces inanités; ou bien, que ceux pour qui elles ont de l'importance en gardent la persuasion pour eux. Permis à ceux qui en jugent autrement d'en assumer la responsabilité chacun sur soi. Mais il ne saurait être permis à aucun d'éplucher l'opinion d'autrui et celle de soi pour en faire ressortir les dissidences et les quereller. C'est ce trait de caractère que Walter Scott a ridiculisé en ce puritain qui était arrivé, par ce procédé de son esprit maladif, à être seul de sa religion.

Le christianisme ne saurait donner lieu à de tels débats, parce que ce n'est pas un code d'opinions sur des sujets de causalité appartenant à la science. C'est un sentiment éminemment civilisateur, la foi en l'Homme-Dieu, qui est apparu au monde pour éclairer ses frères et les assurer de son appui dans la pratique de leurs devoirs, dans leur collaboration à l'ordre social, pour lequel ils sont nés, et par lequel ils sont appelés à subsister et à se développer physiquement et moralement, afin, d'ailleurs, de se rendre dignes, par leur conduite en la vie terrestre, d'être admis à la vie bienheureuse que le Père commun réserve à ses élus dans l'Eternité.

Le christianisme est comme ces fruits auxquels nul n'hésite à goûter, quelle que soit la diversité de leurs formes individuelles, parce que leur qualité spécifique est bien connue de tous les consommateurs.

Le christianisme est l'aliment de la vie sociale.

CONCLUSION.

Elle est justifiée, ce semble, la vérité de cette quadrilogie qui fait l'objet de ce discours. Il existe un Dieu, en l'univers par lui créé; une âme, en la personnalité que cet être anime; ici-bas, le plan bien dessiné, dans l'œuvre du Créateur, d'une institution divinement préétablie, dont l'exécution a été confiée par lui aux membres de l'humanité pour les faire jouir de la vie sociale, et une autre institution, émanée de sa munificence, destinée à les animer de sentiments sociaux.

Elle est doublement justifiée, cette quadrilogie, si l'auteur a réussi à répandre sur ces objets la lumière intellectuelle qui éclaire « tout homme venant en ce monde », et à les faire voir à ses lecteurs comme se voient tous les êtres de la création.

Cette lumière est celle de l'entendement, que la personnalité se procure en donnant les développements de la pensée aux impressions parvenues à sa conscience du dehors et du dedans de son organisme.

Procédant par la même méthode, par l'analyse des faits afférents à chaque objet d'étude, l'auteur de ce discours a traité la question de la nature et de la portée de l'humaine connaissance, dans l'intention de montrer que les objets de cette quadrilogie deviennent visibles et se rendent dignes de créance, comme tous ceux dont personne ne doute, parce que tout le monde en a éprouvé la réalité.

Comme l'astronome, pour s'assurer de celle des astres, dont l'éloignement dans l'espace les ferait évanouir à ses yeux, malgré leur volume, acquiert d'abord la théorie de ses instruments d'observation, afin d'être autorisé à croire à la réalité de leurs révélations, de même l'auteur a tenté de s'assurer, pour sa satisfaction personnelle et pour celle d'autrui, de la valeur et de la nature de l'entendement humain, source de toutes nos connaissances, moyen d'investigation commun à tous les membres du genre humain, afin de se faire une conviction, commune à tous, sur la réalité de ces objets auxquels tous s'intéressent. Les lecteurs décideront si l'auteur de ce discours a réussi à leur en faire vérifier les objets, de la même manière qu'ils vérifient la réalité des choses dont ils utilisent les propriétés,

Un lecteur libre de toute préoccupation conviendra que, comme la cause, visible ou invisible, manifeste son existence, sa réalité, par les effets qu'elle produit, Dieu se fait voir par ses œuvres et l'âme par ses opérations de vitalité, physiologiques et intellectuelles, qui ne pourraient être attribuées sans invraisemblance, sans contradiction, à d'autres causes que celles-là.

Ces deux êtres manifestent à l'entendement leur existence et leur réalité tout à la fois par leurs qualités et les effets qui en résultent. Nous ne devons attendre de ce truchement d'autre information ni lui en demander davantage, de crainte d'en dénaturer les fonctions et de faire de lui un idéaliste. Si vous ouvrez les trésors de la science, vous verrez qu'en effet l'entendement humain n'y a déposé, ou que les gardiens de ce patrimoine de l'humanité n'y ont laissé introduire que ces données, sur les choses, relatives à leur existence et aux qualités caractéristiques de leur nature, d'où dérivent les effets auxquels l'humanité s'intéresse.

L'humaine société et le christianisme révèlent aussi leur existence par leurs propriétés, par leur efficacité pour relier entre eux les membres disjoints du genre humain, les faire vivre et se développer par le concours de leurs facultés respectives, en s'appuyant les uns sur les autres, et tous sur les objets dont le monde est peuplé, pour leur faire exécuter d'ensemble ce qui leur serait, isolément, impossible.

C'est assurément là de la réalité présentée à la conscience d'une manière satisfaisante, en termes communs, à la manifestation de toutes les réalités du monde.

Un objet quelconque n'est pas visible parce qu'il a un corps reflétant les rayons solaires, mais parce qu'il a quelque qualité appréciable, soit qu'elle se manifeste par un phénomène de matérialité, soit qu'elle se fasse sentir comme moyen d'action d'une substance active, agissant et opérant ses effets sur son extérieur. L'auteur de ce discours a cité des faits en nombre bien suffisant pour détourner la personnalité de cette funeste tendance à transformer de simples effets en causes, à attribuer légèrement à ceux-là la qualité de celles-ci, à dénaturer la raison d'être des choses.

Cette raison a été posée par le Créateur lui-même dans l'exécution de son plan, et nul autre

que lui n'était capable d'une aussi grande œuvre.
Et il semble nous dire, en nous présentant ce
vaste et harmonieux ensemble auquel nous autres, mortels, avons donné le nom collectif de nature, il semble nous dire : « Voyez cet objet et en
étudiez les lois. Pratiquez-les surtout, et vous se-
rez forts de toute la force que j'ai imprimée à ces
créatures en les constituant telles qu'elles sont.
Pour vous, ce sont des moyens dont je vous ai appelés à user, pour l'accomplissement de la finalité
que je vous ai imposée; que j'ai imposée à toutes
mes créatures, en les constituant telles qu'elles
sont, que vous les voyez être ».

Aux yeux de la science, il n'y a pas de créature
de constitution qui ne soit ainsi disposée, dans le
plan du Créateur, pour se prêter, comme moyen,
à l'accomplissement de la finalité étrangère à la
sienne, et profiter du concours de la créature
étrangère pour l'accomplissement de la sienne,
chacune suivant l'ordre de sa qualité d'action;

C'est dans ce cercle si large, mais subdivisé à
l'infini, que l'entendement, recueillant les données de la nature, a enrichi de ses notions le trésor scientifique de l'humanité.

Ces notions sont celles des phénomènes d'une
part et celles des noumènes de l'autre, également
acceptables, quand elles proviennent de l'observation et de l'expérience, dont l'entendement est le
collecteur.

Il n'y a donc pas de libre-pensée possible, admissible dans le champ de la science.

Pensons les choses au lieu des chimères de
l'idéalisme, et nous aurons, au lieu de mots vides

de sens, les expressions vraies de la pensée scientifique, représentant les lois et les choses de la nature.

La pensée ne saurait prétendre à plus de liberté que le libre arbitre de la personnalité n'est appelé à en posséder à son avénement au monde. Les deux sont également des forces d'expansion limitées par celles dont jouissent les autres créatures, tendant également à l'accomplissement de leur finalité. L'une est limitée par l'autre, et toutes se limitent mutuellement.

Cessons de confondre la liberté avec la puissance.

Celle-là n'existe et ne saurait exister sans soumettre son activité à la discipline du devoir.

C'est Dieu lui-même qui a tracé l'allure du devoir et en a limité l'empire, en créant sa grande œuvre telle que nous la voyons.

Et la pensée n'est, ne peut et ne doit être que la représentation, en la conscience de la personnalité, des données de son trucheman.

La pensée provient du développement de ces infiniment petits de l'action de la conscience, opérée par l'activité de l'âme, procédant par l'attention aux excitations étrangères; par conception et par réflexion des notions obtenues par les deux premières de ces voies.

Si l'humanité faisait, de l'entendement ainsi acquis à chacun de ses membres, l'usage qu'elle en doit faire; si elle l'appliquait à la représentation des rapports que le Créateur a établis entre ses créatures, elle penserait uniformément les choses de la création. Je ne dis pas qu'elle en goûterait

les qualités de la même manière, car les goûts
sont individuels et soumis à ce régime de diversité qui régit toutes les dépendances de la création et les met en relation entre elles ; mais le
genre humain se formerait à un sens commun,
s'il pensait les choses telles qu'elles sont; il en
acquerrait une connaissance positive, qui devien-
drait la base d'un langage commun aux membres, un moyen de relation universelle.

Ce serait une langue à idiomes divers, comme
les nationalités qui en feraient usage sont diverses l'une de l'autre. Mais cette diversité serait ré-
ductible à l'unité, en faveur de celui de ces idiomes qui analyserait le plus exactement, et avec le
plus de simplicité, la pensée commune à tous les
peuples, la pensée de leur Créateur exécutant
l'œuvre de la création, et la stéréotypant dans les
formes imprimées à ses créatures.

C'est dans ce but, afin d'appeler le genre humain à jouir de cette grande et belle unité, qu'il le
conformait ainsi, et qu'il soumettait les objets de
la pensée à ces rapports accessibles à la conception de l'entendement.

C'est ainsi qu'il devient le collecteur des impressions que reçoit la conscience de la personnalité dans ses relations avec la nature, en les
étendant par l'emploi de véritables artifices,
imaginés par l'art dans l'analogie de ceux physiologiques. Tous ces objets, petits et grands, visibles et invisibles, qui agissent dans l'immensité
de l'univers, sont également représentés à l'humaine conscience par des éléments de son fonds,
en fonctions de sa sensibilité, dirai-je en emprun-

tant cette expression à la science du géomètre;
en produits de l'activité subjective, dont la qualité dévoile l'existence, en la personnalité, d'une
nature particulière, différente de son physique,
celle métaphysique.

C'est celle de l'âme en l'humanité, celle, en
général, de l'entéléchie, que le Créateur a versée
chez toutes les créatures de constitution.

Cette nature métaphysique est, pour l'entendement, la raison d'être universelle des choses, et,
pour elles, c'est leur substance.

Il faut y croire et ne jamais plus douter de l'imputrescibilité de l'âme en nous; constatée qu'elle
est, cette réalité, par sa puissance de transformer
en phénomène d'une nature métaphysique celui
de nature physique. Nous la voyons s'opérer,
cette transformation, à tous les moments de la
vie active de la personnalité, au travers de toutes
les diversités du temps et de l'espace. C'est la
pensée.

Il faut croire à la substantialité de l'âme ou,
bien rebuter, de parti pris, toutes les données
de l'entendement, en rebutant cette manifestation
par un fait universel, humanitaire, de la réalité
de la cause.

Ce serait contrarier le sens commun, si l'on
s'obstinait à refuser le caractère de la réalité à
cette substance qui la manifeste si bien, en faisant
des congénères de toutes les créatures de l'humanité; en nous les présentant toutes sous le même
aspect, douées de qualités analogues; en nous
permettant de les voir toutes sous la figure de
l'une d'elles; à une substance qui est la raison de

phénomènes vitaux constants, qui dirige la personnalité dans tous les actes de sa vie, qui la voue à une finalité irrésistible, malgré la versatilité de son organisme soumis à l'action du tourbillon vital.

Même motif de croire à la réalité d'autres substances constitutives des créatures organiques, et, encore mieux, à celle des créatures de l'atomicité.

En celles-ci se voit, on peut le dire en termes du langage vulgaire, la substance opératrice des phénomènes dont les individualités de ce règne nous rendent témoins; si ce n'est en l'atome, c'est en la molécule qui en provient.

La conception scientifique de l'atomicité est aujourd'hui le fondement d'une induction qui embrasse la création tout entière, et nous la fait voir comme un produit de la substantialité de l'entéléchie.

Cette induction est confirmée par le fait des relations qu'entretient la menstrue universelle entre toutes les créatures de constitution, de l'une à l'autre, et entre les parties les plus profondes de chacune d'elles. L'unité de l'éther manifeste celle de nature de toutes les autres et justifie le rapport de chacune d'elles avec la sienne : l'activité substantielle d'une nature métaphysique.

En parler ainsi, ce n'est pas la définir, prétendre à en assigner l'essence, à la manière des idéalistes du moyen âge. C'est exprimer tout simplement, affirmer l'existence de ces rapports de nature qui sont la raison d'être des phénomènes dont nous sommes témoins, résultant de l'action de leurs qualités ; c'est leur en assigner la cause.

La raison d'être de l'humaine société est encore plus palpable ; elle n'exige pas même, pour se faire voir, de recours à ce principe de causalité que l'humanité a recueilli au travers, des temps et de l'espace, dans ses relations avec les choses. Cette raison se fait voir dans la constitution des membres du genre humain et de celle de leur habitat, qui les soumet à la nécessité de subsister par un courant incessant de services à rendre et à recevoir, et par la pratique des devoirs que cette situation leur impose.

La raison d'être du christianisme est non moins patente ; c'est encore celle d'un moyen à l'usage de l'humanité, destiné à rendre ses membres capables de s'acquitter de leurs devoirs sociaux.

Mais généralisons ce rapport, qui est évident.

La personnalité, vouée à la finalité, est placée dans un milieu comble de moyens dont son insufsance la rend incapable d'user, et dont elle peut se procurer un usage fructueux en recourant à ses semblables, en entrant avec eux en relation de services et en pratiquant les devoirs que comporte le service impersonnel.

A l'aspect de cet ordre de choses, vous voyez apparaître la majestueuse figure de l'ordonnateur, celle de Dieu, dans l'unité de substance de son auguste Trinité.

La conception de ce noumène, d'ordre métaphysique, comme celle de l'âme, comme celle du devoir, comme celle de tous les noumènes, jaillit en la conscience de la personnalité ; et toutes ces conceptions lui apparaissent comme les représentations des rapports recueillis par l'entendement dans ses relations avec la nature.

Ces représentations sont les raisons d'être des choses, toutes actives et substantielles.

Eclairés par ces lumières, que l'entendement bien conduit fait briller en nos âmes, considérons le monde moral dans sa grandeur, froidement, sans nous laisser entraîner par un mouvement dithyrambique, et nous résolvons à traiter cet objet conformément à sa qualité ; à y vivre en société avec notre prochain, sous l'inspiration des sentiments que le christianisme est disposé à verser dans nos cœurs, et en pratiquant strictement les prescriptions du devoir.

Ces pratiques sont liées entre elles, de telle sorte que leur expression forme un sorite analogue à ceux de la logique. Quand ceux-ci tendent, par la concaténation de leurs membres, à la manifestation irréfragable de la vérité, le sorite social tend à conduire les membres du grand corps à l'accomplissement de la prescription du service impersonnel, de tout faire pour autrui et par autrui, afin que la personnalité soit servie avec toute la perfection et l'économie que comporte le concours d'une multitude de collaborateurs, divers de qualités, mais tous animés par le sentiment du devoir, tous disposés à servir autrui avec la même ardeur que soi.

Telles sont les révélations de l'entendement, conformes à la révélation divine et aux insinuations du sentiment de la charité chrétienne. L'entendement formé par l'âme, pour le service de sa personnalité, dans ses relations avec son extérieur, a pour mission d'en révéler les êtres à sa conscience, de lui en faire connaître les qualités, et d'imprimer à sa volonté les pratiques avec cet extérieur, les pratiques du devoir. Il serait impuissant à lui révéler la nature intime de ces substances, qu'il lui présente sous la figure de noumènes, mais dont il lui garantit la réalité par l'épreuve de son critérium, l'effet alléloleptique et la durée.

Mais parlons sans métaphores et sans employer aucune des formes de l'art insidieux du rhéteur.

C'est l'âme qui pense en nous; car, des deux conditions d'où procède la pensée, il est impossible d'attribuer ce phénomène, de nature métaphysique, à tout autre qu'à une substance de cette nature, à un noumène qui ramène à l'unité de fin tous les actes de la personnalité, qui fait un tout indivisible de la multiplicité des parties de son organisme.

C'est l'âme qui, étendant l'empire de sa nature substantielle à tous les membres présents, passés et futurs du genre humain, tend à en faire l'humaine société.

C'est Dieu qui, par l'unité de sa substance, est la cause de l'unité de l'univers, la cause sans cesse agissante qui maintient cette unité au travers des temps.

C'est bien cet Être tout puissant, auteur du plan de l'humaine société, qui l'a réformée en la dotant de l'institution du christianisme.

Toutes ces choses se voient à la même lumière qui éclaire la personnalité venant en ce monde, qui lui ouvre tous les sens ou se répand sur un sens unique, celui de la conscience.

Mais il faut prendre cet organe métaphysique pour ce qu'il est, pour ce qu'il vaut, tel qu'il se produit à l'observation ; comme un moyen de représentation, auprès de la personnalité, de ce qui se passe hors d'elle et en elle, au même point de vue de sa finalité, en quête des moyens de l'accomplir.

Elle n'en apprendrait pas davantage, cette orgueilleuse personnalité, de son Créateur lui-même, si celui-ci daignait lui parler le langage de sa divine science. Formée à celui que lui procure l'observation des choses du monde créé, la personnalité n'entendrait pas là parole du monde incréé. Tout ce que la science humaine lui puisse procurer de lumières sur celui-ci, c'est l'assurance de son existence et d'une réalité qui est le type de toutes les autres, mises par Dieu, comme moyen d'action, à la disposition de sa créature.

La sphère de l'humaine connaissance a pour pôles la représentation des choses en la conscience sur un point, et, sur l'autre, celle du devoir.

Cette double représentation embrasse l'humaine connaissance, et obtient sa réalité de la vérité avec laquelle les éléments de la pensée, tout métaphysiques, reproduisent, en la conscience, les faits observés, conçus dans le passé par l'âme, et lui en permettent la reconnaissance, la perception, dans une actualité quelconque.

La personnalité voit toutes les choses en elle et les peut pratiquer, en vertu de la puissance de représentation dont son âme est douée, et en conséquence des dispositions faites par Dieu pour établir ainsi des communications entre ses créatures, dans les limites de la puissance des entéléchies dont Il les a dotées.

La personnalité ainsi définie serait bien la monade conçue par Leibnitz, et caractérisée par Aristote du nom d'entéléchie.

A deux ou à un nombre quelconque, des créatures, ainsi organisées, en relation de société, représenteraient l'unité de cette institution par la connaissance de la raison d'être des choses et par un dévouement égal à leur devoir.

Qu'on ne s'y trompe pas, c'est à cette condition seule, partout réalisée, accomplie par deux membres quelconques du monde moral en communication de services, à cette condition, devenue l'objet d'une législation universelle; c'est à cette seule condition que l'humaine société peut exister, que toute institution politique peut durer, la plus mauvaise aussi bien que la meilleure.

Les progrès de la civilisation et sa plénitude, sa force même, tiennent à cette condition, que je viens de représenter par ces deux monades vivant en société, la produisant dans toute sa beauté par l'emploi régulier et complet de leurs forces morales, la connaissance de la raison d'être des choses et le dévouement au devoir. Hors de ces conditions, la monade, que je prends pour type de la personnalité, ne produira que des embryons de société dépourvus de vitalité, et donnant des fruits véreux, insuffisants à l'entretien de la vie sociale.

Quand les fonctions sociales sont exercées

dans l'intention du profit ou de l'avantage qu'elles peuvent procurer au fonctionnaire, au lieu de l'être dans l'intérêt de la finalité sociale, le service de la personnalité par le dévouement de chacun à autrui est impossible, et la société n'est qu'une forme menteuse (1).

(1) En preuve de mon assertion, je fais un appel aux souvenirs des membres de toutes les nationalités, particulièrement à ceux de la nôtre. Je ne cite pas ceux des souffrances résultées de l'oubli du devoir dans les pratiques de la vie privée. Je me borne à ceux produits par la même cause dans l'exercice des fonctions publiques, et je restreins même cet enseignement à l'étendue du siècle courant et à la fin du précédent auquel le nôtre se soude. L'ignorance ou le mépris tout à la fois du devoir et de sa raison d'être nous a coûté les ruines politiques que nous déplorons, et sous le poids desquelles plie la fortune publique. La société française actuelle s'effondrerait dans l'abîme de l'anarchie, si ses Recteurs, en nombre triple, et si la population elle-même, qui a été appelée à prendre part à la direction des affaires politiques, négligeaient les devoirs qui leur sont imposés par leur condition sociale, s'ils les négligeaient par insouciance ou par ignorance.

Ce qu'on appelle ailleurs *self-government* implique, pour toutes les individualités, grandes et petites, l'Instruction, l'Education et la Foi.

Moyennant l'accomplissement de cette triple condition en tous temps et en tous lieux, l'institution divine de l'humaine société recouvrira de ses nombreux rameaux la surface tout entière de notre globe terraqué. A leur défaut, elle ne formera que des oasis disséminées dans les déserts de la barbarie.

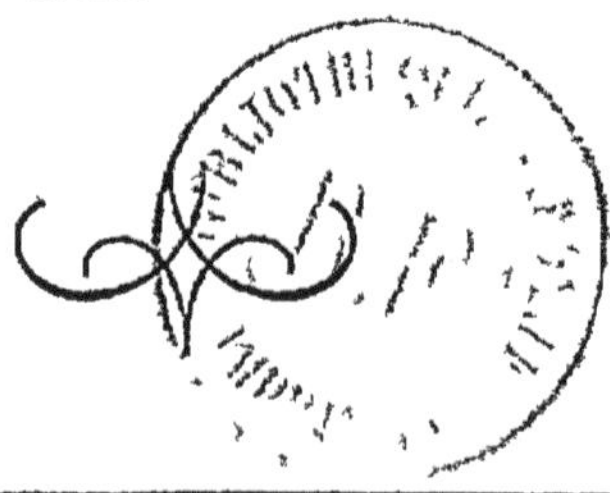